MANNING

好代码，坏代码

软件工程师卓越之道

Good Code, Bad Code
Think Like a Software Engineer

［英］汤姆·朗（Tom Long）著

姚军 茹蓓 译

人民邮电出版社

北京

图书在版编目（CIP）数据

好代码，坏代码：软件工程师卓越之道 /（英）汤姆·朗（Tom Long）著；姚军，茹蓓译. -- 北京：人民邮电出版社，2022.11
ISBN 978-7-115-59641-3

Ⅰ. ①好… Ⅱ. ①汤… ②姚… ③茹… Ⅲ. ①软件开发 Ⅳ. ①TP311.52

中国版本图书馆CIP数据核字(2022)第114911号

版 权 声 明

- ◆ 著　　　[英] 汤姆·朗（Tom Long）
　　译　　　姚 军　茹 蓓
　　责任编辑　秦 健
　　责任印制　王 郁　焦志炜
- ◆ 人民邮电出版社出版发行　　北京市丰台区成寿寺路 11 号
　　邮编　100164　电子邮件　315@ptpress.com.cn
　　网址　https://www.ptpress.com.cn
　　涿州市京南印刷厂印刷
- ◆ 开本：800×1000　1/16
　　印张：19.75　　　　　　　　2022 年 11 月第 1 版
　　字数：432 千字　　　　　　2022 年 11 月河北第 1 次印刷
　　著作权合同登记号　图字：01-2021-5010 号

定价：89.80 元

读者服务热线：**(010)81055410**　印装质量热线：**(010)81055316**
反盗版热线：**(010)81055315**
广告经营许可证：京东市监广登字 20170147 号

内容提要

    本书分享的实用技巧可以帮助你编写鲁棒、可靠且易于团队成员理解和适应不断变化需求的代码。内容涉及如何像高效的软件工程师一样思考代码，如何编写读起来像一个结构良好的句子的函数，如何确保代码可靠且无错误，如何进行有效的单元测试，如何识别可能导致问题的代码并对其进行改进，如何编写可重用并适应新需求的代码，如何提高读者的中长期生产力，同时还介绍了如何节省开发人员及团队的宝贵时间，等等。

    本书文字简洁、论述精辟、层次清晰，适合零基础及拥有一定编程基础的开发人员阅读，对于高等院校计算机及相关专业的学生，也具有很高的参考价值。

序言

从 11 岁开始，我一直以这样或那样的方式编程，因此，到我找到第一份工作并成为一名软件工程师时，我已经写了很多代码。尽管如此，我很快发现编程和软件工程不是一回事。像软件工程师那样编程，意味着我的代码必须对其他人有意义，并且在他们做出更改时不会崩溃。这还意味着，真的有人（有时候还是很多人）使用和依赖我的代码，因此出现错误的后果比以前严重多了。

软件工程师在不断积累经验的过程中会发现，日常编程中所做出的决策对于软件的正常运行、工作的顺利开展以及其他人的维护有很大的影响。学习编写（从软件工程角度来看）优良代码需要花费许多年的时间。这些技能的获得过程往往很缓慢。工程师从自己的错误中吸取教训，或者不断从团队的资深工程师那里得到建议，以特定的方式得到这些技能。

本书旨在帮助刚入门的软件工程师获取这些技能。它将传授一些非常重要的经验教训和基础理论，帮助读者编写可靠的、易于维护且能够适应不断变化需求的代码。

前言

本书介绍软件工程师经常用于编写可靠的、易于维护的代码的关键概念与技术。本书并不是简单列举"该做"和"不该做"的事项，而是旨在解释每种概念和技术背后的核心理论，以及需要权衡的因素。这应该能够帮助读者对如何像一位经验丰富的软件工程师那样思考和编程有基本的理解。

本书的读者

本书的目标读者是那些已经具备基本编程技能，想继续提高编程技能的人。本书适合有 0 ~ 3 年软件工程师工作经验的人阅读。有丰富工作经验的工程师可能发现，本书中的许多内容他们都已经掌握，但我希望他们把这本书当作指导其他同行的有用资源。

本书的组织结构

本书分为三部分，共 11 章。第一部分介绍较为理论性的概念，它们组成了我们对代码的思考方法。第二部分转向较为实用的经验教训。第二部分的每一章都分为一系列主题，分别涵盖特定的考虑因素或技术。第三部分介绍创建有效和可维护的单元测试的原则与方法。

本书各章节的总体形式是：先阐述一个可能有问题的场景（以及部分代码），然后说明消除部分或全部问题的替代方法。从这个意义上说，每个章节往往是从展示"坏"代码过渡到"好"代码，但需要注意的是，**坏**和**好**是主观的说法，与语境相关。正如本书所要强调的，在编程工作中往往要考虑一些微妙的差别和权衡，这也就意味着好坏的区别并不总是一目了然。

- 第一部分"理论"为一些总体性和较为理论性的考虑因素打下基础。这些考虑因素组成我们像软件工程师那样编写代码的方法。
  - 第 1 章介绍**代码质量**的概念，特别是我们打算用高质量代码要实现的一组实际目标。然后，我们将这些目标展开为"代码质量的六大支柱"，为日常编程使用提供高层策略。

- 第 2 章讨论**抽象层次**。这是指导我们如何构造代码，并将其分解为不同部分的基本考虑因素。
- 第 3 章强调考虑必须使用我们的代码开展工作的其他工程师的重要性。本章还将讨论**代码契约**，以及如何仔细考虑这些契约以防止软件缺陷。
- 第 4 章讨论软件错误，并阐释为何认真思考错误通知与处理方法是编写优良代码的关键部分。

■ 第二部分"实践"以更贴合实践的方式，用特定的技术与示例介绍代码质量的前五大支柱（第 1 章定义的）。
- 第 5 章介绍提高代码可读性的方法。这能确保其他工程师理解代码的意义。
- 第 6 章介绍避免意外情况的方法。这能确保其他工程师不会误解代码的功能，从而最大限度地降低出现缺陷的可能性。
- 第 7 章介绍使代码不容易被误用的方法。这使得工程师不容易在不经意间编写出逻辑错误或者违反假设的代码，最大限度地降低出现缺陷的可能性。
- 第 8 章介绍实现代码模块化的方法。这种关键技术有助于确保代码表现出清晰的抽象层次，能够适应不断变化的需求。
- 第 9 章介绍代码的重用性和可推广性。这能避免软件工程师重复编写类似代码，使得添加新功能或构建新特性更加方便、安全。

■ 第三部分"单元测试"介绍编写高效单元测试的关键原则和实用方法。
- 第 10 章介绍影响单元测试代码的一些原则和考虑因素。
- 第 11 章以第 10 章介绍的原则为基础，为编写单元测试提供一系列具体、实用的建议。

阅读本书的理想方式是从头到尾完整阅读，因为本书前面的章节是后续章节的基础。尽管如此，第二部分（以及第 11 章）中的主题通常相对独立，而且每个主题篇幅较小，因此，即使单独阅读，也是有益处的。这样的编写方式是有意为之，目的是提供向其他工程师快速解释既定优秀实践的有效手段。对希望在代码评审中解释特定概念或指导其他工程师的工程师来说，这是非常有用的。

关于代码

本书的目标读者是使用静态类型、面向对象编程语言，例如 Java、C#、TypeScript、JavaScript（ECMAScript 2015 或有静态类型检查器的更新版本）、C++、Swift、Kotlin、Dart 2 或类似语言的工程师。在使用类似语言编程时，本书涵盖的概念有广泛的适用性。

不同编程语言表达逻辑与代码结构的语法与范式也不同。但为了在本书中提供代码示例，必须标准化某些语法和范式。为此，本书借鉴了不同编程语言的伪代码。使用伪代码的目的是为大多数工程师提供明确、清晰且易于理解的信息。请牢记这一实用的意图，本书的目的不是说明某种编程语言的优劣。

同样，当我们需要在无歧义与简洁之间做出权衡的时候，伪代码的例子倾向于无歧义这一方面。这方面的例子之一是使用明确的变量类型，而不是使用 var 之类关键字的推断类型。另一个例子是用 if 语句处理空值，而不是更简洁（但或许更不熟悉）的空值合并和空值条件运算符（参见附录 B）。在真实的代码库中（本书的语境之外），工程师可能更希望强调简洁性。

如何运用本书中的建议

在阅读任何关于软件工程的书籍或文章时，一定要记住这是主观的论题，并且对现实问题的解决方案通常不是完全明晰的。按照我的经验，优秀的工程师总是带着健康的怀疑心态去阅读任何文章，并渴望理解其中的基本思路。人们的观点各不相同且不断发展，同时可用的工具和编程语言也在不断改进。想要知道在何时运用特定建议、何时忽略它们，就必须理解它们的缘由、背景以及限制范围。

本书旨在收集一系列有用的主题和技术，以引导工程师写出更好的代码。尽管考虑这些主题和技术或许是明智之举，但不应该将其看成绝对正确的理论，或者将其作为绝不能破坏的硬性规则。良好的判断力是优秀工程师必不可少的特征。

延伸阅读

本书旨在成为软件工程师进入编程世界的敲门砖。它应该能够帮助读者大致了解代码的相关思维方式、可能出现的问题以及避免这些问题的技术。但我们的旅程不应该止于此，软件工程是一个庞大且不断发展的领域，博览群书并跟上最新发展是可取的做法。除阅读文章和博客之外，下面这些相关书籍也可能对读者有帮助：

- *Refactoring: Improving the Design of Existing Code*[1], second edition, Martin Fowler (Addison-Wesley, 2019)；
- *Clean Code: A Handbook of Agile Software Craftsmanship*[2], Robert C. Martin (Prentice Hall, 2008)；
- *Code Complete: A Practical Handbook of Software Construction*, second edition, Steve McConnell (Microsoft Press, 2004)；
- *The Pragmatic Programmer: Your Journey to Mastery*, 20th anniversary, second edition, David Thomas and Andrew Hunt (Addison-Wesley, 2019)；
- *Design Patterns: Elements of Reusable Object-Oriented Software*, Erich Gamma, Richard Helm, Ralph Johnson, and John Vlissides (Addison-Wesley, 1994)；

---

[1] 本书中文版《重构：改善既有代码的设计（第 2 版）》已由人民邮电出版社引进出版，ISBN：978-7-115-50865-2。

[2] 本书中文版《代码整洁之道》已由人民邮电出版社引进出版，ISBN：978-7-115-21687-8。

- *Effective Java*, third edition, Joshua Bloch (Addison-Wesley, 2017)；
- *Unit Testing: Principles, Practices and Patterns*, Vladimir Khorikov (Manning Publications, 2020)。

致谢

写书并非单打独斗，我要感谢每一位为本书的出版提供帮助的人。特别感谢我的开发编辑 Toni Arritola 在整个写作过程中的耐心指导，以及她对读者和高质量教学始终如一的关注。我还要感谢策划编辑 Andrew Waldron 从一开始就相信本书介绍的理念。他在出版过程中提出了许多宝贵意见。感谢我的技术开发编辑 Michael Jensen 在技术方面的洞察力，以及对全书各章节提供的建议。感谢我的技术校对 Chris Villanueva 仔细审查本书的代码和技术内容，并感谢他给出的出色建议。

我还要感谢所有的审稿人员——Amrah Umudlu、Chris Villanueva、David Racey、George Thomas、Giri Swaminathan、Harrison Maseko、Hawley Waldman、Heather Ward、Henry Lin、Jason Taylor、Jeff Neumann、Joe Ivans、Joshua Sandeman、Koushik Vikram、Marcel van den Brink、Sebastian Larsson、Sebastián Palma、Sruti S、Charlie Reams、Eugenio Marchiori、Jing Tang、Andrei Molchanov 和 Satyaki Upadhyay——在出版的各个阶段花时间阅读本书，并提供了准确、可付诸行动的反馈。对这些反馈的重要性和实用性如何夸大都不过分。

本书涉及的绝大多数概念是软件工程领域享有盛誉的理念与技术，因此最后我要向多年来所有对这些知识做出贡献、分享成果的人表示感谢。

作者简介

Tom Long 是 Google 公司的软件工程师。他是一位技术负责人，除处理其他事务之外，还经常为刚入行的软件工程师传授专业编程的优秀实践经验。

封面简介

本书封面配图的标题为"Homme Zantiote",意为"来自希腊扎金索斯岛的人"。这幅插图取自 Jacques Grasset de Saint-Sauveur(1757—1810)1797 年在法国出版的名为 *Costumes de Différents Pays* 的服饰图集。该书的每幅精美插图都是手工绘制并上色的。Grasset de Saint-Sauveur 收录的服饰丰富多彩。这生动地提醒我们,200 年前世界上不同城市和地区之间的文化有多么大的差异。当时的不同民族相互隔绝,语言和腔调也各不相同。在城市的大街上或者乡村,仅从服装就很容易判断出他们生活在什么地方、从事什么职业、社会地位如何。

自那时起,我们的穿着方式已经改变了,当时不同地区的那种多样性已经逐渐消失。不同大陆的居民都很难分辨,更不用说不同的城市、地区或者国家了。或许,我们已经用文化多样性换取了更加多样性的个人生活——当然是更多样性、节奏更快的科技生活。

在很难区分不同计算机书籍的时代,Manning 以 Grasset de Saint-Sauveur 的插图帮助人们回想起两个世纪前丰富的地区生活多样性,并用这个封面颂扬计算机行业积极创新的精神。

资源与支持

本书由异步社区出品，社区（https://www.epubit.com）为您提供相关资源和后续服务。

提交勘误

作者和编辑尽最大努力来确保书中内容的准确性，但难免会存在疏漏。欢迎您将发现的问题反馈给我们，帮助我们提升图书的质量。

当您发现错误时，请登录异步社区，按书名搜索，进入本书页面，单击"提交勘误"，输入错误信息，单击"提交"按钮即可，如下图所示。本书的作者和编辑会对您提交的错误信息进行审核，确认并接受后，您将获赠异步社区的 100 积分。积分可用于在异步社区兑换优惠券、样书或奖品。

扫码关注本书

扫描下方二维码，您将会在异步社区微信服务号中看到本书信息及相关的服务提示。

与我们联系

我们的联系邮箱是 contact@epubit.com.cn。

如果您对本书有任何疑问或建议，请您发邮件给我们，并请在邮件标题中注明本书书名，以便我们更高效地做出反馈。

如果您有兴趣出版图书、录制教学视频，或者参与图书翻译、技术审校等工作，可以发邮件给我们；有意出版图书的作者也可以到异步社区投稿（直接访问 www.epubit.com/contribute 即可）。

如果您所在的学校、培训机构或企业想批量购买本书或异步社区出版的其他图书，也可以发邮件给我们。

如果您在网上发现有针对异步社区出品图书的各种形式的盗版行为，包括对图书全部或部分内容的非授权传播，请您将怀疑有侵权行为的链接通过邮件发送给我们。您的这一举动是对作者权益的保护，也是我们持续为您提供有价值的内容的动力之源。

关于异步社区和异步图书

"**异步社区**"是人民邮电出版社旗下 IT 专业图书社区，致力于出版精品 IT 图书和相关学习产品，为作译者提供优质出版服务。异步社区创办于 2015 年 8 月，提供大量精品 IT 图书和电子书，以及高品质技术文章和视频课程。更多详情请访问异步社区官网 https://www.epubit.com。

"**异步图书**"是由异步社区编辑团队策划出版的精品 IT 图书的品牌，依托于人民邮电出版社几十年的计算机图书出版积累和专业编辑团队，相关图书在封面上印有异步图书的 LOGO。异步图书的出版领域包括软件开发、大数据、人工智能、测试、前端、网络技术等。

异步社区

微信服务号

目录

第一部分
理论

软件工程领域关于如何写出优秀代码的建议和观点非常多。但生活没有那么简单，绝不只是尽可能多地吸取好的建议并严格遵守。由于不同来源的建议往往相互矛盾，我们怎么知道要听从哪个建议。更重要的是，软件工程并不是一门精确的科学，不可能将其提炼为一套绝对可靠的原则（无论我们如何努力）。每个项目都不一样，几乎总有一些因素需要权衡。

为了写出优良的代码，我们必须对手上的方案有合理的判断，并彻底想清楚特定方法的结果（好的和坏的）。为此，我们必须了解问题的根本：编写代码到底是为了实现什么目标？实现那些目标需要考虑哪些高层因素？本书第一部分将介绍理论方面的内容，以便读者可以为编写优良代码打下坚实基础。

第 1 章　代码质量

本章主要内容如下：

■ 代码质量的重要性；

■ 高质量代码要实现的 4 个目标；

■ 我们用于确保代码质量的 6 个高层策略；

■ 从中长期来看，编写高质量代码实际上可以节约时间与精力。

在过去的一年里，你可能已经使用过几百，甚至几千款不同的软件。安装在计算机中的每一个程序、手机上的每一款 App 以及你乐于与之打交道的每台自助收银机——我们和软件的互动非常频繁。

我们甚至在无意中依赖着许许多多的软件。例如，我们信任银行，认为它们的表现良好的后端系统不会意外地将我们账户上的钱转账给其他人，或者突然告知我们有数百万美元的负债。

有时候，我们会遇到对用户友好的软件：它们的功能正是我们想要的，缺陷很少，也很容易使用。而在其他时候，我们遇到的是可怕的软件，它们充满缺陷，总是死机，而且不直观。

有些软件的重要性显然不及其他软件。例如手机的 App 有一个缺陷，这或许只是令人烦恼，但并不是世界末日。相反，银行后端系统的缺陷有可能毁掉很多人的生活。即便一些看似不关键的软件问题也可能毁掉业务。如果用户觉得一款软件令人厌恶或者难以使用，那么他们很有可能会选择其他软件。

代码的质量越高，就越可能制作出更可靠、更容易维护、缺陷更少的软件。提高代码质量的许多原则关心的不仅是在初期确保软件达到上述标准，而且在整个软件生命期中需求发展和新场景出现时一直保持这种状态。图 1-1 说明了代码质量对软件质量的影响。

优良的代码显然不是制作优秀软件的唯一要素，但是主要的要素之一。我们可能拥有世界上最好的产品和营销团队，部署了最好的平台，并以最好的框架来构建软件，但归根结底，一款软件所做的一切，都是因为有人写了一段代码才得以实现的。

孤立地看，工程师们每天编写代码时所做出的决策都很小，有时显得微不足道，但它们共同决定了软件的好坏。如果代码中包含了缺陷、配置错误或者无法恰当地处理错误情况，由此构建的软件就可能有许多缺陷，甚至无法正常工作。

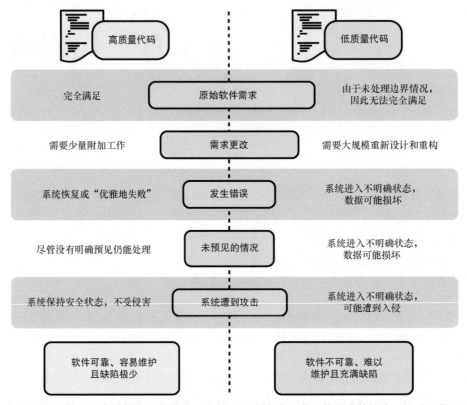

图 1-1　高质量代码最大限度地提高了软件的可靠性、可维护性和满足其需求的机会。低质量代码则正相反

　　本章将介绍高质量代码应该实现的 4 个目标。随后，这些目标将扩展为日常工作中确保写出高质量代码的 6 个高层策略。本书后续内容将通过以伪代码编写的实例来详细探索这些策略。

1.1　代码如何变成软件

　　在我们深入说明代码质量之前，简短地讨论一下代码如何变成软件是很有必要的。如果你已经熟悉了软件开发和部署过程，那么可以跳到 1.2 节。如果你知道如何编写代码，但从未承担过软件工程任务，那么本节应该能为你提供一个很好的概要。

　　软件是由代码构成的，这一点显而易见，无须说明。但是，代码变成在外界运行的软件（在用户手中或者执行业务相关的任务）的过程就不那么明显了（除非你已经有软件工程师的工作经验）。

　　工程师编写的代码一般并不会立即成为一款在外界运行的软件。通常要经过各种各样的过程和检查，以确定这些代码能够完成应该承担的工作，而且不会造成任何破坏。这些过程和检查往往被称作软件开发和部署过程。

阅读本书并不需要详细了解这一过程，但至少了解其概况还是有好处的。首先，我们介绍几个术语。

- **代码库**（codebase）——包含软件构建所需各部分代码的存储库。这通常由 git、subversion、perforce 等版本控制系统管理。
- **代码提交**（submitting code）——有时称为"提交代码"（committing code）或"合并-拉取-请求"（merging a pull request），程序员通常更改代码库本地副本中的代码。一旦他们对更改感到满意，就会将其提交到主代码库。注意：在一些机构中，由指定的维护人员而非代码编写者将更改提交到代码库中。
- **代码评审**（code review）——许多组织要求在代码提交到代码库之前，由另一名工程师进行评审。这有点像代码校对，"第二双眼睛"往往能发现代码编写者遗漏的问题。
- **提交前检查**（pre-submit check）——有时候称为"合并前钩子"（pre-merge hook）、"合并前检查"或"提交前检查"，如果测试失败或者代码未编译，这些检查将阻止代码提交到代码库。
- **发行**（release）——软件是从代码库的一个快照中构建的。经过各种质量保证检查，这款软件就可以向外界发行了。你常听到的"剪切发行版本"（cutting a release）这个术语指的就是从代码库中取得某个修订版本，并从中制作一个发行版本的过程。
- **生产**（production）——当部署软件到一台服务器或者一个系统中（而不是送到客户那里）时，这个术语是"在外界运行"的恰当说法。一旦软件发行并执行业务相关任务，我们就称其为"运行在生产环境"。

代码转化成可运行软件的过程有许多变种，但这些过程中的关键步骤通常如下。

（1）工程师更改代码库的本地副本。

（2）工程师修改满意之后将发送这些更改，以进行代码评审。

（3）其他工程师将评审代码，可能会提出修改建议。

（4）一旦作者和评审人员都感到满意，将提交代码到代码库。

（5）定期从代码库剪切发行版本。在不同组织和团队中，这一工作的频率也不一样（从几分钟到几个月不等）。

（6）任何测试失败或者代码未编译，都可能阻止代码提交到代码库，或者阻止其发行。

图 1-2 展示了典型软件开发与部署过程的概况。不同公司和团队都有各自的版本，各部分的自动化程度也各不相同。

值得注意的是，软件开发和部署过程本身就是庞大的主题，关于它们的专门著作很多。围绕这些过程也有许多不同的框架和思想方法，如果你对此感兴趣，也值得阅读更多的相关书籍。本书主要不是针对这些主题的，因此不会进一步详细介绍。对本书来说，你只需要大概了解代码是如何变成软件的就可以了。

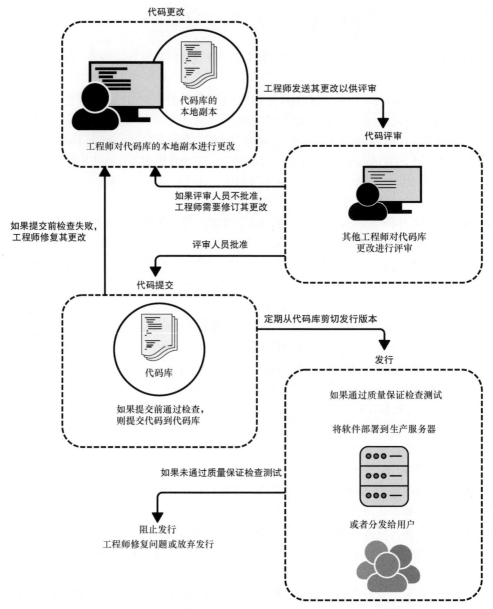

图 1-2　典型软件开发与部署过程的简化框图。在不同的组织和团队中，具体的步骤和自动化水平可能大不相同

1.2　代码质量目标

如果我们购买一辆轿车，质量或许是我们考虑的主要因素之一。我们希望这辆轿车：

■ 安全；

- 能正常使用；
- 不出故障；
- 表现可以预测——当我们踩下制动器，车子应该慢下来。

如果我们问某人，是什么造就了一辆高质量的汽车？最可能得到的答案就是"精良的制造"。这意味着优秀的设计，在投产前进行安全性和可靠性测试，并正确组装。软件也大抵如此：要制作出高质量的软件，就必须确保它"制造精良"。这就是代码质量的全部含义。

"代码质量"这个词有时可能会让人联想到，对一些不重要的琐事提出的近乎吹毛求疵的建议。毫无疑问，你时常会遇到这种建议，但它们并不是代码质量的真正含义。代码质量很大程度上出于对实际情况的考量，它有时与细节有关，有时又关乎大局，但目标都是一样的：创造更好的软件。

尽管如此，代码质量仍然是我们很难确切定义的一个概念。有时候，我们看到某些代码时可能会想"看起来很不舒服"，其他时候则可能偶然看到一段"看起来非常棒"的代码。代码为何引起这种反应，原因并不总是一目了然，有时候只是我们的本能反应，并没有确切的理由。

定义代码质量高低，本来就是主观的，更多的是出于判断。为了做出更客观的评判，我个人认为有益的做法是后退一步，考虑一下编写代码时真正试图实现的目标。在我看来，帮助我实现这些目标的代码就是高质量的，而产生阻碍作用的代码就是低质量的。

我在编写代码的时候要实现的 4 个高层目标如下：

- 代码应该正常工作；
- 代码应该持续正常工作；
- 代码应该适应不断变化的需求；
- 代码不应该重复别人做过的工作。

后面的内容将更加详细地介绍这 4 个目标。

1.2.1　代码应该正常工作

这个目标显而易见，或许不需要说明，但我无论如何都要做一番解释。我们编写代码的目的是试图解决某个问题，例如实现某个功能、修复缺陷或执行某项任务。代码的主要目标是能够正常工作——它应该解决我们打算让它解决的问题。这意味着，代码是没有缺陷的，因为缺陷很可能阻止代码正常工作和全面解决问题。

确定代码"正常工作"的含义是，我们必须了解所有需求。例如，如果我们要解决的问题对性能（如延迟和 CPU 占用率）很敏感，确保代码有合适的性能就应该归入"正常工作"的范畴，因为这是需求的一部分。用户隐私和安全性等其他重要考虑因素也适用这一原则。

1.2.2　代码应该持续正常工作

代码的工作可能非常短暂。今天，它可能正常工作，但我们如何确保明天或者一年之内它都能正常工作？这样的担心看起来好像莫名其妙，为什么代码会突然停止工作？要点在于，代码并不是与世隔绝的，如果我们不多加小心，它很容易因为周围事物的变化而崩溃。

- 代码很可能依赖于其他代码，而这些代码会被修改、更新和更换。
- 任何新功能需求都意味着要对代码进行修改。
- 我们试图解决的问题也可能随时间的推移而发展：消费者的偏好、业务需求和技术考虑都可能变化。

如果代码在今天能够正常工作，明天却因为上述因素变化而出现问题，那么它没有太大的用处。创建当下可以正常工作的代码往往很容易，但创建一直能正常工作的代码就要难得多。确保代码持续工作是软件工程师面对的问题之一，也是在编程各阶段都要考虑的问题。以事后诸葛亮的眼光去考虑它，或者认为只要以后增加一些测试就能实现这个目标，往往都不是很有效。

1.2.3　代码应该适应不断变化的需求

很少有只编写一次、永远不用再修改的代码。一款软件的持续开发可能跨越几个月、几年，甚至几十年。在整个过程中，需求都在改变：

- 业务状况变化；
- 消费者偏好变化；
- 设想失效；
- 新功能持续增加。

决定在代码适应性上投入多少精力，可能是很难权衡的问题。一方面，我们深知软件需求将随时间推移而发展（极少看到反例）。另一方面，我们往往不能确定它们究竟会如何发展。对一段代码或者一款软件，几乎不可能准确预测出它在以后的一段时间内将如何变化。然而，我们不能仅因为不能确定软件**如何**发展，就完全忽视软件**将会**发展的事实。为了说明这一点，我们来考虑两种极端的情况。

- **方案 A**——我们试图准确预测未来的需求可能会如何演变，并设计支持所有潜在变化的代码。我们可能要花几天或者几周的时间来描绘出代码和软件所有可能的演变路径。然后，我们必须小心翼翼地考虑缩写代码的每个细节，确保它支持所有未来可能出现的需求。这将严重拖慢我们的工作，本来 3 个月就可以完成的软件，现在可能要花上一年甚至更长的时间。最终，这些时间也可能是浪费的，因为竞争对手将比我们提前几个月进入市场，我们对未来的预测很可能完全是错误的。
- **方案 B**——我们完全无视需求可能演变的事实。我们编写恰好满足现行需求的代码，不在代码适应性上做任何努力。软件中到处都是不可靠的假设，各个子问题的解决方案都捆绑在一起，成为一大堆无法区分的代码。我们在 3 个月内就投放了软件的第一个版本，但初始用户的反馈说明，如果我们想要取得成功，就必须改良其中的一些功能，并添加新功能。对需求的改变并不大，但因为我们编写代码时没有考虑适应性，唯一的选择就是扔掉全部代码，从头再来一遍。我们必须再花 3 个月重写软件，如果需求再次改变，此后还得再花 3 个月重写。到我们完成满足用户需求的软件时，竞争对手再一次打败了我们。

方案 A 和方案 B 是两个极端，两者的结果都很不好，它们也都不是制作软件的有效方法。相反，我们需要找到一种介于两个极端的方法。从方案 A 到方案 B 的整个谱系中，哪里才是最优的并没有唯一的答案，这取决于我们所开发的项目，以及我们所在单位的文化。

幸运的是，我们可以采用一些普适技术，在不确定未来变化的情况下确保代码的适应性。本书将介绍许多此类技术。

1.2.4　代码不应该重复别人做过的工作

在我们编写代码解决问题时，通常会将一个大问题分解为多个较小的子问题。例如，我们打算编写加载图像文件，将其转换为灰阶图像，然后保存的代码，那么需要解决的子问题如下：

- 从文件中加载一些数据；
- 将这些数据解析为某种图像格式；
- 将图像转换为灰阶图像；
- 将图像转换为数据；
- 将数据存回文件。

这些问题中的许多已被其他人解决，例如，从文件中加载一些数据可能是由编程语言内置方法完成的。我们不用自己编写与文件系统进行低层通信的代码。同样，我们也许可以从现有的库中调用代码，将数据解析为图像。

如果我们自己编写与文件系统进行低层通信的代码，或者将一些数据解析为图像，实际上就是在重复别人做过的工作。最好的方式是利用现有解决方案而不是重写一遍。这样做的理由有多个方面。

- **节约时间和精力**——如果我们利用编程语言内置方法加载文件，可能只要几行代码、花费几分钟。相反，自己编写代码完成这一工作可能需要阅读许多关于文件系统的标准文档，编写成千上万行代码。我们可能要几天甚至几周的时间才能完成这项工作。
- **降低出现程序缺陷的可能性**——如果现有的代码能解决指定问题，它应该已经全面测试过。这些代码很有可能已在外界使用过，因此代码包含缺陷的可能性已经降低，即使有缺陷，人们可能已经发现并修复过。
- **利用现有专业知识**——维护图像解析代码的团队很可能是由图像编程专业人士组成的。如果 JPEG 编程技术出现了新版本，他们很可能对此十分了解，并更新相应的代码。通过重用他们的代码，我们就可以从他们的专业能力和未来的更新中获益。
- **使代码更容易理解**——如果完成某项工作有标准化的方法，我们就有理由认为，其他工程师此前也知道这种方法。大部工程师可能在某个时间阅读了一份文件，立刻意识到完成这项工作的（编程语言内置）方法，并理解这种方法的功能。如果我们编写自定义逻辑来完成工作，其他工程师就不会熟悉，不能一下子就知道它的功能。

"不应该重复别人做过的工作"这一概念在两个方向上都适用。如果其他工程师已编写了解决某个子问题的代码,那么我们应该调用这些代码,而不是自己编写代码来解决。同样,如果我们编写了解决一个子问题的代码,那么应该以某种方法构造代码,以便其他工程师能轻松地重用它们,而无须重复工作。

由于同一类子问题往往反复出现,因此人们很快就会意识到在不同工程师和团队之间共享代码的好处。

1.3　代码质量的支柱

前面介绍的 4 个目标可以帮助我们聚焦要实现的根本目标,但它们并没有提供日常编程的具体建议。努力找出更加具体的策略,帮助我们编写符合这些目标的代码,是有益的。本书将围绕 6 个此类策略展开介绍。我将这 6 个策略称为"代码质量的六大支柱"(或许有些言过其实)。我们将首先概述每个支柱,后续的章节将提供具体的示例,说明如何在日常编程中应用它们。

代码质量的六大支柱如下:

- 编写易于理解(可读)的代码;
- 避免意外;
- 编写难以误用的代码;
- 编写模块化的代码;
- 编写可重用、可推广的代码;
- 编写可测试的代码并适当测试。

1.3.1　编写易于理解的代码

考虑如下这段文本。我们有意地使其变得难以理解,因此,不要浪费太多时间去解读。粗略地读一遍,尽可能吸收其中的内容。

> 取一个碗,我们现在称之为 A。取一个平底锅,我们现在称之为 B。在 B 中装满水,置于炉盘上。在 A 中放入黄油和巧克力,前者 100g,后者 185g。这应该是 70% 的黑巧克力。将 A 放在 B 之上;等待 A 的内容物融化,然后将 A 移到 B 之外。再取一个碗,我们现在称之为 C。在 C 中放入鸡蛋、糖和香草香精,第一种原料放两个,第二种 185g,第三种半茶匙。混合 C 的内容物。A 的内容物冷却后,将其加入 C 中并混合。取一个碗,我们称之为 D。在 D 中放入面粉、可可粉和盐,第一种原料 50g,第二种原料 35g,第三种半茶匙。完全混合 D 的内容物,然后过滤到 C 中。充分搅拌 D 的内容物使其完全混合。我们要用这种方法制作巧克力糕饼,我是不是忘记说这个了?在 D 中加入 70g 巧克力屑,充分搅拌 D 的内容物。取一个烘焙模具,我们称之为 E。在 E 中涂上油脂并铺上烘焙纸。将 D 的内容物放入 E 中。我们将把你的烤炉称

为 F。顺便说一句，你应该将 F 预热到 160℃。将 E 放入 F 中 20min，然后取出。让 E 冷却几小时。

现在，我们提出一些问题。

- 这段文本说的是什么？
- 按照这些指示，我们最终能得到什么？
- 我们需要哪些配料？各种配料的分量是多少？

我们可以在这段文本中找到上述问题的答案，但并不容易。这段文本的**可读性**很差。造成这一结果的问题很多，包括如下。

- 没有标题，因此我们不得不通读整段文本，以领会它的意义。
- 这段文本没有很好地组成为一系列步骤（或者子问题），而是像一堵长长的文本墙。
- 用毫无益处的模糊名称指代事物，如"A"，而不是"装有融化后奶油和巧克力的碗"。
- 信息与需要它们的地方相隔甚远：成分与数量相互分离，烤炉需要预热这样的重要指示到最后才提及。

（你可能已经感到厌倦，没有读完这段文本，它是巧克力糕饼的食谱。如果你真想制作这种食物，附录 A 中有一个更易于理解的版本。）

阅读一段质量低劣的代码并试图领会其含义，与我们刚刚阅读巧克力糕饼食谱的体验没有什么不同。特别是，我们可能很难理解关于代码的如下情况：

- 做什么；
- 怎么做；
- 需要什么成分（输入或状态）；
- 运行代码后得到什么。

在某个时间，其他工程师很有可能必须阅读并理解我们的代码。如果我们的代码在提交之前必须经过代码评审，那么这种情况几乎是立刻发生的。但即便忽略代码评审，在某个时间，其他人也会查看我们的代码，并试图领会它的作用。这可能发生在需求变化或者代码需要调试的时候。

如果我们的代码可读性很差，其他工程师就不得不花费很多时间来解读它。他们很有可能错误地理解它的作用，或者遗漏一些重要的细节。如果发生这种情况，代码评审期间就不太可能发现缺陷，而在其他人修改我们的代码、添加新功能时，就有可能引入新缺陷。软件的功能都是基于代码来完成的。如果工程师无法理解代码的作用，也就几乎不可能确定软件能否正常工作。正如食谱一样，代码必须易于理解。

在第 2 章中，我们将了解到，如何通过定义正确的抽象层次来帮助实现可读性。而在第 5 章中，我们将介绍使代码更易理解的一些具体技术。

1.3.2 避免意外

过生日时得到一件礼物，或者彩票中奖，都是意外好事（惊喜）的例子。但是，当我们试图完成一件特定任务时，意外通常不是好事。

　　想象一下，你饿了，因此决定下单购买一些比萨。你拿出电话，找到比萨店的电话号码，拨通电话。很奇怪的是，电话那端沉默了很长时间，但最终还是接通了，有个声音询问你：想要什么？

　　"请来一份大的玛格丽塔比萨，外送。"

　　"好的，你的地址？"

　　半个小时以后，你收到外卖，打开包装一看却发现图 1-3 中的情景。

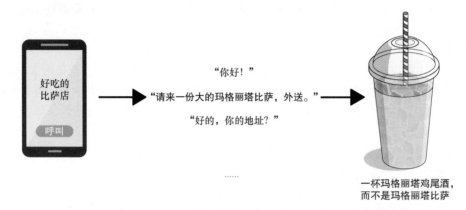

图 1-3　如果你以为是在和一家比萨店通话，实际上却是一家墨西哥餐厅，
那么你的订单仍然有意义，但送来的可能是意想不到的东西

　　哇，这真是意外。显然，有人将"margherita"（一种比萨的名称）误听成"margarita"（一种鸡尾酒的名称）。但这是件怪事，因为这家比萨店没有提供鸡尾酒。

　　原来，你手机上使用的定制拨号应用添加了一个新的"智能"功能。应用开发者发现，当用户拨打一家餐厅的电话却遇到忙线的情况时，80%的人会立刻致电另一家餐厅，因此，他们创建了一个节约时间的方便功能：当你拨打一个应用识别为餐厅的电话号码且遇到忙线，该应用将无缝地拨打电话簿中下一家餐厅的电话号码。

　　在这个例子中，下一家餐厅恰好是你最喜欢的墨西哥餐厅，而不是你以为正在拨打的比萨店。墨西哥餐厅肯定提供玛格丽塔鸡尾酒，而不是比萨。应用开发者的意图很好，也认为这种功能可以方便用户的生活，但他们创建了一个会带来某种意外的系统。我们依赖自己对电话的心理模型，根据听到的声音确定发生的事情。重要的是，如果我们听到语言应答，心理模型就会告诉我们已经接通刚刚拨打的电话号码。

　　定制拨号应用的这个新功能改变了应用的表现，超出我们的预期。它打破了我们的心理模型假设，即语音应答意味着我们已经接通刚刚拨打的电话号码。这个功能或许很有用，但因为其行为超出普通人的心理模型，就必须明确告知人们发生的情况，例如用语音信息告诉人们拨的电话号码正忙，询问是否愿意拨打另一家餐厅的电话号码。

　　可以将这个定制拨号应用类比为一段代码。其他工程师在使用我们的代码时将名称、数据类型和常见约定作为线索，以构建一个心理模型，用于预测我们的代码以什么为输入、完成什么功能、返回什么结果。如果我们的代码行为超出这个心理模型，就很有可能导致软件潜藏缺陷。

在致电比萨店的例子中，即便在发生意外情况之后，一切似乎仍正常运转：你点了一个玛格丽塔比萨，餐厅也乐于效劳。直到很久以后，错误已无法纠正，你才发现无意间点了一杯鸡尾酒而不是一份比萨。这与软件系统中的代码完成意外工作时常常发生的情况很类似：因为代码调用者没有预料到这种意外，这些代码将一无所知地继续执行。在一段时间里，一切看起来都很正常，但随后出现可怕的错误，程序处于无效状态，或者将一个奇怪的值返回给用户。

即便有着最好的意图，编写提供一些有用或者"聪明"功能的代码仍有造成意外的风险。如果代码做了某些意外的事情，使用代码的工程师不会知道也不会思考处理那种情况的方法。这往往会导致系统"跛行"，直到在远离问题代码的地方出现明显的古怪表现。或许，这只会产生一个有些恼人的缺陷，但也可能造成破坏重要数据的灾难性问题。我们应该提防代码中的意外情况，并尽可能避免。

在第 3 章中，我们将看到，代码契约是一种有助于解决这个问题的基础技术。第 4 章在介绍软件错误时提到，如果不能正确提示或处理这些错误，就可能导致意外情况。第 6 章将关注避免意外的一些更具体的技术。

1.3.3　编写难以误用的代码

在电视机的背部，我们可能会看到如图 1-4 所示的接口。我们可以在这些接口里插入不同的线缆。重要的是，电视机厂商通过将不同的接口设计成不同的形状，可以防止用户将电源线插进 HDMI 接口中。

图 1-4　电视机厂商有意将电视机背部的接口做成不同形状，以避免用户插入错误的线缆

想象一下，如果电视机厂商没有这么做，而是将每个接口做成相同的形状，将会出现什么情况。你认为会有多少人在电视机背部摸索的时候不小心将线缆插进错误的接口里？如果将 HDMI 线缆插到电源接口里，电视机可能无法工作，虽然让人烦恼，但也不算太可怕。但如果有人将电源线插进 HDMI 接口里，就会烧毁电视机的电路板。

我们所写的代码常常被其他代码调用，这有点像是一台电视机的背部。我们预计其他代码会"插入"某种东西，比如输入参数，或者在调用前将系统置于某个状态。如果将错误的东西"插入"代码，就可能造成某些破坏：系统崩溃、数据库永久性损坏或者丢失某些重要数据。即便没有造成破坏，代码也很有可能无法正常工作。我们的代码被调用是有原因的，插入不正确的内容，可能意味着一项重要的任务没有执行，或者某些古怪的行为没有引起注意。

通过编写很难或不可能被误用的代码，我们可以最大限度地提高代码持续正常工作的概率。针对这个问题，有许多实用的解决方法。第 3 章介绍的代码契约（类似于避免意外）是有助于编写难以误用的代码的基础技术。第 7 章将介绍编写难以误用的代码的一些更为具体的技术。

1.3.4　编写模块化的代码

模块化意味着一个对象或系统由可独立替换的更小的组件组成。为了说明这个概念以及模块化的好处，我们考虑图 1-5 中的两个玩具。

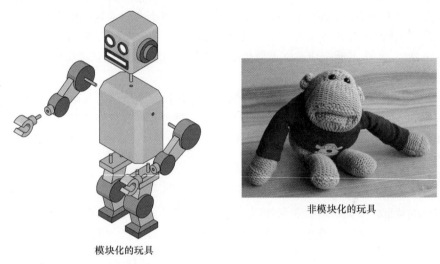

模块化的玩具   非模块化的玩具

图 1-5　模块化的玩具很容易重新配置，而缝合起来的玩具则极难重新配置

图 1-5 左侧的玩具是高度模块化的。头部、手臂、手掌和腿都很容易独立替换，而不会影响到玩具的其他部分。相反，图 1-5 右侧的玩具是非模块化的。没有轻松的方法可以替换头部、手臂、手掌或腿。

模块化系统（如图 1-5 左侧的玩具）的特征之一是，不同组件有明确定义的接口，相互作用的点尽可能少。如果我们将一只手掌当成组件，那么左侧的玩具只有一个交互点和一个简单的接口：一根钉子，以及一个与之适配的小孔。而右侧的玩具在手掌和身体其他部位之间有一个极其复杂的接口：手掌和手臂上有 20 多圈相互交织的线。

现在想象一下，如果我们的任务是维护这些玩具，某天经理告诉我们一个新需求：手掌上要有手指。我们更愿意应对哪一个玩具/系统？

对于左侧的玩具，我们可以制造一只新设计的手掌，轻松地替换现有的手掌。如果两周以后，经理改变了主意，我们可以恢复玩具原来的配置，而不会产生任何麻烦。

至于右侧的玩具，我们可能不得不拿出剪刀，剪掉那 20 多圈线，然后直接将新的手掌缝到玩具上。在这个过程中，我们可能会损坏这个玩具，如果两周后经理改变主意，我们就要同样费尽力气将玩具恢复成原有配置。

软件系统和代码库与这些玩具非常相似。将代码分解为独立模块，其中两个相邻模块的交互发生在单一位置、使用明确定义的接口，往往是很有好处的。这有助于确保代码更容易适应变化的需求，因为一项功能的变化不需要对所有地方进行大量修改。

模块化系统通常也更容易理解和推演。因为系统被分解为容易控制的小功能块，各功能块之间的交互有明确的定义和文档。这增加了代码一开始就能正常工作，并在未来持续工作的可能性——因为工程师更不容易误解代码的作用。

在第 2 章中，我们将了解如何创建清晰的抽象层次，这是引导我们编写出更具模块化特性的代码的一种基础技术。在第 8 章中，我们还将了解一系列使代码更加模块化的具体技术。

1.3.5　编写可重用、可推广的代码

可重用性和可推广性这两个概念很类似，但略有不同。

- **可重用性**的含义是某个系统可在多种场景下用于解决同一个问题。手钻是一种可重用工具，因为它可以在墙、地板和天花板上钻孔。问题是相同的（需要钻一个孔），但场景不同（钻墙、钻地板和钻天花板）。
- **可推广性**的含义是某个系统可用于解决多个概念相近但有细微差异的问题。手钻也是具有可推广性的工具，因为它可以用于钻孔，也可以将螺钉固定到某个物体上。制造商认识到，旋转是适用于转孔和固定螺钉的通用问题，因此它们造出可通用于这两个问题的工具。

在手钻的例子中，我们能立刻认识到这两个特性的好处。想象一下，如果我们需要 4 种不同的工具。

- 只能在平举状态工作的钻孔机——只能用于钻墙。
- 只能垂直向下工作的钻孔机——只能用于钻地板。
- 只能垂直向上工作的钻孔机——只能用于钻天花板。
- 用来固定螺钉的电动螺丝刀。

我们必须花很多钱购买这一套 4 种工具，将更多的东西带在身上，给 4 组电池充电——这都是浪费。幸亏有人发明了既可重用又可推广的手钻，我们只需要一种工具就能完成上述所有工作。不用猜也知道，手钻在这里又是对代码的一种类比。

创建代码需要花费时间和精力，一旦创建完毕，还需要持续投入时间和精力进行维护。创建代码也并非没有风险：尽管我们小心翼翼，编写的一些代码仍会包含缺陷，写得越多，出现缺陷的可能性越大。重点在于，我们在代码库中留下的代码行数越少越好。这听起来可能有些奇怪，我们不是通过写代码得到报酬的吗？但实际上，我们得到工资，是因为能够解决某个问题，代码只是一种手段。如果我们可以解决问题，同时花费更少的精力，降低我们不小心引入缺陷而导致其他问题的概率，就太好了。

编写可重用、可推广的代码，我们（和其他人）就可以在代码库的多个地方和场景中使用它们，解决不止一个问题。这能节约时间和精力，并使我们的代码更加可靠，因为我们往往重用已在外部经过考验的逻辑，其中的缺陷可能已经被发现和修复。

更具模块化特性的代码往往也有更好的可重用性和可推广性。与模块化相关的章节与可重用性和可推广性的主题关系紧密。此外，第 9 章将介绍一些提高代码可重用性、可推广性的专用技术和考虑因素。

1.3.6   编写可测试的代码并适当测试

正如我们在前面的软件开发与部署过程（见图 1-2）中所见到的，在确保最终不会将有缺陷和不完善的功能投入运行的过程中，测试是至关重要的一环。它们往往是这一过程中两个关键点的主要保障（见图 1-6）。

- 防止有缺陷或者不完善的功能提交到代码库。
- 确保阻止有缺陷或不完善的功能发行并投入运行。

因此，测试对确保代码可用并持续正常工作是必不可少的。

如果测试失败，代码更改被拦截，不能提交到代码库

如果质量保证检查失败，将阻止发布操作。这些质量保证检查往往包含某种形式的测试

图 1-6   为了最大限度地防止有缺陷和不完善的功能进入代码库，并确保它们不会对外发行，测试至关重要

在软件开发中，测试的重要性如何强调都不为过。你以前肯定多次听到这一说法，很容易将其视为老生常谈，但它确实重要。正如我们在本书的很多地方看到的那样。

- 软件系统和代码库往往太过庞大和复杂，一个人不可能了解所有细节。
- 人（即便是智力超群的工程师）都会犯错。

这或多或少都是生活中的事实。除非我们用测试来锁定代码的功能，否则这些功能就会习惯性地与我们（以及我们的代码）纠缠在一起。

代码质量的这一支柱包含两个重要的概念："编写可测试的代码"以及"适当测试"。测试和可测试性相关，但考虑的因素不同。

- **测试**——顾名思义，这与测试我们的代码或者软件有关。测试可能是人工进行，也可能是自动进行。作为工程师，我们通常努力编写测试代码来执行"真实"代码，并检查一切表现是否如同预期。测试有不同级别。你可能使用的 3 种最常见的测试级别如下。(**请注意，这并不是完整的列表。测试有许多分类方法，不同组织往往使用不同的术语。**)

● **单元测试**——这种测试通常测试代码的小单元(如单个函数或类)。单元测试是测试工程师在日常编程中最经常使用的测试级别，也是本书唯一详细介绍的测试级别。

● **集成测试**——系统通常由多个组件、模块或子系统组成。将这些组件和子系统连接到一起的过程称为**集成**。集成测试试图确保这些集成正常工作，而且一直保持正常。

● **端到端(E2E)测试**——测试整个软件系统从头至尾的典型流程。如果待测软件是一个在线购物系统，E2E 测试的一个例子是自动驱动浏览器，确保用户能够完成一次购物流程。

■ **可测试性**——这指的是"真实代码"(相对于测试代码)，并描述该代码在测试中的表现。某个事物"可测试"的概念在子系统或系统级别上也适用。可测试性往往与模块化高度关联，模块化程度越高的代码(或系统)越容易测试。想象一下，某汽车制造商正在开发一种紧急行人防撞制动系统。如果该系统的模块化程度不高，测试它的唯一方式可能是将其安装在真实的汽车上，将车开到一个真人面前，检查车辆是否会自动停下。如果情况果真如此，那么该系统所能测试的场景有限，因为每次测试的成本非常高：制造一辆整车，租用一条测试道路，并让一个真人冒险扮演路上的行人。如果这种紧急制动系统是一个单独的模块，可在真实车辆之外运行，可测试性就更高了。现在测试可以通过如下方式进行：向该系统提供预先录制的行人走出的视频，检查它是否为紧急制动系统输出正确的信号。这样的测试非常简易、经济且安全，可以对成千上万种不同的行人状况进行测试。

如果代码不可测试，也就不可能对其进行"适当"测试了。为了确保我们编写的代码是可测试的，最好在编写代码时不断地问自己一个问题："我们将如何测试这些代码？"因此，测试不应该是"马后炮"，而应该是编写代码各个阶段不可分割的基本组成部分。第 10 章和第 11 章介绍的都是关于测试的内容，但因为测试对编写代码必不可少，所以我们在本书的许多地方都会提到。

> **注意：测试驱动开发**
>
> 因为测试是代码编写工作中必不可少的部分，一些工程师倡导在编写代码之前先编写测试的做法。
> 这是**测试驱动开发**(Test-Driven Development，TDD)过程所支持的做法之一。我们将在 10.5 节中
> 进一步讨论这个问题。

软件测试是一个很广泛的主题，坦率地说，本书无法做到面面俱到。在本书中，我们将介绍代码单元测试中重要且常被忽视的特征，因为它们在日常编程过程中通常非常有用。但请注意，直到本书的最后，我们对软件测试的介绍也只是皮毛。

1.4　编写高质量代码是否会拖慢进度

这个问题的答案是，在很短的一段时期，编写高质量代码似乎会拖慢我们的进度。与按照头

脑中首先闪现的念头编写代码相比，高质量的代码需要更多的思考和努力。但如果我们编写的不仅仅是运行一次就抛之脑后的小程序，而是更有实质性的软件系统，那么编写高质量的代码通常会在中长期加快开发进程。

想象一下，我们要在家里装一块搁板。有一种“恰当”的方法，也有一种快速的“变通”方法。

- **“恰当”的方法**——我们在墙体立柱或砖石等坚固的东西上钻孔、固定螺钉，将支架固定在墙上。然后，我们将搁板安装在这些支架上。花费时间：30min。
- **“变通”的方法**——购买一些胶水，将搁板粘在墙上。花费时间：10min。

看起来，用“变通”方法装搁板可以节约 20min，也不会用到手钻。我们选择了这种快速的方法。现在，我们来考虑接下来发生的事情。

我们将搁板粘在墙面上，但墙面材料最有可能是一层灰泥。灰泥并不坚固，很容易开裂并大块大块地剥落。一旦我们开始使用搁板，所放东西的重量很可能导致灰泥开裂，搁板将掉下来并带下来大块的灰泥。现在，不仅我们的搁板无法使用，而且需要重新粉刷墙面（这项工作即便不需要几天，至少也要几个小时）。即便奇迹出现，搁板没有掉下来，我们也因为采用了“变通”方法而给未来带来问题。想象如下两种场景。

- 我们发现搁板放得不够水平（缺陷）。
  - 对于有支架的搁板，我们只需要在支架和搁板之间加入一个较小的垫片。花费时间：5min。
  - 对于用胶水粘上的搁板，我们必须将它从墙上揭下来，这会带下来一大块灰泥。现在，我们必须重新粉刷墙面，再将搁板装回去。花费时间：几个小时，甚至几天。
- 我们决定重新装饰房间（新需求）。
  - 我们可以卸下螺钉，将带支架的搁板拆下来。重新装饰房间以后，我们再将搁板放回去。与搁板相关的工作花费时间：15min。
  - 对于用胶水粘上的搁板，我们要么不动搁板，那么它有滴上油漆、在我们必须油漆或者铺上墙纸的地方留下不干净边缘的风险。我们也可以将搁板揭下来，那么必须重新刷上灰泥。我们只能在低劣的重新装饰工作和花几小时（甚至几天）重新涂抹墙面之中选择一个。

你应该明白了吧。最初看起来，按照“恰当”的方法做，安装一个带支架的搁板似乎毫无意义地浪费了 20min，但从长期看，它很有可能节省许多时间和减少麻烦。在将来的重新装饰计划中，我们还会看到，一开始采用快速的“变通”方法，以后将迫使我们走上一条采用更多权宜之计的道路，比如在搁板周围刷油漆或者贴墙纸，而不是在重新装饰时取下搁板。

编写代码与此很相似。根据我们脑海里浮现的第一个想法编程，而不考虑代码质量，很可能一开始会省一些时间。但我们很可能得到一个脆弱、复杂的代码库，它将越来越难以理解或推测。添加新功能或修复缺陷将变得越来越难，因为我们不得不应付破坏的情况，并重新设计一切。

你以前一定听过“欲速则不达”这句话，这是通过对生活中许多事物的观察得出的经验，在没有考虑清楚正确的方法之前，过于匆忙的行动往往导致错误，从而降低总体的速度。这也很好地总结了编写高质量代码能加快开发速度的原因，不要为了速度而鲁莽行动。

1.5 小结

- 要创造优秀的软件，我们必须编写高质量代码。
- 代码变成投入运行的软件之前，通常必须经过多个检查与测试阶段（有时候是人工进行的，有时是自动进行的）。
- 这些检查有助于避免有缺陷、不完整的功能交付到用户手中或者应用到关键业务系统上。
- 在编写代码的每个阶段都考虑测试是很好的习惯，不应该将其视为"马后炮"。
- 一开始，编写高质量代码看似会拖慢我们的进度，但往往能在中长期加快开发速度。

第 2 章　抽象层次

本章主要内容如下：
- 如何以清晰的抽象层次将问题分解为多个子问题；
- 抽象层次如何帮助我们实现代码质量的一些支柱；
- API（见 2.3.1 节）和实现细节；
- 如何用函数、类和接口将代码分解为不同的抽象层次。

编写代码就是解决问题——这些问题可能是高层次的问题，例如"我们需要一个系统，使用户能够共享照片"，也可能是较低层次的问题，例如"我们需要一些代码，求两个数字的和"。我们可能没有意识到一个事实：在解决高层次问题时，我们通常会将其分解为几个较小的子问题。"我们需要一个系统，使用户能够共享照片"这样的问题陈述可能意味着，我们需要解决保存照片、将其与用户关联并显示等子问题。

解决问题和子问题的方法很重要，但我们解决这些问题的代码结构同等重要。例如，我们应该将所有功能都放到一个庞大的函数或类中，还是将其分解为多个函数或功能？如果需要分解，我们又应该怎么做呢？

代码结构是代码质量的根本特征之一，好的结构往往能建立清晰的**抽象层次**。本章将解释代码结构的含义，并说明将问题分解为不同的抽象层次并构造代码以反映这些层次，能够极大地改善代码的可读性、模块性、可重用性、可推广性和可测试性。

本章和后面的章节通过许多伪代码示例来说明讨论的主题。在深入介绍这些示例之前，花一些时间解释本书中伪代码处理空值（Null）的惯例是很有必要的。2.1 节将介绍这方面的知识。从 2.2 节起我们将介绍本章的主题。

2.1　空值和本书中的伪代码惯例

在我们观察代码示例之前，解释本书中伪代码处理控制的惯例十分重要。

许多编程语言都有某个值（或引用/指针）缺失的概念。编程语言的内置方法往往使用空值

（Null）。历史上，空值游走于两个极端之间：有时非常好用，有时又会带来难以置信的问题。

- 空值之所以有用，是因为某个事物不存在的情况经常出现：某个值未提供或者某个函数不能提供预期的结果。

- 空值之所以会带来问题，是因为一个值能不能为空并不总是显而易见的，工程师经常在访问变量之前忘记检查它是否为空。这往往导致出错。你以前可能见过 `NullPointerException`（空指针异常）、`NullReferenceException`（空引用异常）或 `Cannot read property of null`（无法读取空属性）等错误信息，次数或许比你记得的要多。

由于空值可能带来问题，因此你有时候会看到一些建议，倡导绝不使用它们，或者至少绝不会从函数中返回空值。这当然有助于避免空值的问题，但在实践中，遵循这个建议需要采用许多编程技巧。

幸运的是，近年来，"**空值安全**"〔也称为"**无效值安全**"（void safety）〕的思路越来越受到关注。这能确保任何可能为空的变量或返回值有相应的标识，编译器将强制要求必须事先检查其非空后才能使用。

近年来出现的大部分重要的新编程语言都支持空值安全。在 C#等编程语言的较新版本中，也可以选择启用该功能，甚至有办法将其改造成类似 Java 这样的编程语言。如果我们使用的编程语言支持空值安全，那么利用这一特性可能是个好主意。

如果我们使用的编程语言不支持空值安全，那么使用可选类型来代替空值是比较好的做法。许多编程语言都支持这一特性，包括 Java、Rust（称为 Option）和 C++（不过针对 C++需要考虑一些细微的差别，我们在附录 B 中介绍）。即使在不以标准特性形式支持空值安全的编程语言中，往往也有增添这种支持的第三方工具。

本书中的伪代码惯例假设支持空值安全。默认情况下，变量、函数参数和返回类型都不可以是空值。但如果类型以"?"为后缀，就意味着它可以为空，编译器将不强制先检查其是为非空就可以使用。下面的代码片段展示了使用空值安全的伪代码：

```
Element? getFifthElement(List<Element> elements) {        ← Element?中的"?"表示返回
  if (elements.size() < 5) {                                类型可以为空
    return null;          ← 当我们无法获得该值时
  }                          返回空值
  return elements[4];
}
```

如果我们使用的编程语言不支持空值安全，但是又想用可选类型编写这个函数，那么下面这个代码片段展示了改写的方法：

```
Optional<Element> getFifthElement(List<Element> elements) {   ← 返回类型是
  if (elements.size() < 5) {                                     可选元素
    return Optional.empty();      ← 返回 Optional.empty()，
  }                                  代替空值
  return Optional.of(elements[4]);
}
```

如果你想了解更多关于空值安全和可选类型的知识，请参考附录 B。

2.2 为什么要创建抽象层次

编写代码往往是将一个复杂的问题持续地分解为较小的子问题的过程。为了说明这一点，假设我们要编写一段运行于某台用户设备上的代码，希望将一条信息发送给某台服务器。我们可能希望编写像程序清单 2-1 那样的代码。注意，这段代码很简单，3 行代码只需要处理 4 个简单的概念：

- 确定服务器 URL；
- 连接；
- 发送消息字符串；
- 关闭连接。

程序清单 2-1　向服务器发送一条消息

```
HttpConnection connection =
    HttpConnection.connect("http://example.com/server");
connection.send("Hello server");
connection.close();
```

粗略看来，这似乎是个相当简单的问题，解决方案看起来也确实简单。但这显然不是一个简单的问题——从客户设备发送字符串"Hello Server"到服务器涉及很多复杂的细节，包括如下：

- 将字符串序列化为可以传输的格式；
- HTTP 的所有细节；
- TCP 连接；
- 用户在 Wi-Fi 还是蜂窝网络上；
- 将数据调制为无线电信号；
- 数据传输错误与校正。

在这个例子中，我们关心的是一个高层次的问题：将一条消息发送给服务器。但为此要解决许多子问题（比如上面列出的那些）。幸运的是，其他工程师已经解决了所有这些子问题，不仅如此，他们解决问题的方式还很巧妙，我们甚至不需要了解。

我们可以将问题和子问题的解决看成一系列层次的形成。在最高层次，我们关心的是发送消息给服务器，我们可以编写代码来完成这项任务，而不必知道任何关于 HTTP 实现的细节。类似地，编写代码实现 HTTP 的工程师可能也不知道如何将数据调制为无线电信号。实现 HttpConnection 代码的工程师可以将物理数据传输视为一个抽象的概念，反过来，我们也可以将 HTTP 连接视为抽象概念。这就叫作**抽象层次**。图 2-1 展示了向服务器发送消息所涉及的一些抽象层次。

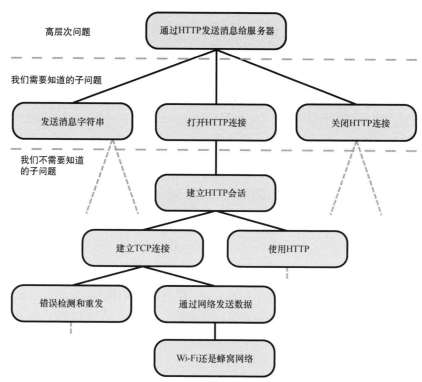

图 2-1　发送消息给服务器时，我们可以重用其他人已经创建的子问题解决方案。

清晰的抽象层次还意味着，我们只需要知道少数几个概念，就能解决我们所关心的高层次问题

与实际完成的复杂性相比，向服务器发送消息的代码显得非常简单，值得再花一点时间领会。

- 只需要 3 行简单代码。
- 只涉及 4 个简单概念的处理：
  - 确定服务器 URL；
  - 连接；
  - 发送消息字符串；
  - 关闭连接。

一般来说，如果我们能将一个问题很好地递归分解为几个子问题，并创建抽象层次，那么任何一段单独的代码看起来都不会特别复杂，因为它一次只需要理解几个容易的概念。这应该是身为软件工程师的我们在解决问题时的目标：即便这个问题极其复杂，我们也可以通过识别子问题、创建正确的抽象层次来驾驭它。

构建清晰、确切的抽象层次，对实现我们在第 1 章中所看到的 4 个代码质量支柱大有裨益。后面的内容将介绍其中的原因。

可读性

工程师不可能理解代码库中每段代码的所有细节，但他们很容易理解和使用一些高层次抽象。创建清晰、确切的抽象层次，意味着工程师一次只需要应对一两个层次和少数概念。这通常能增强代码的可读性。

模块性

当抽象层次将解决方案清晰地分为子问题，并确保不会在层次之间泄露实现细节时，就很容易更换层次内部的实现，而不会影响到其他层次或代码。在 HttpConnection 的例子中，处理物理数据传输的子系统很可能是模块化的。如果用户使用 Wi-Fi，那么选择其中的一个模块；如果用户使用蜂窝网络，则选择另一个模块。我们不需要在更高层次的代码中进行任何特殊处理，就能适应不同的场景。

可重用性和可推广性

如果子问题的解决方案以清晰的抽象层次表现，那么这个解决方案就很容易重用。如果问题分解为合适的抽象子问题，也就很有可能将解决方案推广到多个不同场景中。在 HttpConnection 的例子中，处理 TCP/IP 和网络连接的大部分系统部件也可用于解决需要其他连接类型（如 WebSocket）的子问题。

可测试性

如果你打算购买一座房子，希望确定它的结构完好，不能只看看外观，就说"好，看起来像一座房子，我要把它买下来"。你应该请一位检验员来检查地基是否下沉，墙体有无开裂，以及木质结构是否腐烂。类似地，如果我们想要可靠的代码，就必须确保每个子问题的解决方案合理有效。如果代码可以清晰地分解为抽象层次，全面测试每个子问题的解决方案就容易得多了。

2.3　代码层次

在实践中，我们建立抽象层次的方法是将代码分成不同单元，每个单元依赖于另一个单元，这就形成一个相关（依赖）图（见图 2-2）。在大部分编程语言中，我们可以通过不同的结构将代码分成不同单元。经常使用的结构如下：

- 函数；
- 类〔可能还有与类相似的其他东西，如结构体（struct）和混入（mixin）〕；
- 接口（或等价的结构）；
- 包、命名空间或模块。

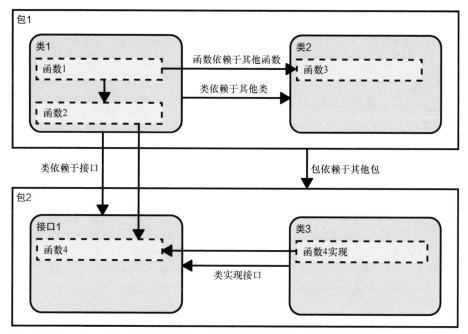

图 2-2　代码单元依赖于其他代码单元，进而形成一个相关图

　　为完整起见，我提到了这些结构，但并不会在本书中介绍它们，因为这些较高层次的代码结构往往在很大程度上取决于组织和系统设计方面的考虑，而这两方面都不属于本书的讨论范畴。

　　后面的内容将探索如何以最好的方式通过函数、类和接口将代码分解为清晰的抽象层次。

2.3.1　API 和实现细节

　　编写代码时，我们常常需要从两个方面思考。

- 代码调用者将会看到的东西：
  - 我们公开哪些类、接口和函数；
  - 在名称、输入参数和返回类型中暴露的概念；
  - 调用者正确使用代码所需的附加信息（如调用顺序）。
- 代码调用者不会看到的东西：实现细节。

　　如果你使用（构建或调用）过**服务**，很可能熟悉**应用程序接口**（Application Programming Interface，API）这个词。API 正式确定了服务调用者需要知道的内容，而所有服务实现细节都隐藏在 API 之后。

　　将我们写的代码看成可公开给其他代码使用的小型 API，往往是很有帮助的。工程师常常这么做，你很可能听他们谈起类、接口和函数时说成"暴露一个 API"。图 2-3 提供了说明如何将类的不同方面划分为公共 API 的一部分和实现细节的例子。

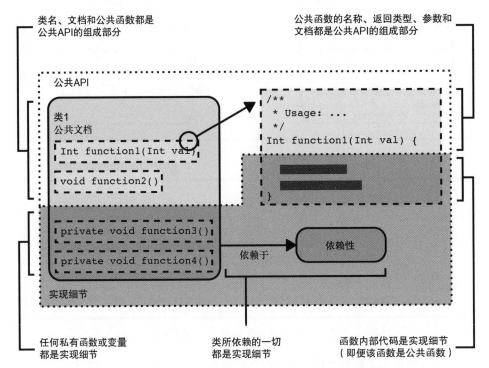

图 2-3   我们可以将代码中调用者应该知道的部分看成暴露的 API。
任何没有在 API 中暴露的情况都属于实现细节

从 API 的角度考虑代码，有助于创建清晰的抽象层次，因为 API 定义了暴露给调用者的内容，其他的一切都属于实现细节。如果我们编写或修改一些代码，而其中一些应该属于实现细节的东西却泄露到 API 中（通过输入参数、返回类型或公共函数），抽象层次显然就不像应有的那么清晰和确切了。

我们将在本书的多处使用暴露 API 这一编程概念，因为它是指明一段代码所提供抽象层次的实用、简捷的方法。

2.3.2   函数

将一些逻辑分解为新函数而获得益处，这样操作的门槛往往是很低的。在理想情况下，每个函数内部的代码读起来应该像一个书写得当的短句。为了说明这一点，请考虑下面这个试图完成过多工作的函数示例（见程序清单 2-2）。这个函数查找一个车主的地址，如果找到，则给他寄信。该函数包含查找车主地址的详细逻辑，以及发送信件的函数调用。这使得它难以理解，因为它一次性处理了过多的概念。在程序清单 2-2 中，我们还发现，在一个函数中完成过多工作可能导致其他使代码难以理解的问题，例如深度嵌套的 if 语句（第 5 章将详细介绍）。

程序清单 2-2　完成过多工作的函数

```
SentConfirmation? sendOwnerALetter(
    Vehicle vehicle, Letter letter) {
  Address? ownersAddress = null;
  if (vehicle.hasBeenScraped()) {
    ownersAddress = SCRAPYARD_ADDRESS;
  } else {
    Purchase? mostRecentPurchase =
        vehicle.getMostRecentPurchase();
    if (mostRecentPurchase == null) {
      ownersAddress = SHOWROOM_ADDRESS;
    } else {
      ownersAddress = mostRecentPurchase.getBuyersAddress();
    }
  }
  if (ownersAddress == null) {
    return null;
  }
  return sendLetter(ownersAddress, letter);
}
```

> 寻找车主地址的
> 详细逻辑

> 按照条件寄信
> 的逻辑

如果将 sendOwnerALetter() 函数翻译成一个句子，就是"找到车主地址（如果车辆已经报废，就是废品回收场的地址；如果还未售出，就是展厅的地址；否则就是登记的买主地址），如果找到，给他们寄一封信"。这不是一个令人喜欢的句子，它要求一次性处理多个不同的概念，而且这个句子很长，我们可能要读几遍才能正确理解。

比较好的做法是提供一个能翻译句子的函数。翻译后的句子是"找到车主地址（详情如下），如果找到，给他们寄一封信"。确保函数可以翻译成此类句子的良好策略之一是将函数限制在如下范围内：

- 执行单一任务；
- 通过调用命名得当的函数来组合较为复杂的行为。

这不是一门精确科学，因为"单一任务"可以有各种各样的解释，即使在调用其他函数来组合较为复杂的行为时，我们也可能仍然需要一些控制流（如 if 语句或 for 循环）。因此，一旦我们编写了一个函数，将其翻译成一个句子仍然是值得一试的办法。如果很难翻译，或者句子很臃肿，那么函数可能还是太长，将其分解成更小的函数是有好处的。

在 sendOwnerALetter() 的例子中，我们已经确定它不能翻译成一个很好的句子。很显然它没有遵循上述策略。该函数执行了两个任务：查找车主地址，并触发寄信任务。而且，它并没有用其他函数来组合这些功能，而是包含了查找车主地址的详细逻辑。

更好的方法是将查找车主地址的逻辑分解为一个单独的函数，这样 sendOwnerALetter() 函数就能翻译成更理想的句子了。程序清单 2-3 展示了这个新函数。经过如此更改，任何人都可以轻松地理解它解决指定子问题的方法：

（1）获得车主地址；

（2）如果找到地址，给车主寄一封信。

程序清单 2-3 中的新代码还有另一个好处——更容易重用查找车主地址的逻辑。未来，可能有人要求构建一个功能——只是显示车主地址而不是寄信。构造这个功能的工程师可在同一个类内部重用 getOwnersAddress() 函数，或者将其转移到相应的助手类里，使其相对容易公开。

<table>
<tr><td>程序清单 2-3　较小的函数</td></tr>
</table>

```
SentConfirmation? sendOwnerALetter(Vehicle vehicle, Letter letter) {
  Address? ownersAddress = getOwnersAddress(vehicle);          ←  获得车主地址
  if (ownersAddress == null) {
    return null;                                                  如果找到地址，
  }                                                               给车主寄一封信
  return sendLetter(ownersAddress, letter);
}

private Address? getOwnersAddress(Vehicle vehicle) {          ←  查找车主地址的
  if (vehicle.hasBeenScraped()) {                                 函数很容易重用
    return SCRAPYARD_ADDRESS;
  }
  Purchase? mostRecentPurchase = vehicle.getMostRecentPurchase();
  if (mostRecentPurchase == null) {
    return SHOWROOM_ADDRESS;
  }
  return mostRecentPurchase.getBuyersAddress();
}
```

编写短小精悍、重点集中的函数，是确保代码可读性和可重用性的方法之一。在艰苦的编程工作中，很容易最终编写出非常长且不容易理解的函数。因此，在写出第一批代码并送去代码评审之前，应该以挑剔的眼光再看看。当我们看到一个函数难以翻译成一个句子时，就应该考虑将其各部分逻辑分解为具有合适名称的助手函数。

2.3.3　类

工程师往往会争论类的理想规模，并对此提出了许多理论和经验法则。

- **代码行数**——你有时会听到诸如"一个类不应该长于 300 行代码"的指导方针。
  - 长于 300 行代码的类经常（但不总是）需要处理过多的概念，应该加以分解。这个经验法则并不意味着 300 行或更少就是合适的规模。它只是作为一个可能出错的提示，而不是正确的保证。因此，这样的规则在实践中的用处往往有限。
- **内聚性**[①]——这是衡量类的内容有同一"归属"的指标，其理念就是：好的类应该是高内聚的。内聚性有许多分类方法，下面是几个例子。
  - **顺序内聚**——某个成分的输出是另一个成分的输入。这种内聚的真实例子之一是制作

---

① 以内聚性作为软件结构评估指标的思路最先是 Larry L. Constantine 在 20 世纪 60 年代提出的，70 年代又由 Wayne P. Stevens、Glenford J. Myers 和 Larry L. Constantine 加以扩展。

一杯新鲜咖啡。我们必须先研磨咖啡豆，才能煮制咖啡；咖啡豆研磨过程的输出就是咖啡煮制过程的输入。因此，我们可以得出结论：研磨和煮制是内聚的。

- **功能内聚**——一组成分都为完成单一任务做出贡献。**单一任务**的定义很主观，真实例子之一是你要将所有制作蛋糕的设备放在厨房里一个专用的抽屉里。你已经确定，混料罐、木勺和饼模都是内聚的且属于同一类别，因为它们都为同一任务——制作蛋糕——做出贡献。

■ **关注点分离**[①]——这个设计原则倡导，系统应该分为多个处理不同问题（关注点）的单独组件。真实例子之一是游戏机通常与电视机分离，而不是捆绑成不可分离的家电。游戏机关注的是运行游戏，而电视机关注的是显示画面。这种分离能够实现更好的可配置性：游戏机买家可能住在一座只能容纳小电视机的房子里，而拥有更大空间的用户可能希望将游戏机插到一台 292in（1in 约 2.54cm）的壁挂电视机上。这些设备的分离还使得我们可以升级其中一台设备，而不需要升级其他设备。当更新、更快的游戏机出现时，我们不必承受购买新电视机的费用。

内聚性和关注点分离的思想通常要求我们确定，将一组相关事物当成**单一事物**来看待有多大的用处。这往往比表面看起来更难，因为决定是很主观的。对一个人来说，将研磨咖啡豆和煮制咖啡组合起来可能很完美，但对另一个人来说，他只是想研磨用于烹饪的辣椒，将这些组合起来毫无益处，因为他显然不想煮制辣椒。

在我遇到的工程师中，几乎没有多少人完全不知道这些经验法则，或者不同意"类应该内聚，理想情况下应该只关注一件事"。但尽管知道这些建议，但是许多工程师仍然编写过于庞大的类。当工程师没有足够认真地考虑"在一个类中引入多少个不同概念、哪些逻辑适合于重用或重新配置"时，类往往变得过大。这种情况有时发生在第一次编写类时，有时则发生在类随着时间推移而逐步增大时，因此，不管是在修改现有代码还是在编写全新代码时，考虑类是否过大都是很重要的。

"一个类应该只关注一件事"或"类应该内聚"等经验法则是为了考验和指导工程师创造出更高质量的代码。但我们仍需要认真考虑什么才是努力实现的根本目标。对于代码层次和类的创建，第 1 章定义的代码质量的 4 个支柱说明了我们应该努力实现的目标。

■ **编写易于理解的代码**——在单一类中捆绑的不同概念越多，类的可读性越差。人类的大脑不擅长有意识地同时思考很多事物。我们给试图阅读代码的其他工程师越多的认知负荷，他们花费的时间也就越多，越有可能误解代码的意义。

■ **编写模块化的代码**——使用类和接口是实现代码模块化的手段之一。如果子问题的解决方案完全包含在单独的类中，其他类只要通过几个深思熟虑的公共函数与之交互，那么在必要时用另一个实现替换它就很容易了。

■ **编写可重用、可推广的代码**——如果解决某个问题需要解决两个子问题，那么其他人也

---

① 普遍认为，关注点分离是 Edsger W. Dijkstra 于 20 世纪 70 年代提出的术语。

很可能在未来有解决其中一个子问题的需求。如果我们将两个子问题的解决方案捆绑在一个类中，就降低了其他人重用其中一个解决方案的概率。

- **编写可测试的代码并适当测试**——2.3.2 节使用了房子的隐喻——我们在购房之前应该检查各部分是否完好，而不只是外观。同样，如果可以将代码逻辑分成不同的类，那么以恰当的方式测试每个类将容易很多。

图 2-4 说明臃肿的类是如何违背这 4 个支柱的要求的。

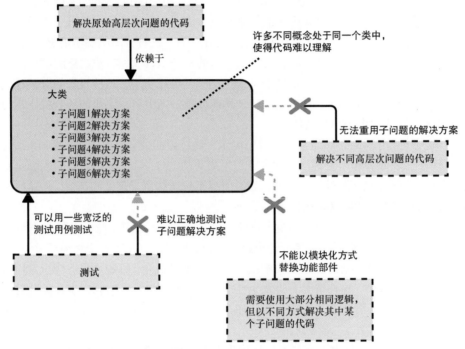

图 2-4   如果不能将代码分解为规模恰当的类，往往造成代码需要一次性应对太多的概念，
这样的代码的可读性、模块性、可重用性、可推广性和可测试性较差

为了说明这些支柱是如何帮助我们构造类的，我们来看一些代码。程序清单 2-4 包含一个类，可用于文本段摘要。它将文本分成段落，过滤它认为重要性得分较低的段落。解决文本摘要问题时，这个类的作者必须解决一些子问题。他们将各种操作分解为单独的函数，创建了一些抽象层次，但仍然将所有代码都组合到一个类中，也就是说，抽象层次之间的分隔不是很明确。

程序清单 2-4   一个过大的类

```
class TextSummarizer {
  ...
  String summarizeText(String text) {
```

```
    return splitIntoParagraphs(text)
        .filter(paragraph -> calculateImportance(paragraph) >=
            IMPORTANCE_THRESHOLD)
        .join("\n\n");
}

private Double calculateImportance(String paragraph) {
    List<String> nouns = extractImportantNouns(paragraph);
    List<String> verbs = extractImportantVerbs(paragraph);
    List<String> adjectives = extractImportantAdjectives(paragraph);
    ... a complicated equation ...
    return importanceScore;
}

private List<String> extractImportantNouns(String text) { ... }
private List<String> extractImportantVerbs(String text) { ... }
private List<String> extractImportantAdjectives(String text) { ... }

private List<String> splitIntoParagraphs(String text) {
    List<String> paragraphs = [];
    Int? start = detectParagraphStartOffset(text, 0);
    while (start != null) {
        Int? end = detectParagraphEndOffset(text, start);
        if (end == null) {
            break;
        }
        paragraphs.add(text.subString(start, end));
        start = detectParagraphStartOffset(text, end);
    }
    return paragraphs;
}

private Int? detectParagraphStartOffset(
    String text, Int fromOffset) { ... }

private Int? detectParagraphEndOffset(
    String text, Int fromOffset) { ... }
}
```

如果我们与这个类的作者对话，他可能会声称，这个类只考虑一件事：为一段文本制作摘要。粗略来看，他的说法也没有错。但这个类显然包含了解决一组子问题的代码。

- 将文本分解成段落。
- 计算文本串的重要性得分。
  - 这一工作可以进一步分解为查找重要名词、动词和形容词的子问题。

根据上述观察，其他工程师可能会反驳："不，这个类关注多个不同的事物，应该分解。"在这一场景中，两位工程师都同意类应该内聚、只关注一件事的思想，但他们在解决相关子问题应该算成主要问题的不同关注点还是固有部分上存在分歧。更好地评判这个类是否应该分解的办法是看看它与我们刚刚提到的那些支柱之间的关系。这样，我们就很可能根据如下内容（图 2-5 中也有说明）得出"该类的当前形式属于低质量代码"的结论。

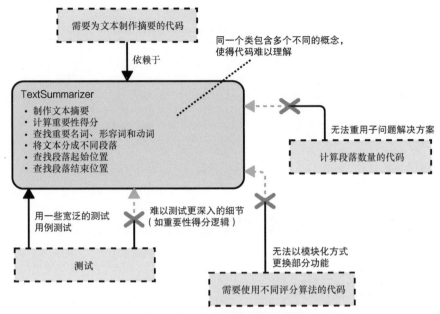

图 2-5   TextSummarizer 类包含太多不同的概念，造成代码的可读性、模块性、可重用性、
可推广性和可测试性较差

- **这段代码没有达到应有的可读性**。当我们第一次阅读这段代码时，它就像由不同概念组成的一堵墙：将文本拆分成段落、提取重要名词等内容并计算重要性得分。我们要花一些时间，才能领会这些概念是解决哪一个子问题所需要的。

- **这段代码的模块化程度不高**。这使得难以重新配置或修改代码。这种文本段摘要算法无疑是相当简单的，工程师很有可能在日后进行迭代更新。可是这些代码难以重新配置，要尝试新算法，就必须修改每个调用者。如果代码是模块化的就更好了，例如，我们可以更换计算重要性得分的新方法。

- **这段代码不可重用**。解决不同问题时，我们可能需要应对在这段代码中已经解决的相同子问题。当我们必须构建一个函数以计算文本包含多少个段落时，如果能重用splitIntoParagraphs() 函数就好了。目前我们还做不到这一点，必须重新自行解决这个子问题，或者重构 TextSummarizer 类。将 splitIntoParagraphs() 设置为公共函数以实现重用很有诱惑力，但这不是一个好主意：这将以看似不相关的概念污染TextSummarizer 类的公共 API，同时未来难以修改 TextSummarizer 类内部的这个功能，因为其他外部代码将从现在开始依赖 splitIntoParagraphs() 函数。

- **这段代码不可推广**。整个解决方案假设输入的是纯文本。但我们可能希望在不久的将来开始制作网页摘要。在这种情况下，我们可能希望输入一段 HTML 而非纯文本。如果代码模块化程度更高，我们有可能将文本拆分为段落的逻辑更换为可以将 HTML 拆分成段落的代码。

■ **这段代码难以进行适当的测试**。许多子问题实际上有相当复杂的解决方案。将文本拆分为段落看起来微不足道，但计算重要性得分与算法的关系特别密切。目前只能通过 summarizeText() 函数测试代码的总体表现，而难以仅通过调用 summarizeText() 测试重要性得分代码是否都能正常工作。我们可以先将其他函数（如 calculateImportance()）设为公共函数，这样就能正常测试，但这将使 TextSummarizer 类的公共 API 变得混乱。我们可以添加一个"只在测试中公开可见"的注释，但这样做只会进一步增加其他工程师的认知负担。

显然 TextSummarizer 类太大，处理的不同概念太多，降低了代码质量。下面说明如何改善。

如何改善代码

上述代码可以通过将每个子问题的解决方案拆分为各自单独的类而得到改善，见程序清单 2-5。解决子问题的类以构造程序参数的形式提供给 TextSummarizer 类。这种模式称为**依赖性注入**，详见第 8 章的讨论。

程序清单 2-5　每个概念一个类

```
class TextSummarizer {
  private final ParagraphFinder paragraphFinder;
  private final TextImportanceScorer importanceScorer;

  TextSummarizer(
      ParagraphFinder paragraphFinder,
      TextImportanceScorer importanceScorer) {        类的依赖性通过其构造程序参数的
    this.paragraphFinder = paragraphFinder;            形式注入。这称为依赖性注入
    this.importanceScorer = importanceScorer;
  }

  static TextSummarizer createDefault(){              通过静态工厂函数，调用者
    return new TextSummarizer(                         可以创建类的默认实例
        new ParagraphFinder(),
        new TextImportanceScorer());
  }

  String summarizeText(String text) {
    return paragraphFinder.find(text)
        .filter(paragraph ->
            importanceScorer.isImportant(paragraph))
        .join("\n\n");
  }
}

class ParagraphFinder {
  List<String> find(String text) {                    将子问题的解决方案
  List<String> paragraphs = [];                       拆分到各自的类中
  Int? start = detectParagraphStartOffset(text, 0);
  while (start != null) {
    Int? end = detectParagraphEndOffset(text, start);
```

```
      if (end == null) {
        break;
      }
      paragraphs.add(text.subString(start, end));
      start = detectParagraphStartOffset(text, end);
    }
    return paragraphs;
  }

  private Int? detectParagraphStartOffset(
      String text, Int fromOffset) { ... }

  private Int? detectParagraphEndOffset(
      String text, Int fromOffset) { ... }
}

class TextImportanceScorer {
  ...
  Boolean isImportant(String text) {
    return calculateImportance(text) >=
        IMPORTANCE_THRESHOLD;
  }

  private Double calculateImportance(String text) {
    List<String> nouns = extractImportantNouns(text);
    List<String> verbs = extractImportantVerbs(text);
    List<String> adjectives = extractImportantAdjectives(text);
    ... a complicated equation ...
    return importanceScore;
  }

  private List<String> extractImportantNouns(String text) { ... }
  private List<String> extractImportantVerbs(String text) { ... }
  private List<String> extractImportantAdjectives(String text) { ... }
}
```

现在，代码的可读性有了很大的提高，因为每个类都只要求读者应对少数几个概念。在观察 TextSummarizer 类时，可以很容易领会组成高层次算法的所有概念与步骤：

- 查找段落；
- 过滤不重要的段落；
- 将剩下的段落连接起来。

如果我们想要知道的就是这些，那很好，工作完成了。如果我们实际上并不在意如何计算重要性得分，而是想知道如何找到段落，就可以通过查看 ParagraphFinder 类，迅速理解子问题的解决方法。

这样分解还有其他一些好处，如图 2-6 所示。

- **代码的模块化程度更高，更容易重新配置。** 如果我们希望尝试文本评分的不同方法，可以简单地将 TextImportanceScorer 类提取为一个接口，以创建另一个实现。我们将在 2.3.4 节中讨论接口。

- **代码更容易重用**。现在，如果我们需要易于在其他场景中使用的 `ParagraphFinder` 类。
- **代码可测试性更高**。很容易为每个子问题类编写全面且重点突出的测试。

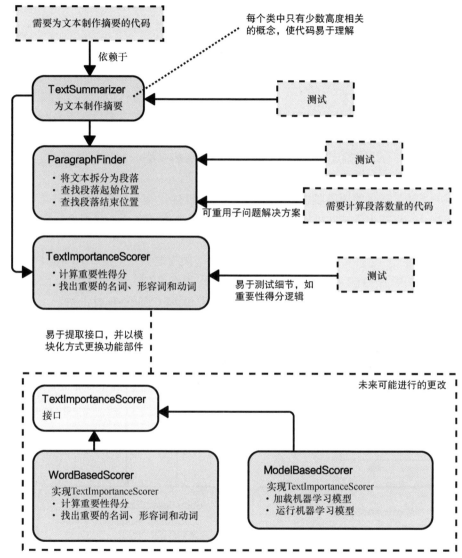

图 2-6　将代码分解为合适规模的抽象层次，可以得到一次仅处理少数概念的代码。
这提高了代码的可读性、模块性、可重用性、可推广性和可测试性

　　完成过多工作的大类在许多代码库中都很常见，正如本节所述，这往往造成代码质量下降。
设计类层次结构时，认真思考是否符合我们刚刚讨论的代码质量支柱是很好的做法。类往往随着
时间逐步成长，变得过大，因此在修改现有类和编写新类时都考虑这些支柱是很有帮助的。将代

码分解为规模恰当的类，是确保我们有好的抽象层次的有效工具，因此值得花费时间思考如何正确地实现这一目标。

2.3.4　接口

定义接口，确定该层次将要暴露的公共函数，是有时用于明确各个层次，以确保实现不会泄露的一种方法。此后，真正包含该层代码的类将实现这一接口。在这以上的代码层次将只依赖接口，而不是实现逻辑的具体类。

如果我们在给定的抽象层次上有不止一个实现，或者认为将在未来增添更多实现，那么定义接口通常是个好主意。为了说明这一点，考虑一下 2.3.3 节介绍的文本摘要示例。为各部分（本例中是段落）文本评分，以确定它们是否可以在摘要中忽略，是一个重要的子问题。原始代码使用了一个相当简单的、基于重要词语查找的解决方案。

更鲁棒的方法可能是使用机器学习训练一个模型，以确定文本是否重要。这很可能是我们打算试验、先在开发模式中尝试并可能发行一个可选 Beta 版本的东西。我们不打算一下就用基于模型的方法取代旧逻辑，需要用两种方法之一来配置代码。

比较好的方法之一是将 TextImportanceScorer 类提取到一个接口中，然后为解决这个子问题的每一种方法编写一个实现类。TextSummarizer 类将只依赖于 TextImportanceScorer 接口，而不依赖于任何具体实现。图 2-7 展示了不同类和接口之间的依赖关系。

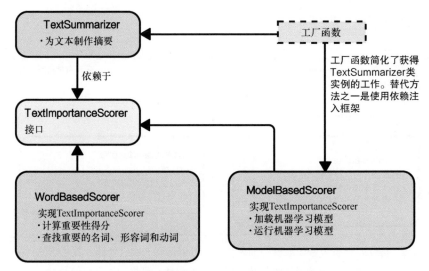

图 2-7　通过定义一个接口表示抽象层次，我们可以轻松地切换解决指定子问题的实现。
这使得代码更加模块化、更易于配置

程序清单 2-6 展示了新的接口和实现类。

程序清单 2-6 接口与实现

```
interface TextImportanceScorer {                    ←——  TextImportanceScorer
  Boolean isImportant(String text);                        现在是接口而不是类
}
                                                                原 TextImportanceScorer
                                                                类名更名，实现新接口
class WordBasedScorer implements TextImportanceScorer {  ←——
  ...
  override Boolean isImportant(String text) {       ←——  标记为 "override" 的函数表示从接口
    return calculateImportance(text) >=                    中重载该函数
        IMPORTANCE_THRESHOLD;
  }

  private Double calculateImportance(String text) {
    List<String> nouns = extractImportantNouns(text);
    List<String> verbs = extractImportantVerbs(text);
    List<String> adjectives = extractImportantAdjectives(text);
    ... a complicated equation ...
    return importanceScore;
  }

  private List<String> extractImportantNouns(String text) { ... }
  private List<String> extractImportantVerbs(String text) { ... }
  private List<String> extractImportantAdjectives(String text) { ... }
}
class ModelBasedScorer implements TextImportanceScorer {  ←——
  private final TextPredictionModel model;                     基于模型的新评分
  ...                                                          程序也实现该接口

  static ModelBasedScorer create() {
    return new ModelBasedScorer(
        TextPredictionModel.load(MODEL_FILE));
  }

  override Boolean isImportant(String text) {
    return model.predict(text) >=
        MODEL_THRESHOLD;
  }
}
```

现在，通过两个工厂函数中的一个配置 TextSummarizer，在使用 Word BasedScorer 或 ModelBasedScorer 时就简单直接了。程序清单 2-7 展示了两个创建 TextSummarizer 实例的工厂函数代码。

程序清单 2-7 工厂函数

```
TextSummarizer createWordBasedSummarizer() {
  return new TextSummarizer(
      new ParagraphFinder(), new WordBasedScorer());
}

TextSummarizer createModelBasedSummarizer() {
  return new TextSummarizer(
```

```
    new ParagraphFinder(), ModelBasedScorer.create());
}
```

对于创建提供清晰抽象层次的代码，接口是极其实用的工具。当我们想在指定子问题的两个或更多不同具体实现间切换时，定义接口以表示抽象层次往往是比较好的方法。这将使得我们的代码更加模块化，也更容易重新配置。

一切都使用接口吗

如果给定抽象层次上只有一个实现，而且没有设想在未来增加更多实现，那么是否将层次隐藏在接口之后的决定权完全在你（和你的团队）的手中。一些软件工程理念鼓励这样做。如果我们遵循这一做法，将刚刚看到的 TextSummarizer 类隐藏在接口之后，那么得到程序清单 2-8 中的结果。在这种机制下，TextSummarizer 是这一层次以上的代码依赖的接口；它们将再也不直接依赖于 TextSummarizerImpl 实现类。

程序清单 2-8　接口和单一实现

```
interface TextSummarizer {
  String summarizeText(String text);    ◁————  只有在接口中定义的函数才对
}                                              这一抽象层次的用户可见

class TextSummarizerImpl implements TextSummarizer {    ◁————  TextSummarizerImpl 是实现
  ...                                                          TextSummarizer 接口的唯一类

  override String summarizeText(String text) {
    return paragraphFinder.find(text)
        .filter(paragraph ->
          importanceScorer.isImportant(paragraph))
        .join("\n\n");
  }
}
```

即使 TextSummarizer 只有一个实现，而且我们从未设想在将来增加另一个实现，这种方法仍有一些好处。

- **公共 API 变得非常清晰**——关于使用这一层次的工程师应该或不应该使用哪些函数，没有任何混淆之处。如果工程师在 TextSummarizerImpl 实现类中添加了新的公共函数，它也不会暴露给更高的代码层次，因为那些代码只依赖于 TextSummarizer 接口。
- **我们对只需要一个实现的假设可能是错误的**——开始编写代码时，我们可能非常确定不需要第二个实现，但在一两个月之后，这一假设可能被证明是错误的。我们也许意识到，仅靠忽略几个段落来制作文本摘要并不是很有效的方法，于是决定试验另一种算法，以完全不同的方式制作文本摘要。
- **测试更加简便**——例如，如果实现类完成某些特别复杂的工作或者依赖于网络 I/O，我们可能希望在测试期间用一个模拟对象或者伪造实现来替换它。根据使用的编程语言，我们可能需要定义一个接口来完成这项工作。

- **同一个类可以解决两个子问题**——有些时候，一个类可能为两个或更多不同抽象层次提供实现。例如，LinkedList（链表）实现类可能实现 List（列表）和 Queue（队列）接口。这意味着，它在某个场景下可用作一个队列，在该场景下不允许用作列表。这可以极大地提高代码的可推广性。

另外，定义接口有如下缺点。

- **工作量略大**——我们必须多写几行代码（可能还有一个新文件）以定义接口。
- **代码可能变得更加复杂**——当其他工程师想要理解代码时，浏览代码逻辑可能会更加困难。如果他想要理解某个子问题的解决方案，不能直接浏览实现较低层次逻辑的类，而必须先浏览接口，然后找到实现接口的具体类。

根据我个人的经验，采取极端立场，将所有类都隐藏在接口之后，往往导致代码失控，可能造成代码过于复杂，难以理解和修改。我的建议是在接口有相当好处的地方使用，但不要为了使用而使用。尽管如此，将注意力集中在清晰、明确的抽象层次上仍然很重要。即便我们不定义接口，也仍然应该认真考虑类暴露的公共函数，以确保不会泄露实现细节。一般来说，每当编写或修改类时，我们都应该确保以后如果有需要，能轻松地将其隐藏在接口之后。

2.3.5 当层次太薄的时候

将代码分解为清晰的层次有很多好处，但也有一些相关的开销，如：

- 因为定义类或将依赖性导入新文件需要重要代码，所以我们要编写更多的代码；
- 跟踪逻辑链时，在文件或类之间切换需要花费精力；
- 如果我们最终将某个层次隐藏在接口之后，领会各个场景下使用的具体实现需要花费更多精力。这可能使理解逻辑或者调试工作变得更困难。

与将代码分解为清晰层次的各种好处相比，以上代价通常相当低，但应该牢记的是，绝不能为了拆分代码而拆分代码。我们可能会遇到拆分的代价大于好处的情况，因此最好理性判断。

如果将前面看到的 ParagraphFinder 类拆分成更多层次，将查找文本的段落起始位置和段落结束位置的代码分解为单独的类，并隐藏在公共接口之后，得到的代码如程序清单 2-9 所示。现在，代码的层次可能变得太薄，因为很难想象，除了 ParagraphFinder 类之外，还有什么地方要用到 ParagraphStartOffsetDetector 和 ParagraphEndOffsetDetector 类。

程序清单 2-9　过薄的代码层次

```
class ParagraphFinder {
  private final OffsetDetector startDetector;
  private final OffsetDetector endDetector;
  ...
  List<String> find(String text) {
    List<String> paragraphs = [];
    Int? start = startDetector.detectOffset(text, 0);
    while (start != null) {
      Int? end = endDetector.detectOffset(text, start);
```

```
    if (end == null) {
      break;
    }
    paragraphs.add(text.subString(start, end));
    start = startDetector.detectOffset(text, end);
  }
  return paragraphs;
  }
}

interface OffsetDetector {
  Int? detectOffset(String text, Int fromOffset);
}

class ParagraphStartOffsetDetector implements OffsetDetector {
  override Int? detectOffset(String text, Int fromOffset) { ... }
}

class ParagraphEndOffsetDetector implements OffsetDetector {
  override Int? detectOffset(String text, Int fromOffset) { ... }
}
```

即便我们能想象到 ParagraphFinder 类在其他地方的用途，也肯定很难想象有人会使用 ParagraphStartOffsetDetector 而不使用等价的 ParagraphEndOffsetDetector，因为它们的实现在检测文本的段落起始位置和段落结束位置时的思路保持一致。

决定代码层次的正确厚度很重要。如果缺乏有意义的抽象层次，代码库就会变得完全无法控制。如果我们将层分得太厚，那么多个抽象层次最终将被合并，从而导致代码无法模块化，不可重用或不可读。如果我们将层次分得太薄，最终会将本应是单一抽象层次的东西分为两层，导致不必要的复杂性，还可能使相邻的层次不能实现应有的解耦。一般来说，层次过厚引发的问题往往比层次过薄引发的问题更多。因此，如果我们不能确定，那么倾向于薄层次更好。

正如我们前面在介绍类时看到的，很难提出一个规则或者建议，明确告诉我们层次是否太厚，因为这往往取决于我们所要解决的现实问题的性质。最好的建议是运用我们的判断力，认真思考创建的程序是否确保代码的可读性、可重用性、可推广性、模块性和可测试性。还要记住，即便是有数十年经验的工程师，也常常要在提交到代码库之前反复多次设计或返工代码，以得到正确的抽象层次。

2.4　微服务简介

在微服务架构中，各个问题的解决方案以独立服务的方式部署，而不是编译为单独程序的库。这意味着，系统分解为一系列较小的程序，每个程序专门应对一组任务。这些较小的程序以专用服务的形式部署，并可以被系统通过 API 远程调用。微服务有许多好处，近年来越来越流行。它们是当前许多组织和团队首选的架构。

你有时候会听到一个论点，认为使用微服务时，代码结构和代码抽象层次并不重要。这么说的理由是，微服务本身提供清晰的抽象层次，因而代码内部是结构化还是分解无关紧要。虽然微服务通常提供相当清晰的抽象层次，但它们也往往有一定的规模和范围，也就是说，认真思考微服务内部的抽象层次仍然很有用。

为了说明这一点，想象我们在一个团队中工作，为一家在线零售商开发和维护检查与修改库存的微服务。在发生以下任何情况时调用微服务：

- 一批新商品送抵仓库；
- 仓库前端程序需要知道某件商品是否有库存，以向用户显示；
- 客户订购某件商品。

这个微服务名义上只做一件事：管理库存。但很明显，做"这件事"需要解决多个子问题。

- 处理商品（实际跟踪目标）的概念。
- 处理库存可能处于不同仓库和位置这一事实。
- 处理如下概念：一件商品可能对某个国家的客户显示有库存，但对另一个国家的客户显示缺货，这取决于客户在哪个仓库的送货范围内。
- 与保存实际库存的数据库交互。
- 解释数据库返回的数据。

即使在这个微服务中，前面谈到的关于将问题分解为子问题的所有原则也都适用。例如，确定一件商品对某客户是否有货，涉及如下操作：

- 确定在客户送货范围内的仓库；
- 查询数据库，寻找有该商品的仓库；
- 解释数据库返回的数据格式；
- 将答案返回给服务调用者。

此外，其他工程师很可能希望重用以上某些逻辑。公司内部跟踪分析和趋势的其他团队可能需要了解公司应该对哪些产品停止进货、增加进货或者实行特殊优惠。为了效率和其他潜在原因，他们很可能利用某个途径直接查询库存数据库，而不是调用我们的服务，但他们可能仍然需要一些逻辑，以帮助他们解读数据库返回的数据，因此，如果他们能重用我们的代码就好了。

微服务是分解系统并使其更加模块化的极好手段，但它通常不会改变这样的事实：在实现服务时仍需解决多个子问题。创建正确的抽象层次和代码层次仍然很重要。

2.5　小结

- 将代码分解为清晰、明确的抽象层次，可使之具有更好的可读性、模块性、可重用性、可推广性和可测试性。
- 我们可以使用函数、类和接口（以及其他编程语言相关特性）将代码分解为不同的抽象层次。
- 确定如何将代码分解为抽象层次，需要运用我们的判断力和对需要解决的问题的认识。
- 层次过厚引发的问题通常比层次过薄引发的问题更严重。如果我们不能确定，最好的办法往往是偏向于薄的层次。

第 3 章　其他工程师与代码契约

本章主要内容如下：

■ 其他工程师如何与我们的代码打交道；

■ 代码契约及其附属细则；

■ 最大限度地减少附属细则对避免误用和意外情况的帮助；

■ 如果无法避免附属细则，那么如何使用检查和断言来实施这些细则。

编写和维护软件通常是一项团队工作。制作软件的公司一般会雇佣多名工程师：可能是面向单一产品的两人团队，也可能是应对数百个不同产品的数千名工程师。具体的数量并不重要，要点是其他工程师最终必须与我们编写的代码打交道，反过来，我们也必须与他们编写的代码打交道。

第 1 章介绍的代码质量六大支柱中有两个是"避免意外"和"编写难以误用的代码"。它们都和其他工程师与我们的代码打交道时所发生的情况（以及可能出现的问题）有关。本章将讨论向其他工程师传达代码重要细节的不同技术（有些技术比其他技术更可靠）。然后，这些技术将以代码契约及附属细则的方式确定下来。3.3 节和 3.4 节通过介绍一些容易误用和误解的代码实例来说明如何改进代码。第 6 章和第 7 章将提供许多以本章介绍的内容为基础的具体例子。

3.1　你的代码和其他工程师的代码

如果你以团队一员的身份编写代码，你所编写的代码很可能建立在其他工程师编写的代码层次的基础上，其他人也可能以你的代码为基础构建新的代码层次。如果你在工作期间解决了各种各样的子问题，并将其分解为清晰的抽象层次，其他工程师也有可能重用其中一些代码，去解决你可能没有考虑过的、完全不同的问题。

为了说明这一点，想象你在一家运营在线杂志的公司工作，用户可以在该杂志上查找和阅读文章。你的任务是编写文本摘要功能，在用户查找阅读内容时为其提供文章的摘要。你最后写出了我们在第 2 章中看到的代码——包含 TextSummarizer 和相关的几个类。（如果你不记得确切的代码或者跳过了第 2 章，无须担心。）图 3-1 展示了你编写并最终在软件中使用的文本摘要代码。

可以看到，你的代码依赖于其他工程师编写的低层次代码，其他工程师反过来依靠你的代码解决更高层次的问题。还可以看到，你的代码在多项功能中得到重用。你最初可能只预计到它在文章摘要上的用途，但其他工程师继续重用它（或者它的一部分）来摘要评论和估计文章的阅读时间。

另外值得注意的重要问题是，需求一直都在变化和发展：优先考虑的事项发生变化、需要增加新功能、系统有时需要采用新技术等。这意味着，代码和软件也总是在变化。图 3-1 展示了软件的快照，软件不太可能在一年甚至几个月内完全保持这种面貌。

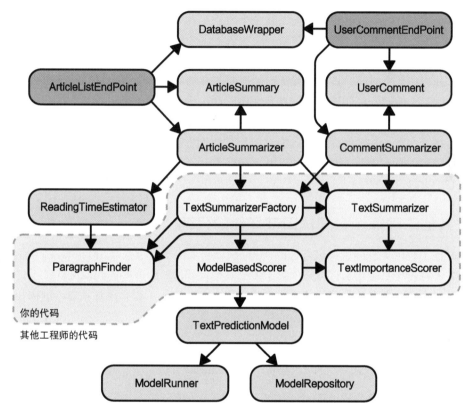

图 3-1 你编写的代码很少是与世隔绝的。它依赖于其他工程师编写的代码，相反，
其他工程师编写的代码也可能依赖于你的代码

一组工程师在持续修改代码库，使其成为一个热闹的地方。与任何热闹的地方一样，脆弱的东西很容易被打破。当你举办一场大型聚会的时候，有理由把精美的玻璃器具收起来，同样，体育馆的栏杆用金属制成，并固定在地板上：脆弱的东西不适合于热闹的地方。

为了经受住其他工程师的这种"踩踏"，代码必须鲁棒且易于使用。编写高质量代码时的主要考虑因素之一就是理解和预判在其他工程师做出更改或者必须与你的代码打交道时，可能出现什么不良状况，你又该如何应对这些风险。除非你在只有一位工程师的公司工作，而且从来不会忘记任何事情，否则要编写出高质量代码就不可能不考虑其他工程师。

编写代码时，考虑如下 3 件事是很有帮助的（后面的内容将详细探讨）：

- 对你来说显而易见，但对其他人并不清晰的事情；
- 其他工程师无意间试图破坏你的代码；
- 过段时间，你会忘记自己的代码的相关情况。

3.1.1　对你来说显而易见，但对其他人并不清晰的事情

当你着手编写代码时，可能已经花了几个小时甚至几天的时间考虑所要解决的问题。你可能经历了设计、用户体验测试、产品反馈或缺陷报告等多个阶段，对其中的逻辑十分熟悉，一切看起来似乎都是显而易见的，你几乎不需要思考情况为何是这样的，或者你为何要这样解决问题。

但请记住，在某个时间，其他工程师可能需要与你的代码打交道，对其进行修改或者改变代码所依赖的因素。他们不可能像你那样花费大量时间去理解问题、思考解决方案。在你编写代码的时候觉得显而易见的事情，对他们来说很可能不那么明显。

始终考虑这一点，并确保你的代码能够解释其使用方法、功能和开发这些功能的原因。正如你在本章及随后的章节中将要学到的，这并不意味着写一大堆注释。使代码易于理解、不言自明往往是更好的办法。

3.1.2　其他工程师无意间试图破坏你的代码

假设其他工程师无意间试图破坏你的代码，这看起来似乎过于悲观，但正如我们刚刚看到的，你的代码并不存在于真空中，它可能依赖于多个其他代码段，而这些代码段又依赖于更多的代码段，同时，可能也有更多的代码段依赖于你的代码。由于其他工程师添加功能、重构和修改，有些代码段将一直处于变化中。所以，你的代码远非在真空中，实际上处在不断变化中，而以它为基础构建的部件也在不断变化。

对你来说，你的代码可能就是全世界，但公司中其他大部分工程师可能对它并没有太多的了解，当他们偶然看到这段代码时，也不一定预先知道它存在的理由和功能。其他工程师很可能在某个时间添加或修改一些代码，无意间破坏或误用了你的代码。

正如我们在第 1 章中所见到的，工程师通常对代码库的本地副本进行修改，然后将其提交到代码库。如果代码没有编译或者测试失败，就不可能提交他们的更改。如果其他工程师的更改破坏或者误用了你的代码，你应该确保在他们修复所引发的问题之前，更改不会提交到代码库。只有两种可靠的方法能做到这一点：在发生破坏时，要么停止编译代码，要么测试失败。围绕高质量代码编写的许多考虑因素，最终都是为了确保出现破坏时能发生上面的两种情况之一。

3.1.3　过段时间，你会忘记自己的代码的相关情况

现在，代码细节在你的脑海里如此新鲜和重要，以至于无法想象会忘记它们，但经过一段时间，它们不再新鲜了，你就会开始忘却。如果一年以后出现了新功能或者你被安排去解决一个缺

陷，你可能不得不修改自己写的那段代码，或许再也记不清所有细节了。

3.1.1 节和 3.1.2 节所说的情况——对其他人不是那么显而易见，或者其他人破坏你的代码——可能在某个时间适用于你。查看一两年前自己写的代码和查看其他人写的代码没什么两样。因此，必须确保你的代码即使对毫无背景知识的人来说也是容易理解的，并使其难以遭到破坏。你不仅要做有利于其他人的事情，也要做有利于未来的自己的事情。

3.2 其他人如何领会你的代码的使用方法

当其他工程师需要利用你的代码或者修改一些对其有依赖的代码，就必须领会你的代码的使用方法及其功能。具体地说，他们必须理解如下要素：

- 在哪些场景下，他们应该调用你提供的各种函数；
- 你创建的类代表什么，应该在什么时候使用；
- 他们应该以什么值调用；
- 你的代码将执行什么操作；
- 你的代码可能返回什么值。

正如你刚刚在 3.1 节中看到的，经过一年，你很有可能忘记了自己的代码的所有细节，因此，为了理解本书的所有内容，你可以从本质上将未来的自己当成其他查看你编写的代码的工程师。为了领会代码的使用方法，其他工程师可以做如下事情：

- 查看代码元素（函数、类、枚举类型等）的名称；
- 查看代码元素的数据类型（函数和构造程序参数类型与返回值类型）；
- 阅读所有文档或函数/类级注释；
- 当面或通过聊天程序/电子邮件询问你；
- 查看你的代码（你所写的函数和类的实现细节）。

在后面的内容中我们将看到，上述方法中只有前 3 种切实可行，其中代码元素的名称和数据类型往往比文档更可靠。

3.2.1 查看代码元素的名称

在实践中，观察代码元素的名称是工程师领会新代码段使用方法的主要手段之一。包、类和函数的名称有点像书的目录：它们是查找解决子问题代码使用方法的便利、快捷手段。使用代码时，很难忽视元素名称：`removeEntry()` 函数不容易与 `addEntry()` 函数混淆。

因此，恰当地命名代码元素是向其他工程师传达代码的使用方式的手段之一。

3.2.2 查看代码元素的数据类型

如果运用得当，查看代码元素的数据类型可能是确保正确使用代码的一种非常可靠的方法。

在任何编译型静态类型编程语言中，工程师必须了解各种代码元素的数据类型并正确使用，否则代码甚至不能编译。因此，使用类型系统强制约束代码的使用方法，是确保其他工程师不会误用或错误配置你的代码的手段之一。

3.2.3 阅读文档

关于代码使用方法的文档的形式可能不止一种，包括：

- 非正式的函数和类级注释；
- 较为正式的代码内文档（如 JavaDoc）；
- 外部文档（如 README.md、网页或者教学文档）。

这些文档都非常有用，但作为确保其他人知道代码正确使用方式的手段，它只在一定程度上可靠。

- 不能保证其他工程师阅读，实际上他们常常没有阅读文档，或者没有通篇阅读。
- 即便他们阅读了文档，也可能出现误解。你可能使用了他们不熟悉的术语，也可能错误地假设其他工程师对你的代码所解决问题的熟悉程度。
- 你的文档可能过时。工程师常常在更改代码时忘记更新文档，因此一些代码文档必然会过时、不准确。

3.2.4 亲自询问

如果你在一个团队中工作，可能会发现其他工程师常常向你询问如何使用你的代码的问题，如果你对这些代码记忆犹新，这种方法相当有效。但是，不能依靠这种途径解释代码的使用方法。

- 你编写的代码越多，花在回答问题上的时间就越多。最终，你每天都要花好几个小时才能回答所有问题。
- 你可能休假两周，人们显然无法问你任何问题。
- 一年以后，你自己可能忘记了代码的相关情况，因此这种方法只在有限的时间段里有效。
- 你可能离开这家公司，那么关于如何使用代码的知识就永远消失了。

3.2.5 查看你的代码

如果其他工程师仔细查看代码的实现细节，他可能会得到关于使用方法的明确答案，但这种方法不能规模化推广。当其他工程师决定将你的代码作为一个依赖项使用时，他所依赖的可能只是许多代码段中的一个。如果他们总是必须查看每个依赖项的实现细节，才能领会全部使用方法，那么每当他们实现一个功能，就必须通读数千行现有代码。

更糟糕的是，这些依赖项也有自己的依赖项，这样，如果每位制作代码库的工程师都采取"你必须阅读我的代码，才能理解使用方法"的态度，那么可能也有必要阅读一些或全部子依赖项的实现，而这种子依赖项可能有数百个。在你意识到这个问题之前，每位工程师为了实现一个中等规模的功能，必须阅读成千上万行代码。

创建抽象层次的全部意义在于确保工程师一次只需要应对少数几个概念，他们可以使用一个子问题的解决方案，而无须确切知道问题的解决方法。要求工程师阅读实现细节来了解代码段的使用方法，这显然抵消了抽象层次的许多好处。

3.3　代码契约

你以前可能遇到过"**契约式编程**"（或**契约式设计**[①]）这个术语。这个原则将 3.2 节中讨论的一些概念形式化。这些概念与其他人如何使用你的代码以及他们对代码功能的预期有关。根据这种思想，工程师将不同代码段之间的交互视为一种契约：调用者必须履行一些义务，作为回报，调用的代码将返回预期的值或修改某些状态。不应该有任何不清晰或意外的情况，因为一切都应该在契约中定义。

工程师有时会发现，将关于代码契约的术语分成不同类别很有用。

- **先决条件**——调用代码时应该满足的条件，例如系统应处在的状态和提供给代码的输入。
- **后置条件**——调用代码后应该成立的条件，例如系统被置于某个新状态或者返回某些值。
- **不变量**——对比代码调用前后的系统状态时应该保持不变的事物。

即便你不是有意地采用契约式编程，甚至从未听说过这个术语，你编写的代码也肯定存在某种契约。如果你编写了一个有输入参数、返回某个值或修改一些状态的函数，就创建了一个契约，因为你在代码调用者身上加注了一项义务：建立某种状态或者提供输入（先决条件），并给予他们关于将要发生的事情或返回值的预期（后置条件）。

当工程师不知道代码契约的某些或者全部条款时，就会出现问题。在编写代码时，重要的是考虑契约的内容，以及如何确保使用代码的每个人都了解并遵循契约。

3.3.1　契约的附属细则

在现实生活中，契约往往混杂着一目了然的条款，以及因写在附属细则中而不那么明显的内容。每个人都知道自己应该阅读所签契约的附属细则，但大部分人没有这么做。你是否逐字逐句认真阅读了放在面前的条款文本？为了说明显而易见的条款和附属细则中内容之间的区别，我们来看一个合同的实例：使用一个电动滑板车租赁手机应用。注册并输入信用卡号码后，应用允许你寻找附近的滑板车，预订并骑行，然后结束租赁。预订屏幕如图 3-2 所示。单击 RESERVE（预订）按钮，就达成了一个契约。

[①]　"契约式设计"这个术语是 Bertrand Meyer 于 20 世纪 80 年代首次推出的，它是 Eiffel 编程语言和方法论的核心特征。

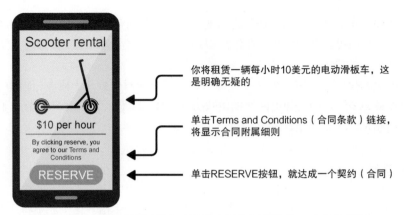

图 3-2   通过手机应用租赁电动滑板车是签订契约的一个实际例子。
你租赁的车辆和费用是契约中明确无疑的部分

我们可以将这个契约分成明确无疑的部分和附属细则。

■ 契约中明确无疑的部分：

  ● 你要租赁一辆电动滑板车；

  ● 租赁费用为每小时 10 美元。

■ 契约的附属细则。如果你单击 Terms and Conditions 链接，阅读合同附属细则（见图 3-3），
    就会发现如下内容：

  ● 如果你损坏了电动滑板车，就要支付费用；

  ● 如果你将电动滑板车开到这座城市的运营范围之外，将被罚款 100 美元；

  ● 如果你将电动滑板车开到 30mile/h(约 13.4m/s)以上的速度，将被罚款 300 美元，因为
    这会损坏电动滑板车的电动机。电动滑板车上没有限速器，很容易超出这一速度，因
    此用户要对监视速度和不超出这一限制负完全责任。

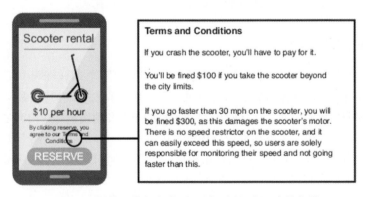

图 3-3   契约通常包含附属细则，例如本图中的条款

附属细则中的前两条并不出人意料，我们或许能够猜到有这样的条款。相反，不能超过 13.4m/s

的第三条可能是个精心设计的骗局，除非你认真阅读了附属细则，了解这一点，否则可能造成意外的大笔罚款。

定义一段代码的契约时，同样有明确无疑的部分和更像附属细则的部分。

- 契约中明确无疑的部分如下。
  - **函数和类名**——如果调用者不知道就无法使用代码。
  - **参数类型**——如果调用者在这些类型上出错，代码甚至都不能编译。
  - **返回类型**——调用者必须知道函数的返回类型才能使用函数，如果出错，代码可能无法编译。
  - **任何受检异常**（如果编程语言支持）——如果调用者不承认或不处理这些异常，代码不能编译。
- 契约的附属细则如下。
  - **注释和文档**——很像真实契约中的附属细则，人们应该阅读（而且应该全部阅读），但现实中往往不是这样的。工程师必须尊重这一事实。
  - **任何非受检异常**——如果这些异常列在注释中，就是附属细则。有时候，它们甚至不在附属细则中出现，例如，处于更低层次的函数抛出了这样的异常，而高层次函数的作者忘记在文档中提及。

明确说明代码契约的条款要比依靠附属细则好得多。人们经常不阅读附属细则，即使阅读了，也可能只是匆匆浏览，可能产生错误的观念。而且，3.2 节已经讨论过，文档常常容易过时，因此附属细则并不总是正确的。

3.3.2 不要过分依赖附属细则

以注释和文档形式出现的"附属细则"往往被忽视。因此，其他工程师很可能在没有完全知晓附属细则内容的情况下使用代码。这样，使用附属细则并不是传递代码契约内容的可靠手段。过分依赖附属细则可能产生脆弱的代码，这些代码很容易被误用，导致意外情况，正如我们在第 1 章中所确认的那样，这两种情况都是高质量代码的大敌。

在某些场合中，依赖附属细则是无法避免的；一些问题总是有需要解释的注意事项，我们也可能毫无选择，只能依赖于其他人的"坏"代码，迫使我们的代码以有些古怪的方式完成工作。在这些情况下，我们绝对有必要编写清晰的文档，向其他工程师解释，尽我们所能鼓励他们阅读。但很遗憾，尽管文档很重要，其他工程师仍然很有可能没有阅读，它们也很有可能过时，所以确实不是理想的手段。第 5 章将更详细地讨论注释和文档。一般来说，将其他方式无法澄清的事项记入文档是个好主意，但通常情况下最好不要过于依赖其他工程师真的会阅读它们。如果有可能以代码契约中明确无疑的部分代替文档进行澄清，那往往是更可取的方式。

为了说明这一点，程序清单 3-1 展示了一个加载和访问某些用户设置的类。该程序清单定义了类使用方法的契约，但很大程度上依赖于类调用者在使用前阅读了所有附属细则；构造类之后，调用者必须调用一个函数以加载某些设置，然后是一个初始化函数。如果他们不能以正确顺序完成全部工作，该类将处于无效状态。

程序清单 3-1　有许多附属细则的代码

```
class UserSettings {

  UserSettings() { ... }
  // Do not call any other functions until the settings have
  // been successfully loaded using this function.
  // Returns true if the settings were successfully loaded.
  Boolean loadSettings(File location) { ... }

  // init() must be called before calling any other functions, but
  // only after the settings have been loaded using loadSettings().
  void init() { ... }

  // Returns the user's chosen UI color, or null if they haven't
  // chosen one, or if the settings have not been loaded or
  // initialized.
  Color? getUiColor() { ... }
}
```

这样的文档就是代码契约中的附属细则

这里返回的空值可能有两个含义：用户没有选择颜色或者类没有完全初始化

经过整理的契约内容如下。

- 契约中明确无疑的部分如下。

  - 类的名称是 UserSettings，显然该类包含用户设置。
  - 几乎可以肯定的是，getUiColor() 返回的是用户选择的界面颜色。它可能返回一个颜色或者空值。如果没有阅读注释，关于空值的含义就有些模糊，但最可能的猜测是，空值意味着用户没有选择颜色。
  - loadSettings() 以一个文件为参数，返回一个布尔值。即便不阅读注释也有可能猜到，返回真值表示成功，返回假值表示失败。

- 契约中的附属细则如下。

  - 必须以非常明确的顺序调用函数，才能创建该类：首先必须调用 loadSettings()，如果该函数返回真值，则必须调用 init()，然后才能使用类。
  - 如果 loadSettings() 返回假值，不应该调用类中的任何其他函数。
  - getUiColor() 返回空值，可能表示以下两种情况之一：用户没有选择颜色或者尚未创建类。

这是个可怕的契约。如果使用这个类的工程师没有认真阅读所有附属细则，就有可能无法正确创建该类。

如果没有正确地设置该类，这一情况甚至不那么显而易见，因为 getUiColor() 函数重载了空值的意义（除非阅读附属细则，否则工程师也不知道这一点）。

为了说明这种情况下可能出现的问题，请考虑程序清单 3-2 中的代码。如果调用 setUiColor() 函数前没有正确创建 userSettings 类，程序不会崩溃，而是完成一些很含糊的工作，但是这里明显有一个缺陷：我们忽略了用户选择的界面颜色。

程序清单 3-2 有潜在缺陷的代码

```
void setUiColor(UserSettings userSettings) {
  Color? chosenColor = userSettings.getUiColor();
  if (chosenColor == null) {
    ui.setColor(DEFAULT_UI_COLOR);          ◄
    return;
  }
  ui.setColor(chosenColor);
}
```

如果 getUiColor() 返回空值，则使用默认颜色。这可能发生在用户没有选择颜色，或者 UserSettings 类处于无效状态时

图 3-4 列举了这段代码可能错误配置、导致缺陷的各种情况。目前，对这种误用现象的唯一缓解手段是附属细则，而正如我们已经确定的，附属细则通常不是表达代码契约的可靠手段。以上代码本身很有可能给软件带入缺陷。

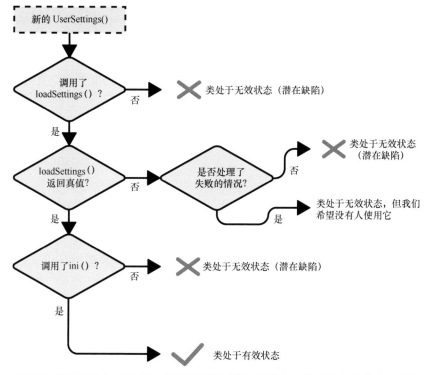

图 3-4 误用一段代码的方式越多，它被误用的可能性就越大，软件中也就越有可能存在缺陷

如何消除附属细则

在前面内容中我们已经看到，依赖于附属细则并不可靠，因为它太容易被忽略了。在前面看到的电动滑板车租赁的实例中，如果电动滑板车的速度不可能超过 13.4m/s，就更好了。电动滑板车公司可以在车上安装一个限速器，每当速度接近 13.4m/s，电动机就停止提供动力，直到速

度降下来之后再恢复。如果这么做，就没有必要在附属细则中加入一个条款，也可能完全消除电动滑板车电动机因此损坏的问题。

我们可以对代码应用相同的原则：更好的做法是使其不会做错事，而不是依靠附属细则确保其他工程师正确使用代码。认真思考代码可能进入的状态或者输入/返回的数据类型，往往就有可能将代码契约附属细则中的各个部分转化成不可能发生的情况（或者至少不可能出错）。这样做的目标是确保如果代码被误用或错误配置，就不能编译。

UserSettings 类可以进行修改，使用静态工厂函数确保只可能得到完全初始化的类实例。这意味着其他任何地方使用 UserSettings 实例的代码段都保证得到完全初始化的版本。在下面的例子中（见程序清单 3-3），UserSettings 类将做如下修改。

- 添加静态工厂函数 create()。这个函数处理设置和初始化的工作只返回处于有效状态的类实例。
- 将构造函数设置为私有成员，强制类外部代码使用 create() 函数。
- 将 loadSettings() 和 init() 函数设置为私有成员，避免外部代码调用，因为这些调用可能使类实例进入无效状态。

因为现在类实例保证将处于有效状态，getUiColor() 不再需要重载空值的含义。返回空值只意味着用户没有选择颜色。

程序清单 3-3　几乎没有附属细则的代码

```
class UserSettings {

  private UserSettings() { ... }          构造函数是私有成员，强制工程师
                                          使用 create() 函数

  static UserSettings? create(File location) {     调用这个函数是创建类实
    UserSettings settings = new UserSettings();    例的唯一手段
    if (!settings.loadSettings(location)) {
      return null;
    }                                       如果加载设置失败，则返回空值。这避免
    settings.init();                        任何人得到处于无效状态的类实例
    return settings;
  }
  private Boolean loadSettings(File location) { ... }
                                                     任何更改类状态的
  private void init() { ... }                        函数都是私有的

  // Returns the user's chosen UI color, or null if they haven't
  // chosen one.
  Color? getUiColor() { ... }      返回空值只意味着一件事：用户没有选择颜色
}
```

这些更改成功地从 UserSettings 类的契约中删除了几乎所有附属细则，也不可能创建处于无效状态的类实例。遗留下来的唯一附属细则是解释 getUiColor() 返回空值的意义，但即便这个细则也可能没有必要，因为类的大部分用户或许都能猜到空值的含义，它也不再被重载，同时表示该类处于无效状态。

图 3-5 说明了类的可能使用方式，特别是，现在不可能得到处于无效状态的类实例。如果你对此已经熟悉，可能会发现这里使用的技术将消除任何暴露在类外部的**状态**或**可变性**。

注意：状态和可变性

如果你对这两个术语不熟悉，读完本书就会熟悉。改善代码质量的许多方法都围绕着最大限度地降低这两个特性。对象的状态指的是其中包含的任何值或数据。如果创建对象后可以修改这些值中的任何一个，就称该对象是可变的。相反，如果创建对象后不可能修改任何值，那么称该对象是不可变的。我们将在第 7 章详细讨论这个概念。

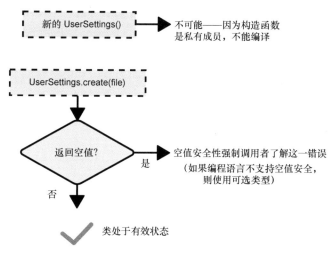

图 3-5 如果代码不可能误用，那么当其他工程师必须使用它时，软件中潜藏缺陷的可能性就会降低很多

值得一提的是，UserSettings 类仍然不完美。例如，通过返回空值来表示加载设置失败，并没有使代码变得很容易调试。关于失败原因的错误信息可能更有用。第 4 章将探索处理错误的方法，我们也将看到各种替代方案。

本节中的代码只是很多附属细则可能导致低质量代码的一个例子，这些代码很容易被误用，并导致意外的发生。附属细则使代码变得脆弱和容易出错还有许多其他的形式，我们将在后续章节中讨论。

3.4 检查和断言

使用编译器强制代码契约的一种替代方法是使用运行时强制。这通常不像编译时强制那么健全，因为代码契约漏洞的发现取决于一项测试（或者一个用户）运行代码时遇到的问题。这与编译时强制形成了鲜明对比，后者从一开始就在逻辑上消除了违反契约的可能性。

尽管如此，在有些情况下，没有切合实际的手段能用编译器强制实施一个契约。发生这些情况时，以运行时检查强制实施契约好于没有强制手段。

3.4.1　检查

强制代码契约条款的常见方法之一是使用**检查**。这是检查代码契约得到遵守（如对输入参数的约束，或者应该完成的设置）的附加逻辑，如果没有遵守代码契约，检查将抛出错误（或类似的异常），导致显而易见、不可忽略的失败。（检查与**快速失败**紧密相关，我们将在第 4 章讨论。）

我们继续采用电动滑板车租赁的类比，添加一项检查有点像在电动滑板车的固件中增加一项安全保障，如果电动滑板车的速度超过 13.4m/s，电动滑板车将完全停止工作。随后，骑行者不得不停在路边，找到一个硬件重置按钮，等到电动滑板车重启后才能继续使用。这可以避免电动机损坏，但会使电动滑板车突然停下，在最好的情况下，这只是令人不快而已，但在最恶劣的情况下，会给骑行者带来危险。例如，当骑行者在一条拥挤的道路上穿行时。这或许仍然好过损坏电动机、被罚款 300 美元，但使用限速器是更好的解决方案，因为从一开始就避免了恶劣情况的发生。

根据所要强制的契约条款类型，检查往往分为几个子类。

- **先决条件检查**——例如，检查输入参数是否正确，是否已经执行了某项初始化，或者更宽泛地说，系统在运行某些代码之前是否处于有效状态。
- **后置条件检查**——例如，检查返回值是否正确，或者系统在运行某些代码之后是否处于有效状态。

我们看到，通过消除 UserSettings 类错误配置的可能性，它出现错误的概率也降低了。替代方法之一可能是使用先决条件检查。如果类的作者实现了这种方法，代码如程序清单 3-4 所示。

程序清单 3-4　使用检查强制实施契约

```
class UserSettings {

  UserSettings() { ... }

  // Do not call any other functions until the settings have
  // been successfully loaded using this function.
  // Returns true if the settings were successfully loaded.
  bool loadSettings(File location) { ... }

  // init() must be called before calling any other functions, but
  // only after the settings have been loaded using loadSettings().
  void init() {
    if (!haveSettingsBeenLoaded()) {
      throw new StateException("Settings not loaded");    ←┐
    }                                                      │
    ...                                                    │
  }                                                        │
                                                           │  如果以无效方式使
  // Returns the user's chosen UI color, or null if they haven't     用类，将抛出异常
  // chosen one.                                          │
  Color? getUiColor() {                                   │
    if (!hasBeenInitialized()) {                          │
      throw new StateException("Settings not initialized");  ←┘
```

```
        }
            ...
        }
    }
```

这是对有许多附属细则的原始代码的一项改善，因为程序缺陷不太可能被忽略。如果在创建之前使用该类，会产生显眼的错误。但这不如我们前面看到的解决方案（消除误用的可能性）理想。

注意：不同编程语言中的检查

程序清单 3-4 抛出 StateException 异常，以工程师习惯的方式实现了先决条件检查。有些编程语言有内置方法，因此检查的语法更简洁，而其他编程语言需要更人工化的方法，或者使用第三方库。如果你决定使用检查，一定要查看所使用编程语言中最好的实现方法。

之所以使用检查，是因为如果有人误用代码，将在开发或测试中揭示出来，并在代码发送给客户或投入使用之前注意到和修复。这远好于程序悄悄地进入糟糕的状态、只表现为不明显的奇怪缺陷。但是，无法保证检查的效能。

- 如果只有在某些没人想起来测试（或者模糊测试没有模拟）的模糊场景中，所检查的条件才得不到满足，那么在代码发行、进入真正用户手中之前，缺陷仍然不会显现。
- 虽然检查导致显眼的故障，但是仍然有不被人们所注意的危险。异常可能在程序的更高层次中被捕捉到，只是被记入日志以避免彻底崩溃。如果使用该代码的工程师没有费心费力地检查这些日志，就可能没有注意到故障。如果发生这种情况，就说明团队的开发方法（或者异常处理方式）存在颇为严重的问题，遗憾的是，此类事件经常发生。

有时候，在代码契约中使用附属细则是不可避免的，在这些情况下，添加检查以确保遵守契约可能是个好主意。但从一开始就尽可能避免附属细则是更好的解决方案。如果我们发现自己在代码段中添加了许多检查，可能表明我们应该转而考虑消除这些附属细则。

模糊测试

　　模糊测试是测试的一种类型，它们试图生成可能揭示一个代码段或软件中缺陷/错误配置的输入。例如，如果我们有一款取得用户输入字符串的软件，模糊测试将生成许多随机的字符串，逐个作为输入，以查看是否发生故障或抛出异常。例如，如果包含某个字符的字符串导致程序崩溃，我们希望模糊测试能揭示出来。

　　如果我们使用模糊测试，应该在代码中包含检查（或 3.4.2 节中介绍的断言），这能增加模糊测试揭示错误配置或缺陷的概率，因为模糊测试通常依赖于抛出的错误或异常，并不能捕捉到只是造成古怪行为的细微缺陷。

3.4.2　断言

许多编程语言内置支持**断言**（assertion）。断言在概念上与检查非常类似，是强制遵守代码契约的一种手段。当代码在开发模式下编译或运行测试时，断言与检查的表现大致相同：如果条件不成立，则抛出显眼的错误或异常。断言与检查的关键差异在于，断言通常在代码为发行而编译时去除，也就是说，当代码投入使用时，不会发生显眼的故障。在发行编译代码中去除断言的原因有二。

- **改善性能**——计算是否满足断言的条件显然需要一些 CPU 处理周期。如果一段代码中有多次运行的断言，可能对软件总体性能产生显著影响。
- **降低代码运行失败的概率**——这是不是正确的动机，实际上取决于特定的应用。去除断言增加了缺陷没有引起注意的可能性，但如果在我们的系统中可用性比避免潜在缺陷更重要，这就是合适的权衡。

即便在代码发行构建过程中，通常也有办法保持启用断言，许多开发团队都这么做。在这种情况下，除可能抛出的错误或异常种类的一些细节之外，断言与检查实际上没有任何区别。

如果 UserSettings 类的作者使用断言代替检查，getUiColor() 函数可能如程序清单 3-5 所示。

程序清单 3-5　使用断言强制实施契约

```
class UserSettings {
  ...

  // Returns the user's chosen UI color, or null if they haven't
  // chosen one.
  Color? getUiColor() {
    assert(hasBeenInitialized(), "Settings not initialized");    ◁────┐
    ...                                                               │
  }                                        如果以无效的方式使用类，
}                                          断言将导致错误或抛出异常
```

关于检查的原则也适用于断言：当我们的代码契约中有附属细则时，最好强制实施。但更好的做法是从一开始就避免附属细则。

3.5　小结

- 代码库总是处于变化中，通常由多名工程师对其进行更改。
- 考虑其他工程师可能破坏或误用代码，因此，在设计时最大限度地降低这种情况发生的可能性或者采用完全避免的方式是很有帮助的。
- 我们在编写代码时总会创建某个代码契约。这个代码契约可能包括明确无疑的部分和更像附属细则的部分。
- 代码契约中的附属细则不是确保其他工程师遵循契约的可靠手段。使一切都明确无疑显然是更好的方法。
- 用编译器强制实施契约通常是可靠的方法。当这种方法不可行时，替代方法是在运行时使用检查或断言实施契约。

第 4 章　错误

本章主要内容如下：
- 系统可恢复和不可恢复错误之间的区别；
- 快速失败（failing fast）和大声失败（failing loudly）；
- 报告错误的不同技术与选用时的考虑因素。

我们的代码运行环境通常并不完美：用户可能提供无效输入，外部系统可能停机，我们的代码和周边的代码往往有一些缺陷。考虑到这一点，错误是不可避免的；一切都可能出错，因此我们如果不认真思考出错的情况，就不可能写出鲁棒、可靠的代码。考虑错误时，区分软件可以从中恢复的错误和没有合理方法恢复的错误常常是很有益的。本章首先探讨这一区别，然后研究我们可用于确保错误不会被忽视以及正确处理错误的技术。

谈到错误（特别是错误报告与处理），那真是个很棘手的大问题，现在我们就要去捅这个马蜂窝。许多软件工程师甚至编程语言设计师对代码应该如何报告和处理错误有不同的看法（有时非常执着）。本章的下半部分试图概述你可能遇到的技术及围绕其使用引发的一些争论。需要提醒的是，这是一个很广泛且颇具争议的话题，因此本章的篇幅相对较长。

4.1　可恢复性

工程师在考虑一款软件时，往往必须思考是否有能从特定错误场景中恢复的现实方法。本节将描述可恢复的错误和不可恢复的错误的含义，然后继续解释这一区别是与环境相关的，也就是说，工程师在决定错误发生情况下采取的措施时，必须认真考虑他们的代码的可能使用方式。

4.1.1　可以从中恢复的错误

对软件来说，许多错误并不致命，一些合理的方法可以优雅地处理并恢复系统。一个显而易见的例子是用户提供了无效输入（比如不正确的电话号码）。如果输入无效电话号码后软件崩溃

（可能丢失未保存的数据），就算不上是好的用户体验。相反，更好的做法是向用户提供清晰的错误信息，说明电话号码无效，要求他们输入正确的电话号码。

除无效用户输入之外，我们有可能使软件从中恢复的其他错误的例子如下。

- **网络错误**——如果我们无法访问依赖服务，最好等待几秒后重试，或者当我们的代码在用户设备上运行时要求用户检查网络连接。
- **非关键任务错误**——例如，如果软件中用于统计某些使用情况的部分发生错误，则软件可以继续执行。

一般来说，对于系统外部引发的大部分错误，整个系统都应该试图优雅地从中恢复。因为它们通常是我们预设将发生的情况：外部系统和网络断开、文件遭到破坏，以及用户（或者黑客）提供无效输入。

注意，这里所指的是整个系统。我们稍后将看到，低级别代码往往不能很好地尝试从错误中恢复，常常有必要向更高级别的代码报告错误，后者知道应该如何处理错误。

4.1.2 无法从中恢复的错误

有时候在错误发生后，系统没有任何合理的方法从中恢复。这种情况的发生常是因为编程错误，工程师在某个地方"把事情搞砸了"。这方面的例子包括如下这些。

- 应该与代码绑定的资源丢失了。
- 一些代码误用了其他代码段，如以下例子：
  - 以无效输入参数调用；
  - 没有预先初始化必要状态。

如果某一错误没有任何可想象的恢复方法，代码中唯一明智的做法是尝试限制破坏程度，最大限度地增大工程师注意到问题并修复的概率。4.2 节讨论**快速失败**和**大声失败**的概念，它们就是这方面的核心内容。

4.1.3 只有调用者知道能否从某种错误中恢复

大部分错误都是在一段代码调用另一段代码时显现的。因此，在处理错误场景时，重要的是认真思考有哪些其他代码可能调用我们的代码，特别是如下的情况。

- 调用者是否想要从错误中恢复？
- 如果是上述情况，调用者如何知道自己需要处理错误？

代码常常在多处重用和调用，如果我们的目标是创建清晰的抽象层次，最好的方法是对代码的潜在调用者尽可能少地做假设。这意味着当我们编写或修改函数时，并不总能知道某个错误状态能否或者应该恢复。

为了说明这一点，请考虑程序清单 4-1。程序清单中包含一个从字符串中解析电话号码的函数。如果字符串是无效的电话号码，则形成一个错误，但是，调用这个函数（以及整个程序）的代码能否真正地从这一错误中恢复？

```
class PhoneNumber {
  ...
  static PhoneNumber parse(String number) {
    if (!isValidPhoneNumber(number)) {
      ... some code to handle the error ...    ◁——  程序能否从这个
    }                                                 错误中恢复
    ...
  }
  ...
}
```

程序能否从这个错误中恢复？这个问题的答案是，除非我们知道函数的使用方式以及调用的位置，否则无从知晓。

如果函数以硬编程的值调用，该值不是一个有效的电话号码，那么这是一个编程错误。这可能不是程序所能恢复的情况。想象一下，这一功能被用在某公司的呼叫转移软件中，该软件将所有电话都转接到总公司。程序绝对没有任何办法从这一错误中恢复。

```
PhoneNumber getHeadOfficeNumber() {
  return PhoneNumber.parse("01234typo56789");
}
```

相反，如果以用户提供的值（如以下的代码片段）调用函数，输入是无效的电话号码，那么这是程序可能也应该从中恢复的错误。最好的方法是在用户界面中显示格式良好的错误信息，提示用户电话号码无效。

```
PhoneNumber getUserPhoneNumber(UserInput input) {
  return PhoneNumber.parse(input.getPhoneNumber());
}
```

只有 PhoneNumber.parse() 函数的调用者有机会知道程序能否从无效电话号码这个错误中恢复。在这种情况下，PhoneNumber.parse() 函数的作者应该假设调用者可能打算从电话号码无效错误中恢复。

一般来说，如果下列任何一种情况属实，应该认为调用者想从提供给函数的任何因素引发的错误中恢复。

- 对于函数可能从何处调用、调用中提供的值来源于何处，我们没有准确（且完整）了解。
- 我们的代码在未来重用的可能性极小，这意味着我们关于它从何处被调用以及任何值的来源的假设可能无效。

对此，唯一真正的例外情况是代码契约清晰地说明某些输入无效，调用者在调用函数之前通过简便、显而易见的方法校验输入。这方面的例子之一是工程师以负索引值（在不支持这种索引的编程语言中）调用列表取值方法；负索引无效应该是显而易见的事情，调用者通过简便、显而易见的方法在调用函数之前检查是否有索引值为负数的风险。对于这类情况，我们或许可以理所当然地假设这是编程错误，将其看作不可恢复的错误。但是，对我们来说似乎显而易见的东西，对其他人或许并不明显，理解这一点仍然很重要。如果某个输入无效这一事实深藏在代码契约的附属细则中，其他工程师有可能忽略。

确定调用者可能想从某个错误中恢复当然是很好的事情，但如果调用者甚至没有意识到可能出错，他们就不可能正确处理。4.1.4 节将详细介绍这一点。

4.1.4　让调用者意识到他们可能想从中恢复的错误

当其他代码调用我们的代码时，往往没有任何实用的方法能够预先知道这种调用会出错。例如，确定电话号码是否有效可能相当复杂。"01234typo56789"可能是无效的电话号码，"1-800-I-LOVE-CODE"却可能完全有效，很显然确定这一点的规则有些复杂。

在前面介绍的电话号码示例（在程序清单 4-2 中重复）中，PhoneNumber 类为电话号码的具体处理提供了一个抽象层次；由于调用者看不到实现细节，因此无法确定有效电话号码规则的复杂性。因此，期待调用者仅以有效输入调用 PhoneNumber.parse() 函数是不合理的，因为 PhoneNumber 类的主旨就是避免调用者操心确定电话号码有效性的规则。

程序清单 4-2　解析电话号码

```
class PhoneNumber {
  ...
  static PhoneNumber parse(String number) {        ⟵   电话号码的抽象
    if (!isValidPhoneNumber(number)) {                  层次
      ... some code to handle the error ...
    }
    ...
  }
  ...
}
```

此外，由于 PhoneNumber.parse() 函数的调用者并不是电话号码方面的专家，他们甚至可能没有意识到存在"电话号码无效"这个概念，即便他们知道这个概念，也可能没有预料到这时会进行校验。例如，他们可能以为校验发生在拨打电话号码时。

因此，PhoneNumber.parse() 函数的作者应该确保调用者知道发生错误的可能性。如果没有这么做，出错时就会造成意外情况，没有人编写真正处理错误的任何代码。这可能在关键业务逻辑中发生用户可见的缺陷或故障。4.3 节和 4.5 节将详细介绍确认调用者意识到可能出错的方法。

4.2　鲁棒性与故障

错误发生时，往往有如下两种选择：

- 失败，可能由高层次代码处理错误，或者使整个程序崩溃；
- 试图处理错误并继续执行。

继续执行有些时候可以使代码更加鲁棒，但也意味着错误没有引起注意，并开始出现奇怪的现象。本节解释为何故障往往是最好的选择，以及如何在恰当的逻辑层次中实现鲁棒性。

4.2.1　快速失败

想象一下，我们从事的业务是采摘稀有的野生松露，并将其卖给高端餐馆。我们打算购买一条狗，希望利用狗的嗅觉帮助寻找松露。选择有二。

- 经过训练，一旦发现松露就会停下脚步并发出叫声的狗。每当它这样做时，我们就在它的鼻子所指向的位置进行挖掘，瞧，我们找到松露了。
- 找到松露后默不作声，随意向某个方向走出 10 多米才开始叫的狗。

我们应该选择哪一条狗？寻找代码中的缺陷有点像用狗找松露。某一时刻，代码会向我们"发出叫声"——有某种恶劣的表现或者抛出错误。我们将会知道代码开始"叫"的地方：我们看到恶劣表现的地方或者跟踪的行号。但如果这种"叫声"没有在靠近缺陷真正来源附近出现，就没有太大用处。

快速失败指的是确保在尽可能靠近问题实际位置的地方报告错误。对于可恢复的错误，这使得调用者有最大的机会优雅而安全地恢复；对于不可恢复的错误，这使得工程师有最大的可能性迅速识别和修复问题。在任何一种情况下，它还能避免软件最终处于意外且可能有危险的状态中。

常见的例子之一是以无效参数调用函数。快速失败意味着在以无效输入调用函数后立即抛出一个错误，而不是继续执行，直到此后发现无效输入导致其他地方的代码出现问题。

图 4-1 说明了不能快速失败的代码可能发生的情况：错误可能在远离实际位置的地方显现，需要花费可观的精力才能回溯和修复错误。

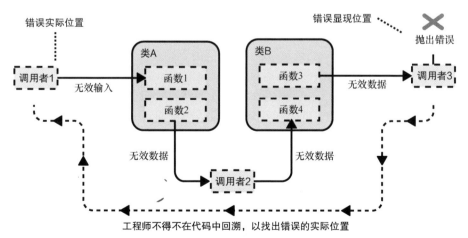

图 4-1　如果代码出错时不能快速失败，错误可能要经过很久才在远离实际位置的地方显现。
这需要花费可观的精力才能回溯并修复错误

相反，图 4-2 表明，快速失败能够显著改善局面。快速失败时，错误将在实际位置附近显现，栈跟踪信息往往能提供代码中的准确行号。

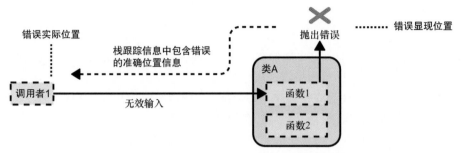

图 4-2　如果代码在出错时快速失败，错误的准确位置通常显而易见

如果不能快速失败，除难以调试之外，还可能导致代码跛足前行，带来潜在破坏。将损坏的数据保存到数据库就是一个例子：缺陷可能在几个月后才引起注意，此时许多重要数据可能已经被永久销毁了。

与"狗和松露"的例子一样，如果代码在尽可能靠近问题真正源头的地方"叫"，那么用途非常多。如果无法从错误中恢复，确保代码在出现缺陷时确实发出"叫声"（并且要"叫"得响亮）也很重要，这将在 4.2.2 节中讨论，我们称之为**大声失败**。

4.2.2　大声失败

如果发生了程序无法从中恢复的错误，很有可能是编程错误或者工程师犯下的某种错误导致的缺陷。我们明显不希望软件中存在这样的缺陷，很有可能打算修复它，但如果不先发现它，就无从修复。

"大声失败"就是确保错误不会被忽视。最明显（粗暴）的方式是通过抛出异常（或者类似手段）使程序崩溃。替代方法之一是记录错误信息，但由于检查软件的工程师勤勉程度各不相同，日志记录中也常有其他噪声，这些信息有时可能会被忽略。如果代码运行于用户设备上，我们可能希望向服务器发回错误信息，记录所发生的情况（当然，我们要有用户的许可才行）。

如果代码能快速和大声失败，就很有可能在开发或测试期间（代码发行之前）发现缺陷。即便不能发现，我们也很有可能在发行后不久看到错误报告，并且可以通过查看报告获得确定代码中缺陷位置的好处。

4.2.3　可恢复性的范围

系统内部可恢复和不可恢复的范围各不相同。例如，如果我们编写的代码运行在服务器内部，处理来自客户端的请求，单独的请求可能触发代码中包含缺陷的一条路径而导致出错。在处理该请求的范围内，没有任何合理的恢复手段，但不一定会导致整台服务器崩溃。在这种情况下，错误不能在请求范围内恢复，但可以在整个服务器范围内恢复。

努力使软件变得更鲁棒，通常是件好事；一个不好的请求使整台服务器崩溃或许不是一个好主意。但确保错误不会被忽视也很重要，因此代码必须"大声失败"。这两个目标之间常常存在分歧。最"大声"的失败方式就是使程序崩溃，但这显然降低了软件的鲁棒性。

解决这一分歧的方案是确保在捕捉到编程错误时，以工程师能够注意到的方式记录和监控。这通常包括记录详细错误信息，以便工程师可以调试发生的情况，确保错误率受到监控，如果错误率过高，将提醒工程师（图 4-3 说明了这种情况）。

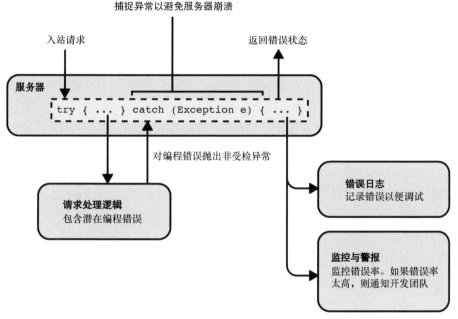

图 4-3　在一台服务器上，编程错误可能发生于处理单个请求时。因为请求是独立事件，最好不要在出错时使整台服务器崩溃。错误在单个请求范围内不能恢复，但可以在整个服务器范围内恢复

注意：服务器框架
大部分服务器框架内置隔离单独请求错误，并将某些类型的错误映射到不同错误响应与处理机制的功能。因此，我们不太可能需要编写自己的 **try-catch** 语句，概念上与此类似的一些操作将发生在服务器框架内部。

提醒一下，使用"捕捉各种类型错误并记录而不是将其报告给更高层次的程序"的技术时应该极其谨慎。在一个程序中，通常只有少数几个位置（如果有）适合采用这种技术，例如很高层次的代码入口点，或者真正独立于程序其余部分正确运作（或对其不关键）的逻辑分支。正如我们在 4.2.4 节中将要看到的，捕捉和记录错误（而不是报告）可能造成这些错误被隐藏，从而引发各种问题。

4.2.4　不要隐藏错误

正如我们刚刚看到的，通过隔离代码中独立或不关键的部分，确保其不会导致软件崩溃，可以实现软件鲁棒性。这通常必须小心谨慎地在较高层次的代码中进行。从代码的非独立、关键或低层次部分捕捉错误并不管不顾地继续执行，往往可能导致软件不能正确工作。而且，如果错误没有得到正确记录或报告，由错误产生的各种问题将不会引起开发团队的注意。

有时候，人们似乎很容易把错误隐藏起来，装作它从未发生过。这可能是使得代码看起来更简单，避免烦琐的错误处理过程，但这不是个好主意。隐藏错误对可恢复的错误和不可恢复的错误都是有问题的做法。

- 隐藏调用者可能打算从中恢复的错误，将使调用者失去优雅恢复的机会。程序没有显示精确、有意义的错误信息，或者退而采取其他措施，而是完全不知道出错，这也意味着软件可能不会完成预想中的工作。
- 隐藏不可恢复的错误，可能会掩盖编程错误。正如前面内容中关于快速失败和大声失败的说明，开发团队必须真正了解这些错误，才能加以修复。隐藏它们意味着开发团队可能永远不知道问题，软件将在很长的一段时间里包含无人注意的缺陷。
- 在上述两种情况下，发生错误一般都意味着代码不能完成调用者预期的任务。如果代码试图隐藏错误，调用者将假设一切正常，而实际上并非如此。代码可能"跛行"，随后输出不正确的信息、破坏一些数据或者最终崩溃。

下面将介绍代码可能隐藏错误的几种方法。其中一些技术可能在其他场合下有用，但用于处理错误通常是不好的做法。

返回默认值

当出现错误、函数无法返回预期值时，返回默认值有时候显得更简便。相比之下，添加代码以进行适当的错误报告和处理，好像需要花费许多精力。默认值的问题在于，它们掩盖了已经发生的错误，使代码调用者有可能继续执行，就像一切都顺利似的。

程序清单 4-3 包含一些查看客户账户余额的代码。如果访问账户存储时发生错误，该函数返回默认值 0。这掩盖了错误发生的事实，使其与客户账户余额确实为 0 的场合难以区分。如果一位贷方余额为 1 万美元的客户登录后发现余额显示为 0，可能会被吓坏。更好的方法是将错误报告给调用者，这样他们可能会向用户显示一个错误信息："对不起，我们现在无法访问该信息。"

程序清单 4-3　返回默认值

```
class AccountManager {
  private final AccountStore accountStore;
  ...

  Double getAccountBalanceUsd(Int customerId) {
    AccountResult result = accountStore.lookup(customerId);
```

```
    if (!result.success()) {
      return 0.0;
    }
    return result.getAccount().getBalanceUsd();
  }
}
```

如果发生错误，返回
默认值 0

在某些场合下，代码中使用默认值可能很有帮助，但如果用于处理错误，几乎总是不合适的。它们破坏了快速失败和大声失败的原则，因为这会导致系统以不正确的数据"跛行"，也意味着以后错误将以某种古怪的形式显现。

空对象模式

空对象在概念上与默认值类似，但它将思路扩展到更复杂的对象（如类）。空对象看起来像真实的返回值，但其成员函数可能不做任何操作或者返回一个无害的默认值。

空对象模式的例子多种多样：简单的如返回一个空列表，复杂的包括实现整个类。下面我们将专注于空列表的例子。

程序清单 4-4 包含一个查找某客户未付款发票的函数。如果对 InvoiceStore 的查询失败，函数返回一个空列表。这很容易导致软件中的缺陷。客户可能有数千美元的未付款发票，但如果 InvoiceStore 恰巧在审计进行的当天停机，这一错误将导致调用者以为客户没有任何未付款发票。

程序清单 4-4　返回空列表

```
class InvoiceManager {
  private final InvoiceStore invoiceStore;
  ...

  List<Invoice> getUnpaidInvoices(Int customerId) {
    InvoiceResult result = invoiceStore.query(customerId);
    if (!result.success()) {
      return [];
    }
    return result
        .getInvoices()
        .filter(invoice -> !invoice.isPaid());
  }
}
```

如果出错，返回
空列表

第 6 章将详细介绍空对象模式。作为一种设计模式，它是把双刃剑：在少数场合下可能很有用，但正如上述例子所示，处理错误时，使用这种模式往往不是好主意。

什么也不做

如果问题中的代码完成某项操作（而不是返回某个对象），那么选项之一是不报告发生的错误。这通常是不好的做法，因为调用者将假设代码所要执行的任务已经完成，因此很可能造成工程师对代码作用的心理模型与其实际操作不匹配。这种失配可能造成意外情况和软件中的缺陷。

程序清单 4-5 包含在 MutableInvoice 对象中插入一个项目的代码。如果添加的项目中有与 MutableInvoice 不同币种的价格，程序就会出错，此时该项目不会被添加到发票中。这段代码没有采取任何措施报告发生的错误以及项目未添加的事实，因此很可能在软件中造成缺陷——任何调用 addItem() 函数的人都认为该项目已经添加到发票中。

程序清单 4-5　错误发生时不采取任何措施

```
class MutableInvoice {
  ...
  void addItem(InvoiceItem item) {
    if (item.getPrice().getCurrency() !=
        this.getCurrency()) {
      return;                              如果币种不匹配,
    }                                      函数返回
    this.items.add(item);
  }
  ...
}
```

上述场景是未报告错误的一个例子。我们可能遇到过的另一种情况是，代码主动抑制另一段代码报告的错误。程序清单 4-6 展示了这种情况。如果发送电子邮件时出错，emailService.sendPlainText() 调用可能导致 EmailException 异常。出现这种异常时，代码将其抑制，没有向调用者报告任何表示操作失败的信息。这很可能造成软件中的缺陷，因为这一函数的调用者将假设电子邮件已经发出，而实际上并没有。

程序清单 4-6　抑制异常

```
class InvoiceSender {
  private final EmailService emailService;
  ...

  void emailInvoice(String emailAddress, Invoice invoice) {
    try {
      emailService.sendPlainText(
          emailAddress,
          InvoiceFormat.plainText(invoice));    捕捉到 EmailException 异常,
    } catch (EmailException e) { }              但完全忽略
  }
}
```

在故障发生时记录错误日志（见程序清单 4-7）是对此的一个小改进，但仍然与程序清单 4-6 中的源代码一样糟糕。之所以说是个小改进，是因为工程师至少在查看日志时可能注意到这些错误。但这种做法仍然对调用者隐藏错误，尽管电子邮件事实上没有发出，他们还是假设已经发送。

程序清单 4-7　捕捉异常并记录错误日志

```
class InvoiceSender {
  private final EmailService emailService;
```

```
...

void emailInvoice(String emailAddress, Invoice invoice) {
  try {
    emailService.sendPlainText(
        emailAddress,
        InvoiceFormat.plainText(invoice));
  } catch (EmailException e) {
    logger.logError(e);       ◁──────   在日志中记录
  }                                      EmailException 异常
}
}
```

注意：谨慎对待日志内容

程序清单 4-7 中另一件让我们紧张的事情是，由于 EmailException 可能包含带有用户个人信息
的电子邮件地址，因此受到特定数据处理政策的制约。在错误日志中记录电子邮件地址可能违反数
据处理政策。

正如这些例子所示，隐藏错误几乎在任何时候都不是好主意。如果一家公司的代码库中有前
面几个程序清单中的代码，他们很有可能有许多未付款的发票和看起来不太健康的资产负债表。
隐藏错误可能造成真正的后果（有时候会很严重）。更好的做法是在发生错误时报告，4.3 节将介
绍具体的做法。

4.3　错误报告方式

发生错误时，通常有必要将其报告给程序中某些较高层次的部分。如果不可能从错误中恢复，
通常意味着使程序中更高层次的某些部分中止运行并记录错误日志，甚至终止整个程序的运行。
如果有可能从错误中恢复，这通常意味着向直接调用者（或者调用链条上高一两个层次的调用
者）报告，以便他们优雅地处理。

报告错误的方式有很多种，我们的选择取决于所使用的语言支持的错误处理功能。更宽泛地
说，错误报告的方式分为如下两类。

- **显式报告**——强制代码的直接调用者知晓可能发生的错误，不管他们随后是自行处理、
  传递给下一个调用者还是忽略。但不管他们怎么做，这都是一个积极的选择，他们几乎
  不可能无视错误：这些错误可能发生在代码契约中明确无疑的部分。
- **隐式报告**——发出错误报告，但代码调用者可以自由选择无视它。当调用者知道错误发
  生时，往往需要积极努力处理，例如阅读文档或代码。如果文档中提及这一错误，就属
  于代码契约的附属细则。有些时候，文档中甚至没有提到这个错误，那么它完全不是书
  面契约的一部分。

需要强调的是，在这种分类中，我们指的是从使用代码的工程师角度看，错误的发生是显式
的还是隐式的，而与这一错误最终是否导致大声失败无关。我们关心的是确保调用者知道有必要
了解的情况（通过显式技术），并确保其无须承担没有任何合理手段的错误处理工作（使用隐式

技术）。表 4-1 列出了显式和隐式错误报告技术的一些例子。

表 4-1 显式和隐式错误报告技术

条件	显式错误报告技术	隐式错误报告技术
代码契约中的位置	明确无疑的部分	如果错误在文档中进行了说明，则属于附属细则，其他情况下甚至不在附属细则中
调用者是否知道可能出错	知道	可能知道
技术示例	受检异常 允许为空的返回类型（如果支持空值安全） 可选返回类型 结果（Result）返回类型 操作结果（Outcome）返回类型（如果强制返回值检查） Swift 错误	非受检异常 返回"魔法值"（应该避免） 承诺（promise）/未来（future） 断言 检查（取决于实现） Panic

接下来将探讨表 4-1 中列出的一些技术，举例说明它们的使用方法，并解释为何它们是显式或隐式技术。

4.3.1 回顾：异常

许多编程语言都有**异常**（exception）的概念。这是代码报告错误或异常情况的一种专门手段。抛出异常时，将展开调用栈，直到遇到处理异常的调用者，否则将一直进行到栈完全展开，此时程序将终止并输出一条错误信息。

异常的实现通常是一个完整的类。各种编程语言通常有现成的类可供使用，但我们也可以自由地定义自己的类，在其中封装错误相关的信息。

Java 有**受检异常**和**非受检异常**的概念。大部分支持异常的主流编程语言只有非受检异常的概念，因此，在谈到 Java 之外的几乎任何编程语言时，**异常**一词指的都是**非受检异常**。

4.3.2 显式：受检异常

对于受检异常，编译器强制调用者承认错误可能发生，通过编写代码来处理，或者在其函数签名中声明可能抛出异常。因此，使用受检异常是显式报告错误的一种方法。

用受检异常报告

为了阐述和对比不同的错误报告技术，我们将使用一个平方根计算函数的例子。每当这个函数的输入值为负数时，就产生一个必须报告的错误。大部分编程语言显然已经有了内置的平方根计算方法,因此我们在现实生活中或许不会自己编写函数实现,在这里只是作为一个简单的例子。

程序清单 4-8 展示了这个函数,它在参数为负数时抛出称为 NegativeNumberException 的受检异常。在 Java 中,扩展 Exception 类将得到一个受检异常(程序清单 4-8 展示了这种 Java 范式)。除报告错误之外,NegativeNumberException 还封装了导致错误的无效值,以帮助调用者调试。getSquareRoot() 函数的签名中包含 throwsNegativeNumberException,表示它可能抛出这个受检异常;如果忽略这个异常,代码将不能编译。

程序清单 4-8 抛出受检异常

```
class NegativeNumberException extends Exception {        表示特定类型
  private final Double erroneousNumber;                   受检异常的类

  NegativeNumberException(Double erroneousNumber) {      封装附加信息:
    this.erroneousNumber = erroneousNumber;               导致错误的数值
  }

  Double getErroneousNumber() {
    return erroneousNumber;
  }
}

Double getSquareRoot(Double value)                       函数必须声明可能
    throws NegativeNumberException {                      抛出的受检异常
  if (value < 0.0) {
    throw new NegativeNumberException(value);            如果出错,抛出
  }                                                        受检异常
  return Math.sqrt(value);
}
```

处理受检异常

调用 getSquareRoot() 的其他函数都必须捕捉 NegativeNumberException 异常,或者在其函数签名中标记可能抛出该异常。

程序清单 4-9 展示了一个调用 getSquareRoot() 并在用户界面中显示结果的函数。该函数捕捉抛出的 NegativeNumberException 异常,并显示错误信息来解释造成错误的是哪一个数值。

程序清单 4-9 捕捉受检异常

```
void displaySquareRoot() {                              如果 getSquareRoot()抛出 NegativeNumberException
  Double value = ui.getInputNumber();                   异常,则捕捉它
  try {
    ui.setOutput("Square root is: " + getSquareRoot(value));
  } catch (NegativeNumberException e) {
    ui.setError("Can't get square root of negative number: " +
        e.getErroneousNumber());                         显示来自异常的
  }                                                       错误信息
}
```

如果 displaySquareRoot() 函数没有捕捉 NegativeNumberException 异常，它就必须在函数签名中声明可抛出该异常（见程序清单 4-10）。这样，关于如何处理错误的决策将移交给调用 displaySquareRoot() 函数的代码。

程序清单 4-10   不捕捉受检异常

```
void displaySquareRoot() throws NegativeNumberException {
  Double value = ui.getInputNumber();
  ui.setOutput("Square root is: " + getSquareRoot(value));
}
```

在 displaySquareRoot()
函数签名中声明 Negative-
NumberException

如果 displaySquareRoot() 函数既没有捕捉 NegativeNumberException 异常，也没有在自己的函数签名中声明，这段代码就不能编译。这就使受检异常成为报告错误的显式方法，因为调用者被迫以某种方式承认该异常。

4.3.3   隐式：非受检异常

对于非受检异常，其他工程师可以自由决定，完全忽略代码可能抛出异常的事实。在文档中记录函数可能抛出的非受检异常往往是明智之举，但工程师经常忘记这么做。即便他们做了，也只使得异常成为代码契约的附属细则。如前所述，附属细则常常不是传达代码契约的可靠方法。因此，非受检异常是报告错误的隐式方法，因为它不能保证调用者知道错误发生。

用非受检异常报告错误

程序清单 4-11 展示了 4.3.2 节的 getSquareRoot() 函数和 NegativeNumberException 异常，但做了修改，现在，NegativeNumberException 是一个非受检异常。如前面内容所述，大部分编程语言中所有的异常都是非受检异常，而在 Java 中，扩展 RuntimeException 类将创建一个非受检异常（程序清单 4-11 展示了这种 Java 范式）。getSquareRoot() 函数现在没有必要声明它能够抛出异常。在函数文档中提及 NegativeNumberException 异常是可取的，但并非强制性要求。

程序清单 4-11   抛出非受检异常

```
class NegativeNumberException extends RuntimeException {
  private final Double erroneousNumber;

  NegativeNumberException(Double erroneousNumber) {
    this.erroneousNumber = erroneousNumber;
  }

  Double getErroneousNumber() {
    return erroneousNumber;
  }
}

/**
```

表示特定非受检
异常类型的类

```
 * @throws NegativeNumberException if the value is negative
 */
Double getSquareRoot(Double value) {
  if (value < 0.0) {
    throw new NegativeNumberException(value);
  }
  return Math.sqrt(value);
}
```

函数文档中载明它们可
能抛出的非受检异常是
可取的（但不是强制的）

如果出错，抛出
非受检异常

处理非受检异常

　　调用 getSquareRoot() 函数的另一个函数可能选择与上个例子中处理受检异常相同的方式，以捕捉 NegativeNumberException 异常（在程序清单 4-12 中重复）。

程序清单 4-12　捕捉非受检异常

```
void displaySquareRoot() {
  Double value = ui.getInputNumber();
  try {
    ui.setOutput("Square root is: " + getSquareRoot(value));
  } catch (NegativeNumberException e) {
    ui.setError("Can't get square root of negative number: " +
      e.getErroneousNumber());
  }
}
```

如果 getSquareRoot() 抛出
NegativeNumberException
异常，则捕捉它

　　重要的是，调用 getSquareRoot() 的函数不是必须承认该异常。如果它不捕捉异常，也就没有必要在其函数签名中声明甚至出现在文档中。程序清单 4-13 展示了 displaySquareRoot() 函数的另一个版本，既没有处理也没有声明 NegativeNumberException 异常。因为 Negative-NumberException 是非受检异常，这段代码也绝对能正常编译。如果 getSquareRoot() 函数抛出 NegativeNumberException 异常，它将提升到确实捕捉它的调用者，否则程序将终止执行。

程序清单 4-13　不捕捉非受检异常

```
void displaySquareRoot() {
  Double value = ui.getInputNumber();
  ui.setOutput("Square root is: " + getSquareRoot(value));
}
```

　　我们可以看到，如果函数抛出非受检异常，其调用者可以完全无视这一事实。这使得非受检异常成为报告错误的隐式方法。

4.3.4　显式：允许为空的返回类型

　　从函数返回空值，是表示某个值无法计算（或取得）的简单、有效方法。如果我们使用的编程语言支持空值安全，调用者将被迫知晓该值可能为空，并进行相应的处理。因此，使用允许为空的返回类型（在支持空值安全的情况下）是显式报错方法。

如果我们使用的是不支持空值安全的编程语言，那么使用可选类型来代替空值是很好的做法。第 2 章已讨论过这一做法。关于可选类型的更多信息也可以在附录 B 中找到。

用空值报告错误

程序清单 4-14 展示了 getSquareRoot()函数，但这一次经过了修改，如果输入值为负数则返回空值。返回空值的问题是没有给出关于出错原因的信息，因此有必要添加注释或文档，以解释空值的意义。

程序清单 4-14　返回空值

```
// Returns null if the supplied value is negative
Double? getSquareRoot(Double value) {
  if (value < 0.0) {
    return null;
  }
  return Math.sqrt(value);
}
```

需要用注释解释何时可能返回空值

Double?中的问号表示返回值可为空

如果出错，返回空值

处理空值

由于编程语言支持空值安全，因此调用者被迫在使用 getSquareRoot()函数返回值之前检查其是否为空。程序清单 4-15 展示了 displaySquareRoot()函数，这一次它将处理可为空的返回值。

程序清单 4-15　处理空值

```
void displaySquareRoot() {
  Double? squareRoot = getSquareRoot(ui.getInputNumber());
  if (squareRoot == null) {
    ui.setError("Can't get square root of a negative number");
  } else {
    ui.setOutput("Square root is: " + squareRoot);
  }
}
```

必须对 getSquareRoot()函数的返回值进行空值检查

“调用者被迫检查返回值是否为空”的说法不完全正确。调用者总是可以将该值当成非空处理，但这仍然是一个主动的决策，它们在这样做的时候已经承认该值可能为空。

4.3.5　显式：结果返回类型

返回空值或可选返回类型的问题之一是，我们无法传达任何错误信息。除通知调用者某个值无法取得之外，告诉他们原因可能也有帮助。如果是这种情况，使用结果（Result）类型可能是恰当的。

Swift、Rust 和 F#等编程语言都内置了这种类型的支持，并提供很精巧的语法使其易用。我们可以在任何编程语言中建立自己的结果类型。但如果编程语言没有内置语法，使用起来就有些麻烦。

程序清单 4-16 提供了在没有内置支持的编程语言中定义自己的结果类型的一个基本示例。

程序清单 4-16　简单的结果类型

```
class Result<V, E> {
  private final Optional<V> value;
  private final Optional<E> error;

  private Result(Optional<V> value, Optional<E> error) {
    this.value = value;
    this.error = error;
  }

  static Result<V, E> ofValue(V value) {
    return new Result(Optional.of(value), Optional.empty());
  }

  static Result<V, E> ofError(E error) {
    return new Result(Optional.empty(), Optional.of(error));
  }

  Boolean hasError() {
    return error.isPresent();
  }

  V getValue() {
    return value.get();
  }

  E getError() {
    return error.get();
  }
}
```

使用泛型/模板类型，这样类就可用于任何类型的值和错误

私有构造程序强制调用者使用其中一个静态工厂函数

静态工厂函数，这意味着该类只能由一个值或者错误实例化，但不能两者兼有

结果类型实现

结果类型的真正实现往往比程序清单 4-16 中的例子更精密。它们可以更好地使用枚举等编程语言结构，为转换结果提供助手函数。

Rust 和 Swift 的结果类型实现是很好的灵感来源，具体可参考相关网络资源。

如果我们定义自己的结果类型（因为编程语言没有内置方法），就有赖于其他工程师也熟悉其用法。如果其他工程师不知道在调用 getValue() 函数之前检查 hasError() 函数，那么这一招将会失败。不过，勤勉的工程师即便此前从未遇到过结果类型，也有可能很快领会到这一点。

假设使用的编程语言支持结果类型，或者其他工程师熟悉我们定义的这种类型，那么他们可以将其作为返回类型以清楚地说明可能发生的错误。因此，使用结果返回类型是显式报错方法。

用结果类型报错

程序清单 4-17 展示了 getSquareRoot() 函数，但这一次修改为返回结果类型。NegativeNumberError 是自定义错误，而 getSquareRoot() 的返回类型表明可能发生这样的错误。NegativeNumberError 封装了关于错误的附加信息：导致这种错误的数值。

程序清单 4-17　返回结果类型

```
class NegativeNumberError extends Error {          ← 代表特定错误
  private final Double erroneousNumber;                类型的类

  NegativeNumberError(Double erroneousNumber) {    ← 封装附加信息:
    this.erroneousNumber = erroneousNumber;            导致错误的数值
  }

  Double getErroneousNumber() {
    return erroneousNumber;
  }
}
                                                   返回类型表明可能发生
                                                   NegativeNumberError 错误
Result<Double, NegativeNumberError> getSquareRoot(Double value) {  ←
  if (value < 0.0) {
    return Result.ofError(new NegativeNumberError(value));   ← 如果发生错误,
  }                                                             则返回错误结果
  return Result.ofValue(Math.sqrt(value));    ← 答案被封装
}                                                在结果中
```

处理结果类型

对调用 getSquareRoot() 函数的工程师来说,显然返回结果类型。如果他们对结果类型的使用方法很熟悉,就会知道必须首先调用 hasError() 函数以检查是否发生错误,如果没有错误,就可以调用 getValue() 函数访问这个值。如果发生错误,可以调用 getError() 函数访问关于结果的细节。具体见程序清单 4-18。

程序清单 4-18　返回结果类型

```
void displaySquareRoot() {
  Result<Double, NegativeNumberError> squareRoot =    必须检查 squareRoot 是否
    getSquareRoot(ui.getInputNumber());               发生错误
  if (squareRoot.hasError()) {
    ui.setError("Can't get square root of a negative number: " +
      squareRoot.getError().getErroneousNumber());    ← 向用户显示详细
  } else {                                              错误信息
    ui.setOutput("Square root is: " + squareRoot.getValue());
  }
}
```

更好的语法

支持内置结果类型的编程语言有时候可以采用比程序清单 4-18 更简洁的语法进行处理。我们还可为结果类型添加许多助手函数,以创建更好的控制流,如 Rust 实现中的 and_then() 函数。

4.3.6　显式:操作结果返回类型

有的函数只进行某些操作,而不是计算出一个值并返回。如果在进行该操作时发生错误,向

调用者报告是有益的。实现该操作的方法之一是修改函数，以返回一个表示操作结果的值。正如我们很快会看见的，只要强制调用者检查返回值，那么返回一个操作结果（Outcome）类型就是显式报错方法。

用操作结果报错

程序清单 4-19 展示了在某个通道上发送消息的代码。消息只有在通道打开时才能发送。如果通道没有打开，则发生错误。sendMessage() 函数返回一个表示是否出错的布尔值。如果消息发送成功，函数返回 true；如果发生错误，则返回 false。

程序清单 4-19 返回操作结果

```
Boolean sendMessage(Channel channel, String message) {        函数返回一个
  if (channel.isOpen()) {                                      布尔值
    channel.send(message);
    return true;                          如果消息发送成
  }                                       功，则返回 true
  return false;
}                         如果发生错误，则返回 false
```

如果我们的情况更为复杂，可能会发现使用比简单布尔值更精密的操作结果类型较为合适。如果有多于两种可能的结果状态或者无法根据上下文看出真值和假值的意义，那么可以使用枚举类型。如果我们需要更详细的信息，那么定义一个类以封装它们可能是另一个好的选择。

处理操作结果

在使用布尔值作为返回类型的例子中，操作结果的处理相当直观。函数调用可以放在一个 if-else 语句中，每个分支使用对应的处理逻辑。程序清单 4-20 中的代码在一个通道上发送 "hello" 消息，并在用户界面上显示表示消息是否发出的信息。

程序清单 4-20 处理操作结果

```
void sayHello(Channel channel) {            处理成功的
  if (sendMessage(channel, "hello")) {      情况
    ui.setOutput("Hello sent");
  } else {
    ui.setError("Unable to send hello");
  }                                         处理失败的
}                                           情况
```

确保操作结果不被忽略

操作结果返回类型的问题之一就是调用者很可能忽略返回值，甚至没有意识到函数返回了一个值。这可能限制操作结果返回类型作为报错手段的明确程度。为了说明这一点，调用者可能编写如程序清单 4-21 所示的代码。这段代码完全忽略了 sendMessage() 函数的操作结果返回类型。如果这样做会告诉用户消息已发送，事实可能并非如此。

程序清单 4-21　忽略操作结果

```
void sayHello(Channel channel) {
  sendMessage(channel, "hello");        ◁──── 忽略操作结
  ui.setOutput("Hello sent");                  果返回值
}
```

在某些编程语言中，通过标记函数，可以在调用者忽略返回值时生成一个编译器警告。这些标记的名称和使用方法各不相同，下面是一些例子。

- Java 中的 CheckReturnValue 注解（来自 javax.annotation 包）。
- 可在 C#中使用的 MustUseReturnValue 注解。
- C++中的[[nodiscard]]属性。

如果 sendMessage() 函数做了以上标记，程序清单 4-21 中的代码将产生一个编译器警告，这可能引起编写代码的工程师的注意。程序清单 4-22 展示了以@CheckReturnValue 注解标记的 sendMessage() 函数。

程序清单 4-22　使用@CheckReturnValue 注解

```
@CheckReturnValue                                        ◁──── 表示调用者不应该忽略
Boolean sendMessage(Channel channel, String message) {         该函数的返回值
  ...
}
```

程序清单 4-21 中代码的作者可能注意到编译器警告，并将其代码修改为我们前面看到的版本（在程序清单 4-23 中重复）。

程序清单 4-23　强制检查返回值

```
void sayHello(Channel channel) {              处理成功的
  if (sendMessage(channel, "hello")) {        情况
    ui.setOutput("Hello sent");        ◁──────
  } else {
    ui.setError("Unable to send hello");   ◁────
  }                                            处理失败的
}                                              情况
```

4.3.7　隐式：承诺/未来

编写异步执行的代码时，创建返回一个**承诺**（promise）/**未来**（future）或等价概念的函数是常见的情况。在许多编程语言中（但不是所有），承诺或者未来也可以传达错误状态。

承诺或未来的消费者通常并没有被强制处理可能发生的错误，除非他们熟悉函数代码契约中的附属细则，否则也不会知道需要添加错误处理功能。因此，使用承诺/未来报错是一种隐式技术。

异步?

如果一项处理是"同步"的,就意味着每次只执行一项任务:前一项任务没有完全结束之前,后一项任务不能开始。如果我们要制作一个蛋糕,在做好蛋糕糊之前是不能在烤箱里烘焙的。这就是同步处理的一个例子:首先做好蛋糕糊的需求"阻塞"了烘焙蛋糕的操作。

如果一项处理是"异步"的,就意味着可以在等待其他任务完成时执行不同的任务。在烤箱烘焙蛋糕的同时,我们可以利用这段经常被浪费的时间来制作蛋糕的糖霜。这是异步处理的一个例子:我们不必等待蛋糕烘焙完成就可以制作糖霜。

如果编写必须等待某一事件发生(如服务器返回响应)的代码,往往可以异步方式进行编写。这意味着代码可以在等待服务器的同时完成其他操作。

大部分编程语言提供异步执行代码的方法。不同编程语言的具体做法可能有很大的差别,因此不管你使用的是什么编程语言,都值得关注这一点。

用承诺报错

程序清单 4-24 展示了 getSquareRoot() 函数,这一次它被修改为异步函数,用于返回一个承诺并在运行前等待 1s。(你必须发挥想象力,才能明白为何有人要编写这段特殊的代码。)如果函数内出现错误,承诺将被**拒绝**(rejected);否则承诺将以返回值**履行**(fulfilled)。

程序清单 4-24 异步函数

```
class NegativeNumberError extends Error {        ← 代表特定错误
  ...                                              类型的类
  }
                                                       async 将该函数标记为
Promise<Double> getSquareRoot(Double value) async {    异步函数
  await Timer.wait(Duration.ofSeconds(1));       ←
  if (value < 0.0) {                               等待 1s 后才
    throw new NegativeNumberError(value);    ←     真正运行
  }
  return Math.sqrt(value);    ←                函数中出现的错误
}                                              将导致承诺被拒绝
           返回值使承诺
           得以履行
```

处理承诺

程序清单 4-25 展示了 displaySquareRoot() 函数,该函数经过修改,以调用异步版本的 getSquareRoot() 函数。后者返回的承诺有两个成员函数,可用于设置回调。then() 函数可用于设置承诺得到履行时调用的回调函数,而 catch() 函数用于设置承诺被拒绝时调用的回调函数。

程序清单 4-25 消费承诺

```
void displaySquareRoot() {
  getSquareRoot(ui.getInputNumber())               如果承诺履行,调用
    .then(squareRoot ->                            then()回调函数
        ui.setOutput("Square root is: " + squareRoot))
```

```
        .catch(error ->
            ui.setError("An error occurred: " + error.toString())));
    }
```

如果承诺被拒绝，调用 catch()回调函数

承诺为什么是隐式报错技术

想要知道错误可能发生、承诺可能被拒绝，我们就必须了解附属细则，或者生成该承诺的任何一个函数的实现细节。如果不知道这些，承诺的消费者很可能不知道潜在的错误状态，只能通过 then()函数提供回调。在没有通过 catch()函数提供任何回调的情况下，错误可能被更高层次的错误处理程序捕捉，或者完全没有引起注意（取决于编程语言和设置）。

承诺和未来可能是从异步函数中返回值的极佳方法，但因为调用者可以随意处置，甚至完全不知道潜在的错误情况，所以使用承诺和未来是隐式报错方法。

使承诺变成显式方法

如果我们返回一个承诺/未来，而且希望使用显式报错技术，选择之一是返回一个结果类型的承诺。如果我们这么做，那么 getSquareRoot()函数将如程序清单 4-26 所示。这是一种很有用的技术，但代码将变得相当笨重，对任何人都没有吸引力。

程序清单 4-26　结果类型的承诺

```
Promise<Result<Double, NegativeNumberError>> getSquareRoot(
    Double value) async {
  await Timer.wait(Duration.ofSeconds(1));
  if (value < 0.0) {
    return Result.ofError(new NegativeNumberError(value));
  }
  return Result.ofValue(Math.sqrt(value));
}
```

返回类型相当笨重

4.3.8　隐式：返回“魔法值”

虽然“**魔法值**”（错误代码）只是融入函数正常返回类型的一个值，但它有特殊的意义。工程师必须阅读文档或者代码本身，才知道可能返回一个魔法值。因此，这是一种隐式报错技术。

用魔法值报错的常见方法是返回-1。程序清单 4-27 展示了使用这种方法的 getSquareRoot()函数。

程序清单 4-27　返回魔法值

```
// Returns -1 if a negative value is supplied
Double getSquareRoot(Double value) {
  if (value < 0.0) {
    return -1.0;
  }
  return Math.sqrt(value);
}
```

提醒函数可能返回-1 的注释

如果出错，返回-1

魔法值很可能造成意外情况和缺陷，因为它们必须得到处理，但代码契约中明确无疑的部分中没有告知调用者这一点。魔法值可能造成的问题将在第 6 章中详述，在此我们不做详细讨论。就本章而言，需要牢记的重点是魔法值往往不是好的报错办法。

4.4 报告不可恢复的错误

当某种错误发生，程序恢复无望时，最好的办法是快速失败和大声失败。常见的实现方法如下。
- 抛出受检异常。
- 使程序进入**惊慌**（panic）状态（如果使用的编程语言支持 panic）。
- 使用检查或者断言（如第 3 章所述）。

这些措施将导致程序（或者不可恢复范围内的部分）退出，工程师应该会注意到出了问题，生成的错误信息通常提供栈跟踪信息或者行号，清晰地说明发生错误的位置。

通过隐式报错技术（如刚刚提到的这些）可以使调用链高层的每个调用者无法编写代码承认或处理错误场景。当错误没有可想象的恢复措施时，这样做是有意义的，因为调用者除将错误传递给下一个调用者之外，没有任何合理的措施。

4.5 报告调用者可能想要从中恢复的错误

这是更为有趣的一种情况，因为对于调用者可能打算从中恢复的错误如何报告，软件工程师（以及编程语言设计师）在最佳实践上的意见并不一致。争论点通常在于非受检异常和显式报错技术（如受检异常、安全空值、可选类型或结果类型）之间。双方都有正反两面的论据，我们将在本节进行总结。

在总结之前，值得一提的是，你和你的团队在思想方法上达成一致，可能比下面讲述的任何论据都要重要。糟糕的情况是，团队中一半的工程师编写代码时采用一种错误报告和处理方法，另一半工程师则采用完全不同的做法。每当不同的代码需要进行交互时，你将会面对一场噩梦。

下面的论据听起来有点绝对，但一定要记住，如果你和其他工程师交流，可能会发现他们对错误报告与处理的观点更为微妙。

注意：泄露实现细节

对调用者可能想要从中恢复的错误，另一个需要考虑的问题是，理想情况下，调用者应该不需要知道调用代码的实现细节就能处理代码中报告的错误。这将在第 8 章中讨论（详见 8.6 节和 8.7 节）。

4.5.1 使用非受检异常的论据

下面是一些常见的论据，用于说明为何即便在可能恢复的错误中，使用非受检异常也是更好的办法。

改善代码结构

有些工程师认为，抛出非受检异常（而不是使用显式报错技术）可以改善代码结构，因为大部分错误处理可在代码更高层次的特殊位置执行。错误提升到这一层次，而两者之间的代码没有必要混进许多错误处理逻辑。图 4-4 说明了这种情况。

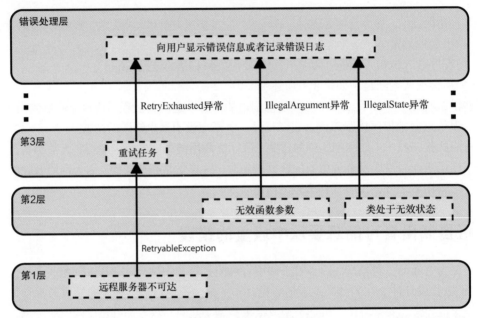

图 4-4　有些工程师认为，抛出非受检异常能改善代码结构，因为大部分错误处理可以在代码更高层次的特殊位置执行

如果愿意，中间层次可以处理一些异常（例如重试某些任务），但其他情况下错误将简单地提升到最高的错误处理层。如果这是一个用户应用，处理层可以在用户界面上叠加显示错误信息；如果这是一个服务器或后端进程，错误信息可以在某个位置记录。这种方法的关键好处是，处理错误的逻辑可以包含在少数几个单独的层次中，而不是分散在各处的代码中。

务实地对待工程师的工作

有些人认为，对于较为明确的报错技术（返回类型和受检异常），工程师最后会感到厌烦并出现错误。例如，捕捉异常后将其忽略，或者将允许为空的类型变成非空值，而没有进行检查。

为了说明这一点，我们想象一下代码库中存在程序清单 4-28 所示的代码。它包含将温度记录到一个数据记录程序中的代码，后者使用 InMemoryDataStore 类保存记录的数据。代码的初始版本中没有任何会导致错误的地方，因此没有必要采用错误报告或处理技术。

程序清单 4-28　没有错误场景的初始代码

```
class TemperatureLogger {
  private final Thermometer thermometer;
  private final DataLogger dataLogger;
  ...

  void logCurrentTemperature() {
    dataLogger.logDataPoint(
        Instant.now(),
        thermometer.getTemperature());
  }
}

class DataLogger {
  private final InMemoryDataStore dataStore;
  ...

  void logDataPoint(Instant time, Double value) {
    dataStore.store(new DataPoint(time.toMillis(), value));
  }
}
```

现在想象一下，一位工程师根据要求修改 DataLogger 类，不仅将数值保存在内存中，而且要将其保存到磁盘上以确保持久化。工程师用 DiskDataStore 类代替 InMemoryDataStore 类。写入磁盘可能失败，那样可能出现一个错误。如果使用显式报错技术，就必须处理错误，或者明确地将其传递给调用链中的下一个调用者。

在这种情况下，我们将通过抛出受检异常（IOException）的 DiskDataStore.store() 函数来阐述这一点，但所采用的原则与其他显式报错技术一样。因为 IOException 是受检异常，所以它必须得到处理，后者在 DataLogger.logDataPoint() 函数签名中声明。DataLogger.logDataPoint() 函数没有合理的方法来处理这一错误，但把它添加到函数签名中。这将要求修改每个调用点，并有可能修改更高层次的多个调用点。这一工作量令工程师畏缩，他决定简单地隐藏错误，编写程序清单 4-29 所示的代码。

程序清单 4-29　隐藏受检异常

```
class DataLogger {
  private final DiskDataStore dataStore;
  ...

  void logDataPoint(Instant time, Double value) {
    try {
      dataStore.store(new DataPoint(time.toMillis(), value));
    } catch (IOException e) {}        ◄──┐ IOException 错误
  }                                        对调用者隐藏
}
```

正如本章前面讨论的那样，隐藏错误几乎从不是个好主意。DataLogger.logDataPoint() 函数现在不总是完成它声称要完成的工作；有时，没有保存数据点，但调用者知晓这种情况。有时使用显式报错技术导致需要完成一系列工作，反复向更高层次代码报告错误，这可能促使工程师寻找"捷径"，从而做出错误的选择。对这一点必须务实地考虑，这也是非受检异常支持者最经常表达的论点。

4.5.2　使用显式报错技术的论据

有人认为，对于有可能恢复的错误，使用显式报错技术更好，常见的一些论据如下。

优雅地处理错误

如果使用非受检异常，很难有一个层次能优雅地处理所有错误。例如，如果用户输入无效，在输入框的旁边显示清晰的错误消息可能是有意义的。如果编写输入处理代码的工程师没有意识到错误的情况，而让其提升到更高的层次，可能造成对用户不那么友好的错误信息，例如覆盖在用户界面上的通用信息。

（使用返回类型或受检异常）迫使调用者意识到潜在的错误，意味着有更大的机会优雅地处理这些错误。如果使用隐式报错技术，调用者可能不知道将会发生什么错误，那么他们怎么知道如何处理呢？

错误不会在无意中被忽略

有些错误可能真的需要由某个调用者处理。如果使用非受检异常，那么做错事（而不是处理错误）就是默认发生的情况，而不是一个主动的决策。这是因为工程师（和代码评审人员）很可能完全没有意识到会发生某种错误。

如果使用返回类型或受检异常等显式报错技术，工程师仍然可能做错事（如捕捉异常并忽略），但这通常要求积极努力，并在代码中造成相当明显的违规行为。这样的问题更有可能在代码评审时被清除，因为它对代码评审人员来说显而易见。使用更为明确的报错技术，就不会在默认情况下或者无意中做错事。

图 4-5 对比了代码评审人员视角下使用非受检异常和受检异常的代码更改。使用非受检异常时，代码中出现不良状况的事实完全不明显，而在使用受检异常时极其明显。其他显式报错技术（如用@CheckReturnValue注解强制的操作输出返回类型）将使工程师的违规行为在代码更改中变得同样显眼。

务实地对待工程师的工作

当反对使用非受检异常时，关于工程师因为厌倦错误处理而做错事的论据同样适用。在整个代码库中，完全无法确保非受检异常有合适的文档。根据我的个人经验，这样的文档往往不存在。这意味着，对某段代码可能抛出哪些非受检异常，常常没有任何确定性，这可能使捕捉异常成为令人沮丧的"打地鼠"游戏。

程序清单 4-30 有一个检查数据文件是否有效的函数。这项功能通过检查是否有表示文件无效的异常抛出来实现。虽然 DataFile.parse() 函数抛出不同的非受检异常，但是这些非受检异常都没有文档记录。`isDataFileValid()`函数的作者已添加捕捉其中 3 种非受检异常的代码。

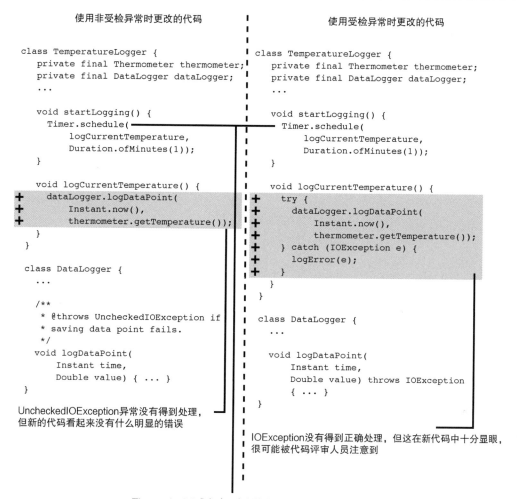

图 4-5　使用显式报错技术时，如果没有以合理方式处理错误，往往会造成代码中有意、公然的"违规行为"。相反，使用非受检异常时，如果错误没有以合理方式处理，从代码中并不能明显看出

程序清单 4-30　捕捉多种非受检异常

```
Boolean isDataFileValid(byte[] fileContents) {
  try {
    DataFile.parse(fileContents);
    return true;
  } catch (InvalidEncodingException |
           ParseException |
           UnrecognizedDataKeyException e) {
```

可能抛出一些无文档记录的非受检异常

捕捉 3 种不同类型的非受检异常

```
      return false;
    }
  }
```

发行代码后，isDataFileValid()函数的作者注意到许多崩溃报告。他们调查并发现故障是由于另一个无文档记录的非受检异常 InvalidDataRangeException 引起的。此时，代码作者可能厌倦了与这些非受检异常的"打地鼠"游戏，决定捕捉各种类型的异常并草草了结它们。于是，他们写了程序清单 4-31 所示的代码。

> **程序清单 4-31 捕捉各种类型的异常**

```
Boolean isDataFileValid(byte[] fileContents) {
  try {
    DataFile.parse(fileContents);
    return true;
  } catch (Exception e) {   ◁——  捕捉各种类型的
    return false;                  异常
  }
}
```

这样捕捉每一种类型的异常往往不是好主意。这种方式将隐藏几乎每一类错误，包括许多实际上可以恢复的错误。现在，一些严重的编程错误也可能被掩盖。DataFile.parse()函数可能有个缺陷，软件的一些严重的错误配置也可能造成 ClassNotFoundException 等异常。不管是哪种情况，这些编程错误现在都完全不会引起人们的注意，软件将以静默和古怪的方式失败。

由于程序清单 4-31 中的代码违规行为相当显眼，因此我们希望在代码评审中将其排查出来。但如果我们担心代码评审过程不那么健全，不足以捕捉到此类违规行为，那么必须意识到，不管使用非受检异常还是显式报错技术，都可能存在问题。真正的问题是，我们的工程师做了草率的事情，而且没有通过健全的规程将其找出来。

> **坚持标准异常类型**
>
> 　　为了避免在异常问题上"打地鼠"，使用非受检异常的工程师有时会采用一种方法：首选使用（或者子类化）标准异常类型（如 ArgumentException 或 StateException）。这种方法的好处是，其他工程师更有可能预见这些异常，并进行相应的处理，同时减少需要工程师操心的异常类型的数量。
>
> 　　这种方法的缺点是，可能限制区分不同错误场景的能力：一个 StateException 异常的根源可能是调用者打算从中恢复的错误，另一个的根源却不是。你现在可能已经了解，错误报告与处理是一门不完善的科学，任何技术都需要权衡利弊。

4.5.3 我的观点：使用显式报错技术

我的观点是，对于调用者可能想要从中恢复的错误，最好避免使用非受检异常。根据我的经验,非受检异常的使用方法极少在代码库中有完整的文档,因此使用函数的工程师几乎不可能确定可能发生的错误场景以及他们需要进行的处理。

我曾经多次看到,由于对错误使用了无文档的非受检异常而导致缺陷和停机。只要编写代码的工程师意识到这个异常,调用者就乐于从这些错误中恢复。因此,我个人偏向于在调用者有可能想要从错误中恢复时使用显式报错技术。

本节已经讨论过,虽然这种方法也存在缺点,但按照我的经验,对这些错误类型使用非受检异常的缺点更明显。不过,我前面说过,如果你所在团队的一些工程师遵循一种方法,另一些工程师遵循不同的方法,那么情况可能更糟糕。因此,你和团队最好在错误报告思想方法上达成一致,并坚持下去。

4.6 不要忽视编译器警告

第 3 章介绍了一些确保代码破坏或误用时发生编译器错误的技术。除编译器错误之外,大部分编译器还发出警告。编译器警告往往表示代码有某些可疑之处,这可能是存在缺陷的早期预警信号。留意这些警告,可能是在代码进入代码库之前识别和清除编程错误的极好方法。

为了说明这一点,我们来看看程序清单 4-32 中的代码。代码包含一个保存某些用户相关信息的类。由于 `getDisplayName()` 函数错误地返回用户的真名而不是其显示名称,因此这段代码包含一个缺陷。

程序清单 4-32 导致编译器警告的代码

```
class UserInfo {
  private final String realName;
  private final String displayName;

  UserInfo(String realName, String displayName) {
    this.realName = realName;
    this.displayName = displayName;
  }

  String getRealName() {
    return realName;
  }

  String getDisplayName() {
    return realName;       ◁——— 错误地返回
  }                              用户真名
}
```

这段代码可以正常编译,但编译器可能发出类似"警告:私有成员'UserInfo.displayName'可以删除,因为所赋的值从未被读取"的警告。如果我们忽略这个警告,就可能意识不到缺陷的存在。我们可能希望测试能捕捉到错误,但如果没有发现,这个缺陷就可能相当严重,因为它以恶劣的方式侵害用户隐私。

　　大部分编译器可以配置为将任何警告变成错误，阻止代码编译。这可能有点过于严苛，但事实上非常有用，可以迫使工程师注意警告并采取相应行动。

　　如果警告不是真正需要担心的事情，编程语言通常也有抑制特定警告（不必关闭所有警告）的机制。例如，如果 UserInfo 类中有未使用变量的充分理由，则可以抑制这个警告。程序清单 4-33 说明了这一点。

程序清单 4-33　抑制编译器警告

```
class UserInfo {
  private final String realName;

  // displayName is unused for now, as we migrate away from
  // using real names. This is a placeholder that will be used
  // soon. See issue #7462 for details of the migration.
  @Suppress("unused")                  ←──────┐ 警告被抑制
  private final String displayName;

  UserInfo(String realName, String displayName) {
    this.realName = realName;
    this.displayName = displayName;
  }

  String getRealName() {
    return realName;
  }

  String getDisplayName() {
    return realName;
  }
}
```

　　人们可能不自觉地忽视编译器警告，认为它们并不重要，毕竟，代码仍然可以编译，所以很容易假设不会出现严重的问题。虽然只是“警告”，但它们往往是代码中存在某种问题的信号，在某些情况下，可能是相当严重的缺陷。从上面的例子可以看出，确保编译器警告引起人们的注意并采取措施是件好事。理想情况下，我们的代码编译时应该没有任何警告，因为每个问题都已经修复，或者在有合理解释的情况下明确地抑制了。

4.7　小结

- 错误宽泛地分为两类：
  - 系统可以从中恢复的错误；
  - 系统无法从中恢复的错误。
- 往往只有代码调用者知道能否从代码生成的错误中恢复。
- 当错误发生时，最好快速失败，如果无法从中恢复，“大声失败”也是很好的。
- 隐藏错误往往不是好主意，报告错误发生情况是更好的做法。
- 错误报告技术可分为两类。

- **显式报错**——在代码明确无疑的部分。调用者意识到可能发生错误。
- **隐式报错**——在代码契约的附属细则中，也可能完全不在书面契约中。调用者不一定知道可能发生错误。

■ 无法从中恢复的错误应该使用隐式报错技术。

■ 对于可能恢复的错误：

- 工程师对应该使用显式还是隐式报错技术莫衷一是；
- 我的观点是应该使用显式报错技术。

■ 编译器警告往往标志着代码中有某些问题。最好加以注意。

第二部分

实践

第1章定义了"代码质量六大支柱"这个堂皇的名词。这些支柱提供了一些高层战略，有助于确保我们写出高质量的代码。在第二部分中，我们将以更实际的方式，深入探讨其中的前5个支柱。

第二部分中的每一章说明代码质量的一个支柱，每一节阐述一项特定的考虑因素或者技术。通常的模式是首先阐释常见的代码问题，然后说明如何使用特定技术改善这一情况。每一节的组织相对独立，这样能为每个希望向其他工程师解释特定概念或考虑因素（例如在代码评审期间）的读者提供有用的参考。

请注意，每章包含的都不是全部主题。例如，第7章讨论了编写难以误用的代码的6个具体主题。这并不是说在这方面我们只需要考虑6件事。我们的目标是通过理解这6个主题背后的缘由，结合第一部分中的理论，能够发展出更为广泛的判断力，指引我们在自己发现的任何情况下工作。

第 5 章　编写易于理解的代码

本章主要内容如下：

- 使代码不言自明的技术；
- 确保代码中的细节对其他人来说是清晰的；
- 以正当理由使用语言特性。

可读（理解）性本身是个主观概念，因此对其确切意义难以可靠定义。可读性的精髓在于，确保工程师能迅速、准确地理解代码功能。真正实现这一目标往往需要同理心，努力想象从别人的角度看问题时，是否容易出现混淆或者误解。

本章将为实现代码可读性最为常见、有效的技术打下坚实的基础。但需要牢记的是，现实生活中的每个场景都不相同，有各自的考虑因素，因此常识的运用和良好的判断力都是必不可少的。

5.1　使用描述性名称

名称是唯一标识事物所必需的，它们也往往能提供对事物概念的简单总结。"烤箱"这个词是某个厨房用具的唯一标识，但也明显地暗示了这件用具的用途：烧烤食物。如果我们坚持用"对象 A"来指代一台烤箱，就很容易忘记"对象 A"是什么东西，起什么作用。

在代码中命名不同事物也适用相同的原则。名称是唯一标识类、函数和变量等对象所必需的。但我们对事物的命名也提供了很好的机会，可以通过确保以不言自明的方式指代事物，使代码更易于理解。

5.1.1　非描述性名称使代码难以理解

程序清单 5-1 是一个有些极端的例子。可以从中看到对使用描述性名称不做任何努力的代码是什么样子。花上 20 ~ 30s 查看它，看看代码的作用有多难理解。

程序清单 5-1　　非描述性名称

```
class T {
  Set<String> pns = new Set();
  Int s = 0;
  ...
  Boolean f(String n) {
    return pns.contains(n);
  }

  Int getS() {
    return s;
  }
}

Int? s(List<T> ts, String n) {
  for (T t in ts) {
    if (t.f(n)) {
      return t.getS();
    }
  }
  return null;
}
```

如果有人要求你描述这段代码的功能，你会怎么说？除非你事先扫过一眼，否则可能不知道这段代码是做什么的，甚至不知道这些字符串、整数和类代表什么概念。

5.1.2　用注释代替描述性名称是很不好的做法

改善这种情况的方法之一是添加注释和文档。如果作者这么做了，代码可能如程序清单 5-2 所示。情况略有改善，但仍然有很多问题：

■ 现在，代码显得凌乱多了，作者和其他工程师不仅要维护代码，还必须维护所有注释和文档。

■ 工程师必须持续在文件中上下滚动，才能理解各种概念。如果一位工程师在文件末尾查看 getS() 函数时忘记变量 s 的含义，就必须一直滚动到文件顶部，才能找到解释 s 含义的注释。如果类 T 的代码有几百行，这种操作很快就会令人烦恼。

■ 如果工程师查看 s() 函数的主体，那么除非他们查看 T 类的代码，否则像 t.f(n) 这样的调用有何作用、返回什么值也是谜。

程序清单 5-2　　用注释替代描述性名称

```
/** Represents a team. */
class T {
  Set<String> pns = new Set(); // Names of players in the team.
  Int s = 0; // The team's score.
  …
  /**
   * @param n the players name
   * @return true if the player is in the team
```

```
    */
  Boolean f(String n) {
    return pns.contains(n);
  }

  /**
   * @return the team's score
   */
  Int getS() {
    return s;
  }
}

/**
 * @param ts a list of all teams
 * @param n the name of the player
 * @return the score of the team that the player is on
 */
Int? s(List<T> ts, String n) {
  for (T t in ts) {
    if (t.f(n)) {
      return t.getS();
    }
  }
  return null;
}
```

程序清单 5-2 的一些文档可能有用：记录参数和返回类型代表的含义，有助于其他工程师理解代码的使用方法。但注释不应该作为描述性名称的替代品。5.2 节将详细讨论注释和文档的使用方法。

5.1.3 解决方案：使名称具有描述性

刚才看到的那段代码令人费解，但使用描述性名称后，变得非常容易理解。程序清单 5-3 展示了使用描述性名称的代码。

程序清单 5-3 描述性名称

```
class Team {
  Set<String> playerNames = new Set();
  Int score = 0;
  ...
  Boolean containsPlayer(String playerName) {
    return playerNames.contains(playerName);
  }

  Int getScore() {
    return score;
  }
}

Int? getTeamScoreForPlayer(List<Team> teams, String playerName) {
```

```
for (Team team in teams) {
  if (team.containsPlayer(playerName)) {
    return team.getScore();
  }
}
return null;
}
```

现在，理解这段代码就容易多了。

■ 变量、函数和类的含义不言自明。

■ 即便单独查看，各段代码也更有意义了。`team.containsPlayer(playerName)`之类调用的作用和返回值显而易见，甚至不用查看 Team 类的代码。此前，这个函数的调用形式是 `t.f(n)`，因此，这显然是可读性上的巨大改进。

比起使用注释，上述代码也没有那么凌乱了，工程师可以集中精力维护代码，无须持续维护其中的注释。

5.2　适当使用注释

代码中的注释或文档可以起到多种作用，如：

■ 解释代码完成的是**什么**；

■ 解释代码**为什么**完成这些工作；

■ 提供其他信息，如使用指南。

本节将集中说明前两个作用：使用注释解释"什么"和"为什么"。使用说明等其他信息通常组成代码契约的一部分，这些已在第 3 章讨论过。

概述大块代码（如一个类）作用的高层注释常常很有用。然而，在较低层次的代码细节上，解释代码作用的注释往往不是提高代码可读性的最有效手段。

在代码行级别的作用上，使用描述性名称、编写质量良好的代码应该是不言自明的。如果我们需要为代码添加许多底层注释以解释它的作用，那么这很可能是代码可读性不理想的迹象。相反，解释代码**为什么**存在或提供更多背景信息的注释往往相当有用，因为只用代码不总是能够说明这些。

> **注意：运用常识**
>
> 本节提供了如何以及何时使用注释的总体方针，但这些并不是固定的规则。我们应该运用常识来判断如何使代码更容易理解和维护。如果我们别无选择，只能加入一些晦涩难懂的逻辑，或者必须诉诸一些较为巧妙的技术来优化代码，那么解释底层代码作用的注释也很可能有用。

5.2.1　多余的注释可能有害

程序清单 5-4 中的代码通过一个句点将人名和姓氏连接起来以产生一个 ID。这段代码使用了一段注释解释其作用，但它已经是不言自明的，因此注释毫无作用。

程序清单 5-4 解释代码作用的注释

```
String generateId(String firstName, String lastName) {
  // Produces an ID in the form "{first name}.{last name}".
  return firstName + "." + lastName;
}
```

包含这种多余的注释，实际上比毫无作用还糟糕，原因如下。

- 工程师现在必须维护这个注释。如果有人更改了代码，他们还必须记得更新注释。
- 使代码变得凌乱：想象一下，如果每行代码都有这样的相关注释，那是什么样的情景。原本只需要阅读 100 行代码，现在却变成阅读 100 行代码加上 100 行注释。这种注释并没有添加任何附加信息，反而浪费工程师的时间。

删除这种注释，让代码来解释可能是更好的做法。

5.2.2 注释不是可读代码的合格替代品

程序清单 5-5 中的代码仍然使用句点将名字和姓氏连接起来以生成 ID。在这个例子中，代码不是不言自明的，因为名字和姓氏分别包含在一个数组的第一个和第二个元素中。因此，代码包含解释这一点的注释。在这种情况下，注释似乎很有用，因为代码本身不清晰，但真正的问题是，这段代码没有尽可能地提高可读性。

程序清单 5-5 用注释解释可读性不佳的代码

```
String generateId(String[] data) {
  // data[0] contains the user's first name, and data[1] contains the user's
  // last name. Produces an ID in the form "{first name}.{last name}".
  return data[0] + "." + data[1];
}
```

因为注释只在代码本身可读性不是很好的情况下需要，更好的办法可能是提高代码可读性。在本例中，这一点很容易通过使用命名得当的助手函数实现，如程序清单 5-6 所示。

程序清单 5-6 可读性更好的代码

```
String generateId(String[] data) {
  return firstName(data) + "." + lastName(data);
}

String firstName(String[] data) {
  return data[0];
}

String lastName(String[] data) {
  return data[1];
}
```

让代码不言自明往往优于使用注释，因为这样做能减少维护开销，消除注释过时的可能性。

5.2.3　注释可能很适合于解释代码存在的理由

代码有时并不适合于解释自身实现某些功能的**理由**。某段代码存在的理由或者完成其功能的理由，有时与某种背景或知识有联系，其他工程师不一定能够靠查看代码看出。如果这种背景或知识对理解代码或以安全的方式修改代码很重要，注释就可能很有用。注释解释代码存在原因的例子包括：

- 产品或业务决策；
- 古怪、不明显缺陷的修复；
- 对依赖性中存在的不直观怪癖的处理。

程序清单 5-7 包含一个获得用户 ID 的函数。根据用户注册时间生成 ID 有两种不同方式，仅根据代码并不能明显看出其中的原因，需要使用注释加以解释。这能避免其他工程师对代码感到困惑，确保他们知道需要修改这段代码时的考虑因素。

程序清单 5-7　解释代码存在原因的注释

```java
class User {
  private final Int username;
  private final String firstName;
  private final String lastName;
  private final Version signupVersion;
  ...

String getUserId() {
    if (signupVersion.isOlderThan("2.0")) {
      // Legacy users (who signed up before v2.0) were assigned
      // IDs based on their name. See issue #4218 for more
      // details.
      return firstName.toLowerCase() + "." +
          lastName.toLowerCase();
    }
    // Newer users (who signed up from v2.0 onwards) are assigned
    // IDs based on their username.
    return username;
  }
  ...
}
```

解释某些代码存在原因的注释

这确实使代码显得稍微凌乱一些，但好处超过了这一代价。如果只有代码而没有这些注释，可能造成混淆。

5.2.4　注释可以提供有用的高层概述

我们可以将解释代码作用的注释和文档看成阅读书籍时的梗概。

- 如果你阅读一本书，每一页的每一段前面都有一句梗概，那这就是一本令人厌烦、难以阅读的书。正如解释代码作用的低级注释只会损害代码可读性。
- 相反，在书籍封底上（甚至在每章的开头）简单总结相关内容的梗概可能非常有用。你可以据此快速评估这本书（或者章节）是否有用或者有趣。这正如说明类功能的高层注释。工程师依靠这些注释，可以很轻松地评估该类对他们是否有用或可能影响到哪些事物。

下面是解释代码功能、具有实用性的高层文档的一些例子。

- 概要说明代码功能和其他工程师应该了解的任何重要细节的文档。
- 说明函数输入参数或其功能的文档。
- 解释函数返回值意义的文档。

牢记我们在第 3 章中说过的话很有助益。文档很重要，但我们应该面对这样的现实：工程师往往不会阅读它。最好不要过分依赖它来避免意外或者误用代码的情况（第 6 章和第 7 章将分别介绍针对这两方面更为鲁棒的技术）。

程序清单 5-8 说明如何使用文档概述 User 类的整体作用。它提供了一些有用的概要细节，例如它与"流服务"用户相关、可能与数据库不同步的事实。

程序清单 5-8　高层（概要）类文档

```
/**
 * Encapsulates details of a user of the streaming service.
 *
 * This does not access the database directly and is, instead,
 * constructed with values stored in memory. It may, therefore,
 * be out of sync with any changes made in the database after
 * the class is constructed.
 */
class User {
  ...
}
```

注释和文档对于填补代码本身无法传达的细节或者总结大块文档的作用很有用。它们的缺点是需要维护、可能很容易过时且使代码显得凌乱。想要有效地使用它们，就必须在这些利弊之间权衡。

5.3　不要执着于代码行数

一般来说，代码库中的代码行数越少越好。代码通常需要一定的持续维护，代码行数越多，有时就意味着代码过于复杂，或者没有重用现有的解决方案。较多的代码还会增加工程师的认知负荷，因为阅读量显然更大了。

工程师有时会在这方面走极端，认为最大限度地减少代码行数比代码质量的其他因素更重要。他们有时会抱怨，所谓的"代码质量改善"将 3 行代码变成 10 行代码，因此产生的代码更差了。

但应该牢记的是，代码行数只是我们真正关心的事情的一个替代指标，与大部分替代指标一样，这是个有用的指导原则，但并非铁律。我们真正关心的是确保代码：

- 容易理解；
- 不容易受到误解；
- 不容易在无意中遭到破坏。

并不是所有代码都是一样的：与 10 行（甚至 20 行）易于理解的代码相比，1 行极其难以理解的代码更容易降低代码质量。5.3.1 节和 5.3.2 节用例子阐述了这一点。

5.3.1　避免简短但难以理解的代码

为了说明较少的代码行数可能反而不容易理解，请考虑程序清单 5-9。它包含一个检查一个 16 位 ID 是否有效的函数。查看代码之后，问自己一个问题：ID 的有效性标准是否一眼可见？对大部分工程师来说，答案是"不"。

程序清单 5-9　简短但不易理解的代码

```
Boolean isIdValid(UInt16 id) {
  return countSetBits(id & 0x7FFF) % 2 == ((id & 0x8000) >> 15);
}
```

这段代码检查了一个校验位——这是用于传输数据的一类错误检测技术。16 位 ID 中，低 15 位有效位保存实际 ID 值，最高有效位则为校验位。校验位表示 15 位值中为"1"的位数是奇数还是偶数。

程序清单 5-9 中的代码尽管简短，但不是很容易理解，或者说不是不言自明的。它们包含了许多假设，也很复杂，例如：

- ID 的低 15 位有效位包含 ID 值；
- ID 的最高有效位包含校验位；
- 如果 15 位值中为"1"的位数是偶数，校验位为"0"；
- 如果 15 位值中为"1"的位数是奇数，校验位为"0"；
- 0x7FFF 是低 15 位有效位的掩码；
- 0x8000 是最高有效位的掩码。

将所有这些细节和假设压缩到一行非常简洁的代码中，将产生如下问题。

- 其他工程师必须费尽心力才能从这行代码中领会和提取出这些细节及假设。这浪费了他们的时间，也增加了他们误解并破坏代码的可能性。
- 这些假设必须与其他地方做出的某些假设相匹配。其他地方有一些对这些 ID 进行编程的代码。如果那些代码做了修改，将校验位放在最低有效位（举个例子），程序清单 5-9 中的代码就不再能正确运作了。如果校验位位置等子问题能被分解成一个可重用的单一可信数据源，就更好了。

程序清单 5-9 中的代码可能很简短，但也几乎无法理解。可能会有多名工程师浪费许多时间，试图理解它的作用。这段代码做了许多不明显、未记入文档的假设，也使其变得十分脆弱，容易被破坏。

5.3.2 解决方案：编写易于理解的代码，即便需要更多行代码

如果 ID 编程和校验位的假设与细节对阅读代码的任何人都显而易见，即便这需要使用更多行代码，也比上面的情况好得多。程序清单 5-10 展示了使得代码更易于理解的做法，其中定义了一些有合适名称的助手函数和常量。这种做法可以确保子问题的解决方案可重用，但也产生了更多的代码。

程序清单 5-10　冗长但易于理解的代码

```
Boolean isIdValid(UInt16 id) {
  return extractEncodedParity(id) ==
      calculateParity(getIdValue(id));
}

private const UInt16 PARITY_BIT_INDEX = 15;
private const UInt16 PARITY_BIT_MASK = (1 << PARITY_BIT_INDEX);
private const UInt16 VALUE_BIT_MASK = ~PARITY_BIT_MASK;

private UInt16 getIdValue(UInt16 id) {
  return id & VALUE_BIT_MASK;
}

private UInt16 extractEncodedParity(UInt16 id) {
  return (id & PARITY_BIT_MASK) >> PARITY_BIT_INDEX;
}

// Parity is 0 if an even number of bits are set and 1 if
// an odd number of bits are set.
private UInt16 calculateParity(UInt16 value) {
  return countSetBits(value) % 2;
}
```

密切注意增加的代码行数通常是很好的做法，因为这可能是代码没有重用现有解决方案或者过于复杂的预警信号。但是，确保代码易于理解、鲁棒且不容易造成有缺陷的行为往往更重要。如果需要更多行代码才能有效实现目标，那也无伤大雅。

5.4　坚持一致的编程风格

在我们造句的时候，必须遵循某些规则，才能写出语法正确的句子。此外，我们应该遵循一些其他风格上的指南，以确保我们的句子容易理解。

举个例子，想象一下我们要写段关于"软件即服务"（Software as a Service）的文字。通常，如果一个首字母缩略词包含"a"或"as"等单词，那么这些单词应该用小写字母形式。因此，人们最熟悉的"软件即服务"缩写为 SaaS。如果我们将这个缩略词写成 SAAS，阅读文档的人可能会误以为我们指的是其他事物，因为那不是他们预期中的"软件即服务"的缩写。

这也同样适用于代码。语言的语法和编译器规定了允许的写法（有点像语法规则），但在工程师编写代码时，我们对于采用的风格惯例有很大的自由度。

5.4.1　不一致的编程风格可能引发混乱

程序清单 5-11 包含一个类的代码，用于管理一组用户之间的聊天。这个类用在一台同时管理许多组聊天的服务器中。这个类包含一个 end() 函数，调用该函数时将中断与所有该聊天用户的连接，结束聊天。

程序清单 5-11　不一致的命名风格

```
class GroupChat {
  ...

  end() {
    connectionManager.terminateAll();        我们假设 connectionManager
  }                                          是实例变量
}
```

编写代码时常见的风格惯例是类名采用帕斯卡命名法（首字母大写，如 PascalCase），而变量名采用"骆驼拼写法"（首字母小写，如 camelCase）。因此，不用查看整个类定义，就明显可以假设 connectionManager 是 GroupChat 类中的实例变量。调用 connectionManager.terminateAll() 函数应该中断指定聊天的连接，但不影响服务器管理的其他聊天。

遗憾的是，我们的假设是错误的，这段代码非常蹩脚。connectionManager 不是一个实例变量。它实际上是一个类，而 terminateAll() 是它的一个静态函数。调用 connectionManager.terminateAll() 函数中断该服务器管理的所有连接，而不只是 GroupChat 类特定实例相关的连接。程序清单 5-12 展示 connectionManager 类的代码。

程序清单 5-12　connectionManager 类

```
class connectionManager {
  ...
  static terminateAll() {          中断服务器目前
    ...                            管理的所有连接
  }
}
```

如果 connectionManager 类遵循标准命名惯例，改名为 ConnectionManager，这个缺陷很可能已经被发现和修复了。由于没有坚持这一惯例，使用 connectionManager 类的代码很容易被误解，也可能造成不引起人们注意的严重缺陷。

5.4.2　解决方案：采纳和遵循风格指南

正如前面内容所说，常见的编程风格管理是类名应该采取帕斯卡命名法，变量名应该采取骆驼拼写法。如果遵循这一惯例，connectionManager 类应该命名为 ConnectionManager。
5.4.1 节那段充满缺陷的代码应该改写为程序清单 5-13 所示的样子。现在，ConnectionManager
明显是类而不是 GroupChat 类中的实例变量。ConnectionManager.terminateAll() 函数
之类的调用也显然有可能修改某些全局状态和影响服务器的其他部分。

程序清单 5-13　一致的命名风格

```
class GroupChat {
  ...

  end() {                                          很明显，ConnectionManager
    ConnectionManager.terminateAll();   ◄──────    是类而不是实例变量
  }
}
```

这只是一个一致的编程风格能提高代码可读性且有助于避免缺陷的例子。编程风格可能涵盖
命名方式之外的许多其他方面，如：

- 某些语言特征的使用方式；
- 代码缩进方式；
- 包和目录结构；
- 代码文档的写法。

大部分组织和团队都有希望工程师遵循的编程风格指南，因此你不太可能就采用哪种风格做出
任何决策，或者过多思考。很有可能，你只需要阅读和吸收团队强制实施的风格指南，并遵照执行。

如果你的团队没有编程风格指南，你又想要围绕某种风格进行调整，可以采用许多现成的风
格。例如，Google 公司曾发布了许多编程语言的编程风格指南。

当整个团队或组织都遵循相同的编程风格时，他们就像都流利地讲着同一种语言。相互之间
发生误解的风险大大降低，程序缺陷和浪费在理解混乱代码上的时间也将减少。

代码校验工具

还有一些工具，它们能够告诉我们代码中可能包含违反编程风格指南的情况。这些工具被称为"代
码校验工具"（linter）——通常针对我们使用的某种编程语言。一些校验工具不仅检查违反编程风格指
南的情况，而且可以提醒我们代码中容易出错的地方，揭示一些已知的不良做法。

代码校验工具通常只能捕捉比较简单的错误，因此它们并不能替代从一开始就编写好的代码。不过，
运行代码校验工具可能是发现代码可改善方式的快捷方法。

5.5　避免深嵌套代码

典型的代码由相互嵌套的块组成，如：
- 函数定义一个调用时运行的代码块；
- if 语句定义条件为真时运行的代码块；

■　for 循环定义每次迭代时运行的代码块。

图 5-1 说明了控制流逻辑（如 if 语句和 for 循环）造成代码块相互嵌套的情况。代码中的指定逻辑通常有不止一种构造方法。有些形式可能造成许多代码块嵌套，而其他方法可能几乎不会造成任何嵌套。考虑代码结构对可读性的影响是很重要的。

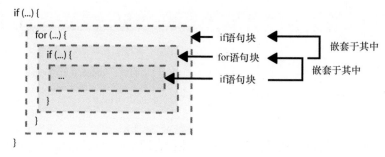

图 5-1　控制流逻辑（如 if 语句和 for 循环）可能造成代码块相互嵌套

5.5.1　嵌套很深的代码可能难以理解

程序清单 5-14 包含一些查找车主地址的代码。该代码包含多个相互嵌套的 if 语句，这造成了相当难以理解的代码，既是因为很难看懂，又是因为需要浏览所有密集的 if-else 逻辑才能弄清何时返回某些值。

程序清单 5-14　深嵌套的 if 语句

```
Address? getOwnersAddress(Vehicle vehicle) {
  if (vehicle.hasBeenScraped()) {
    return SCRAPYARD_ADDRESS;
  } else {
    Purchase? mostRecentPurchase =
        vehicle.getMostRecentPurchase();
    if (mostRecentPurchase == null) {
      return SHOWROOM_ADDRESS;
    } else {
      Buyer? buyer = mostRecentPurchase.getBuyer();
      if (buyer != null) {
        return buyer.getAddress();
      }
    }
  }
  return null;
}
```

if 语句嵌套于其他 if语句内部

难以弄清在哪些情况下会执行这一行

人眼不擅长跟踪每行代码的确切嵌套级别。这可能使任何一个阅读代码的人难以准确理解何时运行不同的逻辑。深嵌套代码降低了可读性，以最大限度减少嵌套的方式构造代码常常是更好的做法。

5.5.2 解决方案：改变结构，最大限度地减少嵌套

当我们有一个像程序清单 5-14 那样的函数时，往往很容易重新安排逻辑，避免相互嵌套的 if 语句。程序清单 5-15 展示了改写后没有 if 语句嵌套的函数。这段代码更容易理解，因为它更容易看懂，表达逻辑的方式也没有那么密集和费解。

程序清单 5-15 最大限度地减少嵌套的代码

```
Address? getOwnersAddress(Vehicle vehicle) {
  if (vehicle.hasBeenScraped()) {
    return SCRAPYARD_ADDRESS;
  }
  Purchase? mostRecentPurchase =
      vehicle.getMostRecentPurchase();
  if (mostRecentPurchase == null) {
    return SHOWROOM_ADDRESS;
  }
  Buyer? buyer = mostRecentPurchase.getBuyer();
  if (buyer != null) {
    return buyer.getAddress();
  }
  return null;
}
```

当嵌套逻辑的每个分支结果都是一个返回语句时，重新安排逻辑避免嵌套通常很容易。然而，当嵌套分支结果不是返回语句时，这通常说明函数做了太多的工作。5.5.3 节将研究这种情况。

5.5.3 嵌套往往是功能过多的结果

程序清单 5-16 展示了一个完成过多工作的函数，它既包含查找车主地址的逻辑，又包含使用地址触发寄信动作的逻辑。因此，应用 5.5.2 节介绍的修复方法并不能解决问题，因为提前从函数中返回显然意味着信没有寄出。

程序清单 5-16 完成过多工作的函数

```
SentConfirmation? sendOwnerALetter(
    Vehicle vehicle, Letter letter) {
  Address? ownersAddress = null;              ◁———  保存地址查找结果的
  if (vehicle.hasBeenScraped()) {                    可变变量
    ownersAddress = SCRAPYARD_ADDRESS;
  } else {
    Purchase? mostRecentPurchase =
        vehicle.getMostRecentPurchase();
    if (mostRecentPurchase == null) {
      ownersAddress = SHOWROOM_ADDRESS;       ◁———  嵌套在其他 if 语句中的
    } else {                                         if 语句
      Buyer? buyer = mostRecentPurchase.getBuyer();
      if (buyer != null) {                    ◁———
```

```
            ownersAddress = buyer.getAddress();
        }
    }
}
if (ownersAddress == null) {
    return null;                                使用地址的
}                                               逻辑
return sendLetter(ownersAddress, letter);  ◁
}
```

真正的问题是这个函数完成的工作太多了。它既包含查找地址的详细逻辑，又包含触发寄信动作的逻辑。我们可以将代码分解成较小的函数，以解决这个问题。5.5.4 节将说明。

5.5.4　解决方案：将代码分解为更小的函数

改进 5.5.3 节代码的方法是将查找车主地址的逻辑分解为一个不同的函数。然后，我们很容易应用前面内容中消除 if 语句嵌套的方法来完成修复。程序清单 5-17 展示了处理后的代码。

程序清单 5-17　较小的函数

```
SentConfirmation? sendOwnerALetter(
    Vehicle vehicle, Letter letter) {
  Address? ownersAddress = getOwnersAddress(vehicle);
  if (ownersAddress != null) {
    return sendLetter(ownersAddress, letter);
  }
  return null;
}

Address? getOwnersAddress(Vehicle vehicle) {     ◁   在单独函数中完成
  if (vehicle.hasBeenScraped()) {                     车主地址查找逻辑
    return SCRAPYARD_ADDRESS;
  }
  Purchase? mostRecentPurchase = vehicle.getMostRecentPurchase();
  if (mostRecentPurchase == null) {          ◁─┐
    return SHOWROOM_ADDRESS;                    │
  }                                             消除 if 语句嵌套
  Buyer? buyer = mostRecentPurchase.getBuyer();
  if (buyer == null) {                       ◁─┘
    return null;
  }
  return buyer.getAddress();
}
```

第 2 章讨论了单一函数中完成过多工作可能造成不好的抽象层次的问题，因此，即便没有很多嵌套，分解大函数常常也是好的思路。当代码中出现许多嵌套时，分解大函数就更加重要了，因为这往往是消除嵌套的第一步。

5.6 使函数调用易于理解

如果函数命名得当，它的作用应该是显而易见的，但即便有了这样的函数，如果参数的目的和作用不明，函数调用也很可能无法理解。

注意：大量参数

随着参数数量的增加，函数调用将变得难以理解。如果函数或构造程序有大量参数，这往往预示着代码中有更为根本性的问题，例如没有定义合适的抽象层次，或者模块化程度不够。第 2 章已经讨论了抽象层次，第 8 章将详细介绍模块化。

5.6.1 参数可能难以理解

考虑如下代码片段，它包含一个发送消息的函数调用。函数调用中的参数代表什么并不清晰。我们可能会猜测 "hello" 是消息，但对于 1 或 true 参数的含义一无所知。

```
sendMessage("hello", 1, true);
```

为了了解 sendMessage() 调用中 1 和 true 参数的含义，我们不得不查看函数定义。于是，我们看到 1 代表消息优先级，true 表示消息发送可以重试：

```
void sendMessage(String message, Int priority, Boolean allowRetry) {
    ...
}
```

这给了我们关于函数调用中数值含义的答案，但我们需要从函数定义中找到它们。当函数定义位于完全不同的文件或者数百行代码之外时，这可能是一份费力的工作。如果我们必须到不同文件或许多行之外去理解指定代码的作用，那么代码的可读性就算不上好。可以改善这种情况的方法有多种。5.6.2 节 ~ 5.6.5 节将探讨一些解决方案。

5.6.2 解决方案：使用命名参数

越来越多的编程语言支持命名参数，特别是较为现代化的编程语言。在函数调用中使用命名参数时，参数将根据名称匹配，而不是参数列表中的位置。如果我们使用命名参数，则 sendMessage() 函数的调用将非常容易理解，甚至无须查看函数定义：

```
sendMessage(message: "hello", priority: 1, allowRetry: true);
```

遗憾的是，并不是所有编程语言都支持命名参数，所以这只是使用某些编程语言时的可选项。尽管如此，有时候可以使用一些方法模拟命名参数。这在使用**对象解构**的 TypeScript（以及 JavaScript 的其他形式）中相当常见。程序清单 5-18 展示了用 TypeScript 的对象解构写成的

sendMessage() 函数。该函数接受单一对象（类型为 SendMessageParams）作为参数，但这个对象立刻被解构为组成属性。函数内的代码可以直接读取这些属性。

程序清单 5-18   TypeScript 中的对象解构

```
interface SendMessageParams {        ◁———   定义函数参数
  message: string,                           类型的接口
  priority: number,
  allowRetry: boolean,
}
                                                   函数参数立即
                                                   解构为属性
async function sendMessage(
    {message, priority, allowRetry} : SendMessageParams) {   ◁———
  const outcome = await XhrWrapper.send(
      END_POINT, message, priority);     ◁———  可以直接使用解构
  if (outcome.failed() && allowRetry) {         对象中的属性
    ...
  }
}
```

下面的代码片段展示了 sendMessage() 函数的调用方法。该函数以一个对象调用，这意味着每个值与一个属性名相关。这种方法多少实现了命名参数的相同功能。

```
sendMessage({
  message: 'hello',
  priority: 1,              参数名称与每个值相关
  allowRetry: true,
});
```

使用解构对象实现命名参数相同好处的做法在 TypeScript（以及 JavaScript 的其他形式）中相对常见。虽然这只是一种变通方法，但其他工程师对此通常也很熟悉。其他编程语言也有某些模拟命名参数的方法，但如果使用其他工程师不熟悉编程语言的特征，那么造成的问题会比解决的问题更多。

5.6.3 解决方案：使用描述性类型

不管我们使用的编程语言是否支持命名参数，定义函数时使用更具描述性的类型往往都是好主意。在本节开始时的例子中（下面的代码片段会再现），sendMessage() 函数的作者使用整数代表优先级，使用布尔值代表是否允许重试。

```
void sendMessage(String message, Int priority, Boolean allowRetry) {
  ...
}
```

整数和布尔值本身的描述性不强，因为根据不同场景，它们可能意味着完全不同的事物。替代方法是在编写 sendMessage() 函数时使用描述其代表意义的类型。程序清单 5-19 展示了实现这一目标的两种不同的技术：

- **类**——消息优先级被包装在一个类中;
- **枚举**——重试策略现在使用一个包含两种选项的枚举类型,而不是布尔值。

程序清单 5-19　函数调用中的描述性类型

```
class MessagePriority {
  ...
  MessagePriority(Int priority) { ... }
  ...
}

enum RetryPolicy {
  ALLOW_RETRY,
  DISALLOW_RETRY
}

void sendMessage(
    String message,
    MessagePriority priority,
    RetryPolicy retryPolicy) {
  ...
}
```

对这个函数的调用将很容易理解,甚至不需要知道函数定义:

```
sendMessage("hello", new MessagePriority(1), RetryPolicy.ALLOW_RETRY);
```

5.6.4　有时没有很好的解决方案

有时没有特别好的办法能确保函数调用易于理解。为了说明这一点,想象一下我们需要一个表示 2D 边界框的类。我们可以编写类似于程序清单 5-20 的 BoundingBox 类。构造函数有 4个整数参数——分别表示方框各边的位置。

程序清单 5-20　BoundingBox 类

```
class BoundingBox {
  ...
  BoundingBox(Int top, Int right, Int bottom, Int left) {
    ...
  }
}
```

如果我们使用的编程语言不支持命名参数,对这个构造程序的调用就不是很容易理解。因为它包含一系列数值,每个数值代表什么没有任何提示。由于所有参数都是整数,工程师也很容易混淆其顺序。这将使事情变得一团糟,代码却仍然能编译通过。下面的代码片段展示了调用 BoundingBox 类构造函数的一个例子:

```
BoundingBox box = new BoundingBox(10, 50, 20, 5);
```

在这种情况下没有特别令人满意的解决方案。我们在此能做的事情就是调用构造函数时使用一些内嵌注释，用于解释每个参数的意义。如果我们这样做，构造程序的调用看起来是这样的：

```
BoundingBox box = new BoundingBox(
    /* top= */ 10,
    /* right= */ 50,
    /* bottom= */ 20,
    /* left= */ 5);
```

内嵌注释确实可以使构造程序调用更加容易理解。但这取决于我们在编写注释时不犯错误，其他工程师能够保持注释的更新，因此这不是一个令人满意的解决方案。不使用这些内嵌注释的另一个论据是：它们有过时的风险——过时（因而不正确）的注释可能比完全没有注释还要糟糕。

添加设值函数或者使用类似建造者模式（第 7 章介绍）的方法是替代选项，但两者都有一个缺点：允许类在缺失某些值的情况下初始化，从而使得代码容易被误用。必须用运行时检查（而不是编译时检查）确保代码正确，以避免这种情况。

5.6.5　IDE 又怎么样呢

一些集成开发环境（Integrated Development Environment，IDE）支持在后台查看函数定义。然后，它们扩增代码视图，在调用点显示函数参数名称。图 5-2 展示了这种情况。

```
实际代码
sendMessage("hello", 1, true);

代码在IDE中的显示效果
sendMessage( message: "hello"    priority: 1, allowRetry: true );
```

图 5-2　一些 IDE 扩增代码视图，使得函数调用更容易理解

这种功能在编辑代码时非常实用，但一般情况下最好不要依赖它来实现代码可读性。不能保证每位工程师都使用具有这一功能的 IDE。查看代码的其他工具（如代码库管理器工具、合并工具和代码评审工具）很可能没有这个特性。

5.7　避免使用未做解释的值

在许多情况下我们需要硬编程的值。常见例子如下：
- 数值转换中的系数；
- 可调整的参数，例如某项任务失败时的最大重试次数；
- 代表某些值填写模板的字符串。

所有硬编程值都有两个重要的信息：
- **具体值**——计算机在执行代码时必须知道这一信息；
- **值的意义**——工程师只有知道了这一信息，才能理解代码。没有这一信息，工程师将无法理解代码。

代码需要一个显而易见的值，否则代码很可能无法编译或起作用，但工程师在编写该值的时候很容易忘记向其他工程师澄清该值的实际含义。

5.7.1 未做解释的值可能令人困惑

程序清单 5-21 展示了表示车辆的一个类中的某些函数。getKineticEnergyJ() 函数根据车辆的质量和速度计算车辆的当前动能（单位为焦耳）。车辆的质量以美吨为单位，速度则以 mile/h（MPH）为单位。计算动能的公式（$\frac{1}{2}mv^2$）需要将质量转换为千克，将速度转换为 m/s，所以 getKineticEnergyJ() 包含了两个转换系数。根据代码我们不能明显看出这些系数的意义——任何不熟悉动能公式的人都可能不知道这些常数代表什么意思。

程序清单 5-21 Vehicle 类

```
class Vehicle {
  ...

  Double getMassUsTon() { ... }

  Double getSpeedMph() { ... }

  // Returns the vehicle's current kinetic energy in joules.
  Double getKineticEnergyJ() {
    return 0.5 *
      getMassUsTon() * 907.1847 *          未做解释的值，将
      Math.pow(getSpeedMph() * 0.44704, 2); 美吨转换为千克
  }                                         未做解释的值，将 mile/h
}                                           转换为 m/s
```

如果代码包含这样未做解释的值，那么代码可读性将会下降。许多工程师并不知道代码中这些值的原因，以及它们的作用。当工程师必须修改某些不理解的代码时，破坏代码的可能性就会增大。

想象一下，工程师正在修改 Vehicle 类，准备摆脱 getMassUsTon() 函数，用 getMassKg() 函数代替它返回以千克表示的质量。他们必须修改 getKineticEnergyJ() 函数内的 getMassUsTon() 函数调用，以调用这个新函数。但因为他们不理解 907.184 7 这个数值是用来将美吨转换为千克的，就可能没有意识到有必要将其删除。经过这一修改，getKineticEnergyJ() 函数将出现问题：

```
...
  // Returns the vehicle's current kinetic energy in joules.
  Double getKineticEnergyJ() {
    return 0.5 *
      getMassKg() * 907.1847 *          没有删除 907.184 7，该函数
      Math.pow(getSpeedMph() * 0.44704, 2); 将返回错误的值
  }
...
```

代码包含未做解释的值可能导致代码混乱和存在缺陷。确保**值的意义**对其他工程师显而易见至关重要。5.7.2 节和 5.7.3 节说明实现这一目标的不同手段。

5.7.2　解决方案：使用恰当命名的常量

要解释值的意义，简单方法之一是将该值保存在某个命名的常量中。在代码中不直接使用值而使用常量，这意味着依靠它的名称来解释代码。程序清单 5-22 展示了将值放在常量中的 getKineticEnergyJ() 函数及包含它的 Vehicle 类。

程序清单 5-22　恰当命名的常量

```
class Vehicle {
  private const Double KILOGRAMS_PER_US_TON = 907.1847;        ┐ 常量定义
  private const Double METERS_PER_SECOND_PER_MPH = 0.44704;    ┘
  ...

  // Returns the vehicle's current kinetic energy in joules.
  Double getKineticEnergyJ() {
    return 0.5 *
        getMassUsTon() * KILOGRAMS_PER_US_TON *                ┐ 在代码中使用常量
        Math.pow(getSpeedMph() * METERS_PER_SECOND_PER_MPH, 2); ┘
  }
}
```

现在，代码的可读性好了很多。如果工程师修改 Vehicle 类，以千克代替美吨，将质量乘以 KILOGRAMS_PER_US_TON 就不再正确了，这一事实对他们来说可能是显而易见的。

5.7.3　解决方案：使用恰当命名的函数

上述常量方法的替代之一是使用恰当命名的函数。通过函数来提高代码可读性的方法有两种：

- 返回常量的提供者函数；
- 完成转换的助手函数。

提供者函数

提供者函数在概念上几乎与使用常量一样，只是实现方法略有不同。程序清单 5-23 展示了 getKineticEnergyJ() 函数和两个提供转换系数的附加函数——kilogramsPerUsTon() 和 metersPerSecondPerMph()。

程序清单 5-23　恰当命名的提供者函数

```
class Vehicle {
  ...
  // Returns the vehicle's current kinetic energy in joules.
  Double getKineticEnergyJ() {
    return 0.5 *
        getMassUsTon() * kilogramsPerUsTon() *                  ┐ 调用提供者函数
        Math.pow(getSpeedMph() * metersPerSecondPerMph(), 2);   ┘
  }
```

```
  private static Double kilogramsPerUsTon() {
    return 907.1847;
  }

  private static Double metersPerSecondPerMph() {
    return 0.44704;
  }
}
```

提供者函数

助手函数

另一种方法是将量的转换当成由专用函数解决的子问题。在特定转换中涉及某个值这一事实是实现细节，调用者无须知道。程序清单 5-24 展示了 getKineticEnergyJ() 函数和两个解决转换子问题的附加函数——usTonsToKilograms() 和 mphToMetersPerSecond()。

程序清单 5-24　执行转换的助手函数

```
class Vehicle {
  ...
  // Returns the vehicle's current kinetic energy in joules.
  Double getKineticEnergyJ() {
    return 0.5 *
        usTonsToKilograms(getMassUsTon()) *
        Math.pow(mphToMetersPerSecond(getSpeedMph()), 2);
  }

  private static Double usTonsToKilograms(Double usTons) {
    return usTons * 907.1847;
  }

  private static Double mphToMetersPerSecond(Double mph) {
    return mph * 0.44704;
  }
}
```

调用助手函数

助手函数

如前例所示，避免代码中留有未做解释的值有 3 种好办法。一般来说，将值放在常量或函数当中需要做的额外工作不多，且能大大改善代码可读性。

最后，其他工程师是否可能想要重用我们定义的值或助手函数，也是值得考虑的因素。如果他们可能这么做，那么最好将我们定义的值或助手函数放在一个公共的工具类中，而不仅仅放在我们使用的类中。

5.8　正确使用匿名函数

匿名函数是没有名称的函数。它们通常在需要的时候于代码中内嵌定义。不同编程语言定义匿名函数的语法也各不相同。程序清单 5-25 展示了一个可以获取包含在不为空的意见中的所有反馈信息的函数。它用匿名函数调用 List.filter() 函数。为了完整起见，程序清单 5-25 还展示了 List 类上的过滤器函数。List.filter()以一个函数为参数，调用者可以在需要的时候提供一个匿名函数。

程序清单 5-25　作为参数的匿名函数

```
class List<T> {
  ...
  List<T> filter(Function<T, Boolean> retainIf) {    以函数为参数
    ...
  }
}

List<Feedback> getUsefulFeedback(List<Feedback> allFeedback) {
  return allFeedback                                 以内嵌的匿名函数
      .filter(feedback -> !feedback.getComment().isEmpty());  调用 List.filter()
}
```

大部分主流编程语言都以某种形式支持匿名函数。将匿名函数用于不言自明、规模较小的事物可以增加代码可读性，但如果将其用于不是那么明显、规模较大的事物或者可能被重用的对象，就可能造成问题。5.8.1 节 ~ 5.8.4 节将解释其中的原因。

函数式编程

匿名函数和以函数为参数都是与函数式编程常关联的技术，特别是使用 Lambda 表达式的场景。函数式编程是一种编程范式，在这种编程中，逻辑以函数调用或引用的形式表达，而不是修改状态的命令式语句。一些编程语言是"纯"函数式编程语言。本书最适用的编程语言不会被视为纯函数式编程语言。不过，大部分编程语言都加入了允许在许多场景下编写函数式风格代码的特性。

5.8.1　匿名函数适合于小的事物

我们刚刚看到的代码（在如下代码片段中重复）通过匿名函数来获取包含非空意见的反馈。这只需要一个语句，因为所要解决的问题微不足道，而且这个语句很容易理解，也很紧凑。

```
List<Feedback> getUsefulFeedback(List<Feedback> allFeedback) {
  return allFeedback                                 检查意见是否为
      .filter(feedback -> !feedback.getComment().isEmpty());  空的匿名函数
}
```

在这种情况下，一种方法是使用匿名函数，因为其中的逻辑规模很小、简单且不言自明。另一种方法是定义命名函数，以确定反馈里是否包含非空的意见。程序清单 5-26 展示了用命名函数方法的代码。由于命名函数的定义需要更多重复代码，因此一些工程师可能觉得不那么容易理解。

程序清单 5-26　以命名函数为参数

```
List<Feedback> getUsefulFeedback(List<Feedback> allFeedback) {
  return allFeedback.filter(hasNonEmptyComment);    命名函数当成参数使用
}
```

```
private Boolean hasNonEmptyComment(Feedback feedback) {    ◁——— 命名函数
  return !feedback.getComment().isEmpty();
}
```

注意

即便是像程序清单 5-26 那样简单的逻辑，从代码可重用性角度看，定义专用命名函数也仍然很实用。如果有人需要重用检查反馈是否包含非空意见的逻辑，那么将其放在命名函数中可能比使用匿名函数更好。

5.8.2 匿名函数可能导致代码难以理解

本章前面（以及前面的章节）介绍过，函数名称对于增强代码可读性很有用，因为它们提供了函数内代码功能的简洁概述。从定义来说，匿名函数没有名称，它们也就不提供这一类的概述。不管多么短小，如果匿名函数的内容不是不言自明的，代码就可能不好理解。

程序清单 5-27 展示了一个函数的代码，它以一个 16 位 ID 的列表为参数，仅返回有效的 ID。ID 的格式为一个 15 位的值与一个校验位的组合，如果 ID 不为零且校验位正确，则为有效 ID。检查校验位的逻辑放在一个匿名函数中，但从该函数的内容并不能一眼看出它是检查校验位的代码。这意味着这段代码的可读性不理想。

程序清单 5-27 不简明的匿名函数

```
List<UInt16> getValidIds(List<UInt16> ids) {
  return ids
    .filter(id -> id != 0)
    .filter(id -> countSetBits(id & 0x7FFF) % 2 ==      检查校验位的匿名函数
      ((id & 0x8000) >> 15));
}
```

和本章前面看到的一样，这是一段简短但可读性不佳的代码。这样的逻辑需要解释，因为大部分工程师不知道它的作用。而且，因为匿名函数除内部代码之外不能提供任何解释，可能不适合在此使用。

5.8.3 解决方案：用命名函数代替

任何阅读上面 getValidIds() 函数的人可能只对了解如何获取有效 ID 的概要细节感兴趣。为此，他们只需要知道 ID 有效的两个概念性原因就行了：

- 非零；
- 校验位正确。

只为了理解 ID 是否正确的高层次原因，他们不应该被迫去应付位运算等较低层次的概念。使用命名函数来抽象检查校验位的实现细节是更好的做法。

程序清单 5-28 展示了具体的方法。getValidIds() 函数现在很容易理解，任何阅读者立刻能理解它所完成的两项工作：过滤非零 ID 和校验位不正确的 ID。如果他们想要理解校验位的细节，可以查看助手函数，但只为了理解 getValidIds() 函数，他们不用被迫应付这些细节。使用命名函数的另一个好处是，检查校验位的逻辑很容易重用。

程序清单 5-28 使用命名函数

```
List<UInt16> getValidIds(List<UInt16> ids) {
  return ids
      .filter(id -> id != 0)                     用作参数的
      .filter(isParityBitCorrect);  ←─────┐     命名函数
}
private Boolean isParityBitCorrect(UInt16 id) {  ←─── 检查校验位
  ...                                                  的命名函数
}
```

正如我们在第 3 章中看到的，查看对象名称是工程师理解代码的主要手段之一。为对象命名的缺点是造成更冗长、更多重复的代码。匿名函数能很好地减少冗余和重复，但没有名称却成了一个劣势。对于不言自明的小事物，这种方法通常很好，但对于更大、更复杂的事物，为函数命名的好处通常可以弥补代码冗长的缺点。

5.8.4 大的匿名函数可能造成问题

根据个人经验，我发现工程师有些时候在**函数式**编程风格中混用内嵌的匿名函数。采用函数式编程风格有许多好处，往往使代码更容易理解、更鲁棒。从本节前面的例子可以看出，我们很容易用命名函数写出函数式编程风格的代码；采用函数式编程风格并不意味着我们必须使用内嵌的匿名函数。

第 2 章讨论了保持函数短小简洁，方便工程师阅读、理解和重用它们的重要性。有些工程师忘记了这一点，他们在编写函数式编程风格的代码时，生成大量匿名函数。这些匿名函数包含过多逻辑，有时甚至与其他匿名函数相互嵌套。如果匿名函数的长度超出两三行，那么分解这个函数并将其放入一个或多个命名函数，很有可能会加强代码的可读性。

为了说明这一点，程序清单 5-29 展示了在用户界面上显示一系列反馈的代码。buildFeedbackListItems() 函数包含了一个很大的内嵌匿名函数。这个匿名函数又包含了另一个匿名函数。许多逻辑密集地排列在一起，加上许多嵌套和缩进，使得代码很难理解。特别是，很难看出用户界面上显示的究竟是什么信息，因为这些信息分散到各处。阅读完所有代码，我们才发现用户界面上显示的是一个标题、反馈意见和一些分类，要领会到这一点并不容易。

程序清单 5-29 大的匿名函数

```
void displayFeedback(List<Feedback> allFeedback) {
  ui.getFeedbackWidget().setItems(
      buildFeedbackListItems(allFeedback));
}

private List<ListItem> buildFeedbackListItems(
```

```
      List<Feedback> allFeedback) {
  return allFeedback.map(feedback ->        ◁───── 用匿名函数调用 List.map()函数
    new ListItem(
      title: new TextBox(
        text: feedback.getTitle(),
        options: new TextOptions(weight: TextWeight.BOLD),   ◁──── 显示标题
      ),
      body: new Column(
        children: [
          new TextBox(                              显示意见
            text: feedback.getComment(),    ◁────
            border: new Border(style: BorderStyle.DASHED),
          ),
          new Row(
            children: feedback.getCategories().map(category ->
              new TextBox(
                text: category.getLabel(),
                options: new TextOptions(style: TextStyle.ITALIC),   ◁──── 显示一些分类
              ),
            ),
          ),
        ],
      ),
    )
  );
}
```

嵌套在主匿名函数的第二个匿名函数中 (对应 `children: feedback.getCategories().map(category ->` 行)

公平地讲，程序清单 5-29 展示的代码的许多问题不完全归咎于使用了匿名函数。即便将所有这些代码移到一个庞大的命名函数中也仍然是一片混乱。真正的问题在于函数完成的工作太多，而匿名函数的使用加剧了这个问题，但并不是全部原因。如果将大的匿名函数分解为较小的命名函数，代码的可读性就会好得多。

5.8.5　解决方案：将大的匿名函数分解为命名函数

程序清单 5-30 展示了将刚才看到的 buildProductListItems() 函数分解为一系列恰当命名的助手函数后的代码。这段代码较为冗长，但显然更加容易理解。重要的是，工程师现在查看 buildFeedbackItem() 函数，就立刻能明白每个反馈在用户界面中显示的信息：标题、意见和反馈适用的分类。

程序清单 5-30　较小的命名函数

```
private List<ListItem> buildFeedbackListItems(
    List<Feedback> allFeedback) {
  return allFeedback.map(buildFeedbackItem);    ◁──── 用命名函数调用 List.map()函数
}

private ListItem buildFeedbackItem(Feedback feedback) {
  return new ListItem(
    title: buildTitle(feedback.getTitle()),    ◁──── 显示标题
```

```
  body: new Column(
    children: [
      buildCommentText(feedback.getComment()),    ←———— 显示意见
      buildCategories(feedback.getCategories()),  ←———
    ],                                                   显示一些分类
  ),
);
}

private TextBox buildTitle(String title) {
  return new TextBox(
    text: title,
    options: new TextOptions(weight: TextWeight.BOLD),
  );
}

private TextBox buildCommentText(String comment) {
  return new TextBox(
    text: comment,
    border: new Border(style: BorderStyle.DASHED),
  );
}

private Row buildCategories(List<Category> categories) {
  return new Row(
    children: categories.map(buildCategory),   ←———— 用命名函数调用
  );                                                  List.map()函数
}

private TextBox buildCategory(Category category) {
  return new TextBox(
    text: category.getLabel(),
    options: new TextOptions(style: TextStyle.ITALIC),
  );
}
```

分解功能过多的大函数是改善代码可读性（以及可重用性和模块性）的极佳方法。重要的是，在编写函数式编程风格代码时不要忘记这一点：如果匿名函数变得很大、很笨重，就可能是将逻辑移到一些命名函数中的时机。

5.9　正确使用新奇的编程语言特性

每个人都喜欢新鲜的事物，工程师也不例外。许多编程语言仍在积极发展，而编程语言设计师也在不断增加令人喜爱的新特性。当这种情况发生时，工程师往往渴望利用新特性。

编程语言设计师在增加新特性之前经过了非常谨慎的思考，因此在许多情况下，新特性都可能使代码更加易于理解或者鲁棒。工程师因为这些新特性而兴奋是很好的事情，因为这增大了利用新特性改善代码的可能性。但如果你发现自己渴望使用新奇的编程语言特性，一定要保持坦诚的态度，思考这一特性是不是适合手头使用的工具。

5.9.1　新特性可能改善代码

当 Java 8 推出流（stream）时，许多工程师很兴奋，因为它提供了编写更简洁的函数式编程风格代码的一种方法。为了举例说明流对代码的改善，程序清单 5-31 展示了一些传统的 Java 代码，它们的作用是取得一个字符串列表，并过滤其中的空字符串。这段代码相当冗长（对概念上相当简单的任务来说），需要使用 for 循环并实例化新列表。

程序清单 5-31　过滤列表的传统 Java 代码

```
List<String> getNonEmptyStrings(List<String> strings) {
  List<String> nonEmptyStrings = new ArrayList<>();
  for (String str : strings) {
    if (!str.isEmpty()) {
      nonEmptyStrings.add(str);
    }
  }
  return nonEmptyStrings;
}
```

使用流可以使上述代码变得更加简洁、易于理解。程序清单 5-32 说明如何用流和过滤器实现同样的功能。

程序清单 5-32　用流过滤一个列表

```
List<String> getNonEmptyStrings(List<String> strings) {
  return strings
      .stream()
      .filter(str -> !str.isEmpty())
      .collect(toList());
}
```

上述代码似乎很好地利用了这一编程语言特性。代码变得更加易于理解和简洁。利用一种编程语言特性（而不是手工编写）也增大了代码达到最高效率、消除缺陷的可能性。当编程语言特性能改善代码时，使用它们通常是好办法（但请看 5.9.2 节和 5.9.3 节）。

5.9.2　不为人知的特性可能引起混乱

即使某种编程语言特性提供了明显的好处，但其他工程师对该特性的了解程度仍然是值得考虑的因素。这通常需要考虑我们的特定场景，以及最终维护代码的工程师。

如果我们所在的团队只维护少量 Java 代码，其他工程师都不熟悉 Java 流，那么最好避免使用这种特性。在这种情况下，与流可能造成的混乱相比，我们从使用流得到的代码改善可能相对微不足道。

一般来说，在编程语言特性能改善代码时使用它们是好主意。但如果改善不大，或者其他工程师并不熟悉该特性，避免使用可能仍是好办法。

5.9.3　使用适合于工作的工具

Java 流的用途非常广泛，可以解决许多问题。但是，这并不意味着它们一直都是解决问题的最佳手段。如果我们有一个映射，需要查找其中的值，最合理的代码可能是：

```
String value = map.get(key);
```

但是，我们也可以通过获取映射条目的流并根据键值过滤来解决这个问题。程序清单 5-33 展示了这样的代码。很明显，这不是从映射中获取一个值的好办法，它不仅比 map.get() 函数调用的可读性差，而且效率也低得多（因为它可能要循环读取映射的每个条目）。

程序清单 5-33　用流获取映射值

```
Optional<String> value = map
    .entrySet()
    .stream()
    .filter(entry -> entry.getKey().equals(key))
    .map(Entry::getValue)
    .findFirst();
```

程序清单 5-33 看起来像专为证明某个要点的极端例子，但我以前在真实的代码库中看到过与此类似的代码。

在代码中加入编程语言新特性往往有某种原因，如新特性可能带来很大的好处，但和你所编写的任何代码一样，使用一个特性是因为它是完成工作的正确工具，而不仅仅是因为新奇。

5.10　小结

- 如果代码可读性不佳、不容易理解，可能造成如下问题：
  - 其他工程师浪费时间解读它；
  - 误解导致引入缺陷；
  - 其他工程师修改时破坏代码。
- 提高代码可读性，有时候可能使其变得更为冗长、占用更多的代码行数。这往往是有价值的权衡。
- 提高代码可读性往往需要同理心——想象其他人可能觉得困惑的情况。
- 现实生活中的场景各不相同，通常有各自面临的挑战。编写易于理解的代码几乎总是需要应用常识和判断力。

第 6 章　避免意外

本章主要内容如下：

- 代码如何避免意外；
- 意外可能以何种方式导致软件存在缺陷；
- 确保代码不会造成意外的方法。

我们已经在第 2 章和第 3 章中看到，代码往往以多个层次的形式构建，高层次代码依赖低层次代码。当我们编写代码时，它们常常只是规模更大的代码库中的一部分，我们依赖其他代码，在其基础上构建自己的代码，而其他工程师也依赖我们的代码。为此，工程师必须理解代码的作用以及使用方法。

第 3 章谈到代码契约，这是一种有关其他工程师如何理解代码使用方式的思维方法。在代码契约中，名称、参数类型和返回类型等都是明确无疑的，而注释和文档更像是附属细则，往往被人们忽略。

最终，工程师将会建立使用代码的心理模型。这将基于他们在代码契约中注意到的细节、先验知识以及他们认为可能适用的常见范式。如果这种心理模型与代码的现实作用不符，很可能发生令人不快的意外。在最好的情况下，可能只是浪费了一些工程师的时间；在最坏的情况下，可能造成灾难性的后果。

避免意外往往与明确的表达有关。如果函数有时不返回任何结果，或者有需要处理的特殊情况，那么我们应该确保其他工程师知道这一点。否则，他们考虑代码作用的心理模型就有与现实不符的风险。本章探索代码可能造成意外的常见方式，以及避免此类情况的一些技术。

6.1　避免返回魔法值

魔法值是融入函数常规返回类型但具有特殊含义的值。很常见的一个例子是，函数返回−1用于代表某个值缺失（或者发生了一个错误）。

因为魔法值融入了函数的常规返回类型，所以不了解它或者不够警惕的调用者很可能误以为它是一个常规的返回值。本节说明这种情况是如何造成意外的，以及如何避免魔法值。

6.1.1　魔法值可能造成缺陷

函数返回−1用于表示某个值缺失，无疑这是你时常会碰到的一种做法。有些遗留的代码这么做，甚至一些编程语言内置功能也是如此（比如 JavaScript 数组的 indexOf() 函数调用）。

过去，返回魔法值（如−1）有一些看似合理的原因——更为明确的报错技术或者返回空值/可选值等方法不总是可用或实用的。如果我们使用一些遗留代码，或者有一些需要小心优化的代码，那么这些原因可能仍是适用的。但总的来说，返回魔法值有造成意外的风险，因此最好避免使用它们。

为了说明魔法值是如何造成缺陷的，考虑程序清单 6-1 中的代码。这段代码包含一个保存用户相关信息的类。保存在类中的信息之一是用户的年龄，可通过调用 getAge() 函数访问。getAge() 函数返回不可为空的整数，因此查看函数签名的工程师可能假设年龄信息始终存在。

程序清单 6-1　User 类和 getAge() 函数

```
class User {
    ...
    Int getAge() { ... }   ◁─┐  返回用户年龄，从不返回空值
}
```

现在，想象一位工程师需要计算关于某个服务的所有用户的一些统计数据。需要统计的数据之一是用户的平均年龄。他们编写了程序清单 6-2 中的代码来完成计算。这段代码加总所有用户的年龄，然后除以用户数。它假设 user.getAge() 函数始终返回用户的实际年龄。代码中看不出什么明显的错误，代码作者和代码评审人员可能都感到很满意。

程序清单 6-2　计算用户平均年龄

```
Double? getMeanAge(List<User> users) {
    if (users.isEmpty()) {
        return null;
    }
    Double sumOfAges = 0.0;
    for (User user in users) {                  ◁─┐  加总 user.getAge() 函数的返回值
        sumOfAges += user.getAge().toDouble();
    }
    return sumOfAges / users.size().toDouble();
}
```

在现实中，这段代码不能正常工作，常常返回不正确的平均年龄，因为并不是所有用户都提供了年龄。出现这种情况时，User.getAge() 函数返回−1。该值出现在代码的附属细则中，遗憾的是，getMeanAge() 函数的作者并不知道（隐藏在注释中的附属细则往往导致这种情况）。如果我们更仔细地观察 User 类，就会看到程序清单 6-3 中的代码。User.getAge() 函数返回−1的事实并没有明确地让调用者知晓，导致 getMeanAge() 函数的作者出现令人不快的意外。

getMeanAge()函数将返回一个看似合理但并不正确的值，因为计算平均值时可能包含了一些-1。

程序清单 6-3　更仔细地查看 User 类

```
class User {
  private final Int? age;          ◁———— 可能未提供年龄
  ...

  // Returns -1 if no age has been provided.  ◁————  附属细则（在注释中）
  Int getAge() {                                    说明 getAge()函数可能
    if (age == null) {                              返回-1
      return -1;        ◁———— 如果没有提供年龄，
    }                           则返回-1
    return age;
  }
}
```

这看起来是个令人烦恼但算不上很严重的缺陷，可是，如果不能准确地知道这段代码被调用的确切位置和方式，我们就无法确定问题。想象一下，如果一个负责向公司股东提交年报汇编统计数据的团队重用了 getMeanAge() 函数，会出现什么样的情况。报告中的用户平均年龄对公司的股价将有实质性的影响。如果报告值不准确，可能造成严重的法律后果。

另一件值得注意的事是，单元测试可能无法捕捉到这个问题。getMeanAge() 函数的作者坚定（但不正确）地认为，可以始终得到用户的年龄。他们很有可能不会编写用户年龄缺失的单元测试，因为他们根本不知道 User 类支持可选值。测试很重要，但如果我们编写的是可能造成意外的代码，就只能指望其他人提高警惕，不要掉进我们设下的陷阱。

6.1.2　解决方案：返回空值、可选值或者错误

第 3 章讨论了代码契约，它们如何包含确定无疑的内容，以及最好在附属细则中包含的内容。函数返回魔法值的问题在于，它要求调用者知道函数契约的附属细则。一些工程师不会阅读这种附属细则，或者阅读过后遗忘了。一旦发生这种情况，就会带来令人不快的意外。

如果某个值可能缺失，那么最好确保这是代码契约中确定无疑的一部分。简单方法之一是，如果我们使用的编程语言支持空值安全，则返回一个可为空类型的值；如果不支持，则返回可选值。这将确保调用者知道该值可能缺失，并以相应的方式处理。

程序清单 6-4 展示了 User 类的代码，其中 getAge() 函数经过修改，在没有提供年龄值时返回空值。空值安全机制确保调用者知道 getAge() 函数可能返回空值。如果我们使用的编程语言不支持空值安全特性，则返回 Optional<Int>也能实现相同的效果。

程序清单 6-4　getAge()被修改为返回空值

```
class User {
  private final Int? age;        ◁———— 可能未提供年龄（"?"
  ...                                  意味着年龄可为空）
```

```
Int? getAge() {
  return age;  ◄─┐
}               │         ┌──── 返回类型可为空值
}               │         如果没有提供年
                └──────── 龄，则返回空值
```

现在，不正确的 `getMeanAge()` 函数（在程序清单 6-5 中重复）会导致编译器错误，迫使编写函数的工程师意识到代码中存在潜在缺陷。为了使 `getMeanAge()` 代码正常编译，他不得不处理 `User.getAge()` 函数返回空值的情况。

程序清单 6-5　错误的代码不能编译

```
Double? getMeanAge(List<User> users) {
  if (users.isEmpty()) {
    return null;
  }
  Double sumOfAges = 0.0;                      导致编译器错误，因为 getAge() 函数
  for (User user in users) {                   可能返回空值
    sumOfAges += user.getAge().toDouble();  ◄──
  }
  return sumOfAges / users.size().toDouble();
}
```

从更有组织和产品的角度看，返回可为空的类型迫使工程师意识到，计算一组用户的平均年龄并不像他们最初想象的那么简单。他们可能将此上报给经理或产品团队，因为需求可能必须根据这一信息细化。

返回空值（或空的可选值）的缺点之一是没有传达关于该值缺失原因的明确信息：用户的年龄为空究竟是因为他们没有提供年龄值，还是因为我们的系统发生了错误？如果区分这些情况有益，我们应该考虑使用第 4 章介绍的一种报错技术。

可为空值的返回类型会给调用者带来负担吗

对这个问题的简短答案往往是"是的，会带来负担"。如果函数可能返回空值，那么调用者通常必须编写少量额外的代码来处理空值的情况。一些工程师将此当成反对返回空值或可选类型的理由，但有必要考虑可能的备选方案。如果一个值可能缺失，而函数没有以足够明显的方式告知调用者，我们的代码就有出现缺陷的危险（就像我们在计算用户平均年龄时看到的那样）。从中长期来看，处理和修复这类缺陷所需的精力和开支可能比正确处理空值的那几行额外代码要大上好几个数量级。6.2 节将讨论有时被用来代替返回空值的**空值对象模式**。但正如我们将要看到的，如果使用不当，空值对象模式可能带来很大的问题。

反对返回空值的另一个理由是会产生 NullPointerExceptions、NullReferenceExceptions 或类似异常的风险。但正如 2.1 节和附录 B 中所述，使用空值安全或可选类型通常能消除这一风险。

6.1.3　魔法值可能偶然出现

返回魔法值并不总是工程师刻意行为的结果。当工程师没有充分考虑代码可能接受的所有输入以及它们可能造成的影响时，就可能发生这样的情况。

为了阐述这一情况，程序清单 6-6 包含了查找一个整数列表中最小值的代码。函数的实现方式意味着，如果输入列表为空，它将返回魔法值（Int.MAX_VALUE）。

程序清单 6-6　获取最小值

```
Int minValue(List<Int> values) {
  Int minValue = Int.MAX_VALUE;
  for (Int value in values) {
    minValue = Math.min(value, minValue);
  }
  return minValue;    ◁────┐
}                           如果值列表为空，则返回 Int.MAX_VALUE
```

我们显然必须询问编写代码的工程师，但返回 Int.MAX_VALUE 的情况可能不是偶然的。代码的作者可能提出如下论据，说明这样做是合理的。

- 调用者应该明显地看出，获得空列表的最小值毫无意义，所以这种情况下返回什么值不重要。

- Int.MAX_VALUE 是合理的返回值，因为任何整数都不可能大于它。这意味着，如果与任何阈值进行比较，代码可能有一些合理的默认行为。

上述论据的问题在于，它们就函数如何调用、结果如何使用做出一些假设。这些假设很可能出错，从而导致意外的发生。

返回 Int.MAX_VALUE 的结果可能不是某种合理的默认行为。其中一个例子就是将其用于**极大极小值**算法的一部分。想象我们是一个游戏设计团队的成员，打算确定游戏中哪一关最简单。我们决定，对每一关求出任何玩家得到的最低分数。哪一关的最低分数最高，就视其为最容易的一关。

程序清单 6-7 展示了我们可能编写的代码。它利用了前面内容中刚刚看到的 minValue() 函数。运行代码后，它输出第 14 关是最容易的。实际上，第 14 关过于困难，以致没有人能够通过。这意味着，第 14 关没有记录任何分数，处理这一关时，以空列表调用 minValue() 函数，因此将返回 Int.MAX_VALUE。随后，这一结果使第 14 关成了具有最高的最低分数的胜者。但正如我们刚才所说，事实上，没有记录任何分数是因为它太难了，任何人都不曾过关。

程序清单 6-7　极大极小值算法

```
class GameLevel {                        如果没有分数，那么
  ...                                     返回空白列表
  List<Int> getAllScores() { ... }  ◁──┘
}
GameLevel? getEasiestLevel(List<GameLevel> levels) {
  GameLevel? easiestLevel = null;
  Int? highestMinScore = null;
  for (GameLevel level in levels) {                    如果没有分数，那么得到
    Int minScore = minValue(level.getAllScores());  ◁─ Int.MAX_VALUE
    if (highestMinScore == null || minScore > highestMinScore) {
      easiestLevel = level;
      highestMinScore = minScore;
```

```
    }
  }
  return easiestLevel;  ◁
}
```

如果这一关没有任何
分数，则返回

就其他几个方面而言，Int.MAX_VALUE 也可能带来问题。

- Int.MAX_VALUE 往往特定于所使用的编程语言。如果 minValue() 函数位于 Java 服务器中，并且响应被发送给用 JavaScript 编写的客户-服务器应用，则该值的意义就没那么明显了：Integer.MAX_VALUE（Java）与 Number.MAX_SAFE_INTEGER（JavaScript）是大不相同的数值。

- 如果函数的输出被保存到数据库中，可能给运行查询的人或者读取数据库的其他系统造成很多混淆和问题。

minValue() 函数返回空值、空的可选值或某类错误信息是更好的做法，这样调用者就可以知道该值可能不是由某些输入计算出来的。如果我们返回空值，将给调用者造成额外的负担，因为他们不得不编写处理逻辑。但这也消除了他们的另一个负担：必须在调用 minValue() 函数之前记得检查列表是否为空，否则就有代码包含缺陷的风险。程序清单 6-8 展示了对空列表返回空值的 minValue() 函数。

程序清单 6-8　对空列表返回空值

```
Int? minValue(List<Int> values) {
  if (values.isEmpty()) {
    return null;     ◁
  }
  Int minValue = Int.MAX_VALUE;
  for (Int value in values) {
    minValue = Math.min(value, minValue);
  }
  return minValue;
}
```

如果数值列表为空，
则返回空值

有时候返回魔法值是工程师有意做出的决策，但有时候也可能是偶然出现的。不管原因为何，魔法值都很可能造成意外，所以最好对它们的出现保持警惕。返回空值、可选值或使用报错技术是简单而有效的替代手段。

注意：使用合适的编程语言特性

minValue() 例子用来阐述关于返回魔法值的一般要点。如果我们需要求出一列整数中的最小值，那么很可能使用某个编程语言特性或现有工具完成这项工作。如果有这样的工具，那么使用它们可能比自己编写函数更好。

6.2　正确使用空对象模式

空对象模式是无法取得某个值时返回空值（或空的可选值）的替代方法。这种方法的思路是，不返回空值，而是返回一个导致下游逻辑以无害方式运行的有效值。最简单的形式是返回一个空字符串或一个空列表，更复杂的形式则涉及实现一整个类，其中每个成员函数要么不做任何操作，要么返回一个默认值。

第 4 章讨论错误时曾简单提及空对象模式，其中提到使用空对象模式隐藏错误发生事实往往是坏主意的原因。在错误处理之外，空对象模式可能相当有用，但如果使用不当，它可能造成令人不快的意外和难以找出的细微缺陷。

本节中的例子对比了空对象模式和返回空值。如果你使用的是没有提供空值安全的编程语言，通常使用可选返回类型代替安全的空值。

6.2.1　返回空集可能改进代码

当函数返回一个集合（如列表、集合或者数组）时，集合中的值有时可能无法获取。这可能是因为它们没有被设置，或者在给定场景下不适用。处理方法之一是在发生时返回空值。

程序清单 6-9 展示了检查 HTML 元素是否被高亮选中的代码。它调用 getClassNames() 函数，并检查元素上的一组类是不是"高亮"（highlighted）类。如果该元素没有"class"属性，则 getClassNames() 函数返回空值。这意味着 isElementHighlighted() 函数在使用类名集合之前，必须检查它是否为空。

程序清单 6-9　返回空值

```
Set<String>? getClassNames(HtmlElement element) {
  String? attribute = element.getAttribute("class");
  if (attribute == null) {
    return null;                        ← 如果元素上没有"class"属性，
  }                                        则返回空值
  return new Set(attribute.split(" "));
}
...

Boolean isElementHighlighted(HtmlElement element) {
  Set<String>? classNames = getClassNames(element);
  if (classNames == null) {
    return false;                       使用 classNames 之前，必须检查
  }                                     其是否为空
  return classNames.contains("highlighted");
}
```

有人可能认为，getClassNames() 函数返回可为空值的类型有一个好处：可以区分"class"属性未设置（返回空值）和明确设置为"无"（返回空集）这两种情况。但这是一个细微的区别，大部分情况下，引起的混乱可能超过益处。getClassNames() 函数提供的抽象层次应该以隐藏这些关于元素属性的实现细节为目标。

返回可为空值的类型，还迫使每个 getClassNames() 函数调用者在使用返回值之前先检查它是否为空。这使得代码更加凌乱，益处却不多，因为调用者不太可能关心"class"属性未设

置和设置为空集之间的区别。

这是空对象模式可能改进代码的场合之一。如果元素没有 "class" 属性，getClassNames()
函数可以返回一个空集。这意味着，调用者永远不用处理空值。程序清单 6-10 展示了使用空对
象模式返回空集的代码。现在，isElementHighlighted()函数明显更简洁了。

程序清单 6-10　返回空集

```
Set<String> getClassNames(HtmlElement element) {
  String? attribute = element.getAttribute("class");
  if (attribute == null) {
    return new Set();                    ←─── 如果元素没有 "class" 属性，
  }                                            则返回空集
  return new Set(attribute.split(" "));
}
...

Boolean isElementHighlighted(HtmlElement element) {
  return getClassNames(element).contains("highlighted");  ←── 没有必要检查空值
}
```

这是使用空对象模式改善代码质量的一个例子。它简化调用者的逻辑，造成意外情况的可能性
也很小。但在较为复杂的情况下，空对象模式造成严重意外的风险就开始超过其好处了。6.2.1 节 ~
6.2.4 节将解释其中的原因。

注意：空指针异常

使用空对象模式的一个较为老套的理由是，最大限度地降低造成 NullPointerExceptions、
NullReferenceExceptions 等异常的可能性。如果使用不具备安全空值的编程语言，返回空值
总会有风险，因为调用者可能不会在使用一个值之前费心地检查空值。只要我们使用空值安全或可
选类型（如果没有空值安全机制），这一论点就是过时的。但如果我们要查看使用不安全空值的遗
留代码，该论点在一定程度上还是适用的。

6.2.2　返回空字符串有时可能造成问题

6.2.1 节说明了返回一个空集代替空值可以改善代码质量。一些工程师倡导，这种方法也适
用于字符串，应该返回空字符串代替空值。这种做法是否恰当取决于字符串的使用方式。在某些
情况下，字符串不过是字符的集合，此时返回空字符串代替空值可能很合理。当字符串的含义超
出这一范围时，空字符串就显得不那么合适了。为了说明这一点，考虑如下几种场景。

作为字符集合的字符串

当字符串只是字符集合，并且对代码没有内在意义时，在字符串缺失时使用空对象模式通常
是合适的。对字符串来说，这意味着值不存在时返回一个空字符串而不是空值。当字符串没有内
在意义时，空值与空字符串之间的区别对任何调用者都不太重要。

　　程序清单 6-11 说明了这一点。这段代码包含一个可以访问用户提供反馈时输入的任何形式的意见的函数。用户没有输入任何意见和他们明确地输入一个空字符串之间，不太可能有什么实际区别。因此，该函数在用户没有提供意见时返回一个空字符串。

程序清单6-11　返回空字符串

```
class UserFeedback {
  private String? additionalComments;
  ...

  String getAdditionalComments() {
    if (additionalComments == null) {          如果没有输入意见，则返回
      return "";                               一个空字符串
    }
    return additionalComments;
  }
}
```

作为 ID 的字符串

　　字符串并不总是一个字符集合，往往有着以某种方式对代码起重要作用的特定意义。常见的例子是用作 ID 的字符串。在这种情况下，了解字符串是否缺失往往很重要，因为这会影响需要运行的逻辑。因此，有必要确保函数调用者明确地知道字符串可能缺失。

　　为了说明这一点，程序清单 6-12 展示了一个代表付款的类。它包含一个可为空值的字段 cardTransactionId。如果付款涉及银行卡交易，那么这一字段将包含交易用的 ID。如果不涉及银行卡交易，那么该字段为空值。很明显，cardTransactionId 这个字符串不单单是一个字符集合，它有特定的含义，为空值时代表着某种重要事实。

程序清单6-12　对 ID 返回一个空字符串

```
class Payment {
  private final String? cardTransactionId;        cardTransactionId 可能为空值
  ...

  String getCardTransactionId() {                 函数签名没有表示 ID 可能缺失
    if (cardTransactionId == null) {
      return "";                                  如果 cardTransactionId 为空值，则返回
    }                                             一个空字符串
    return cardTransactionId;
  }
}
```

　　在这段代码中，getCardTransactionId()函数使用空对象模式，在 cardTransactionId 为空值时返回一个空字符串。这会带来麻烦，因为工程师可能认为这个字段不能为空值，并假设始终存在与银行卡交易的联系。如果使用这段代码进行一项业务，而工程师又没能正确处理付款不涉及银行卡交易的情况，那么可能最终得出不准确的会计数据。

　　如果 cardTransactionId 为空值时，getCardTransaction Id()函数返回一个空值，

那么情况将会好得多。这使得调用者清楚地知道，付款可能不涉及卡交易，从而避免意外。如果这么做，那么代码将如程序清单 6-13 所示。

程序清单 6-13　对某个 ID 返回空值

```
class Payment {
  private final String? cardTransactionId;
  ...

  String? getCardTransactionId() {        ←    函数签名清楚表明
    return cardTransactionId;                   ID 可能缺失
  }
}
```

6.2.3　较复杂的空对象可能造成意外

想象一下，你打算购买一部新的智能手机。你去了电子器材商店，告诉店员想要购买的型号。他们卖给你一个密封的盒子，看起来那里面装的应该是一部精巧的新手机。你回到家拆开包装，打开盒子，却发现里面什么也没有。这既令人感到意外，又十分气恼，结合你购买新手机的原因，这甚至可能有更严重的后果：你现在可能错过一个重要的工作电话或者朋友的一条信息。

在这个场景中，商店已将你想要的手机售罄，但店员没有告知实情并让你去另一家商店或者选择另一个型号，而是悄悄地将一只空盒子卖给你。如果我们没有谨慎对待空对象模式的使用方法，就很容易出现类似的情况。本质上，我们卖给函数调用者的就是一只空盒子。如果他们有可能因为收到一只空盒子而感到意外或气恼，那么最好避免使用空对象模式。

较为复杂的空对象模式可能涉及构建包含一些无害值的整个类。程序清单 6-14 包含两个类：一个代表咖啡杯，另一个代表咖啡杯的库存。CoffeeMugInventory 类中有一个函数，用于从库存中获取一个随机的咖啡杯。如果库存中没有咖啡杯，那么显然不可能得到随机的杯子。发生这种情况时，getRandomMug() 函数构造并返回一个尺寸为 0 的咖啡杯，而不是返回空值。这是空对象模式的又一个例子，但在这个场合下，它很可能给调用者造成意外。任何调用 getRandomMug() 函数并收到一个看起来像咖啡杯的东西的人，都会认为他们从库存中得到一个有效的咖啡杯，而实际上并没有。

程序清单 6-14　令人意外的空对象

```
class CoffeeMug {        ←    CoffeeMug 类
  ...
  CoffeeMug(Double diameter, Double height) { ... }

  Double getDiameter() { ... }
  Double getHeight() { ... }
}

class CoffeeMugInventory {
  private final List<CoffeeMug> mugs;
```

```
...
CoffeeMug getRandomMug() {
  if (mugs.isEmpty()) {
    return new CoffeeMug(diameter: 0.0, height: 0.0); <────── 没有可用的咖啡杯时,构造并
  }                                                            返回一个尺寸为 0 的杯子
  return mugs[Math.randomInt(0, mugs.size())];
}
```

对某些调用者来说,得到尺寸为 0 的咖啡杯可能满足他们的需要,使得他们省去检查空值的麻烦,但对其他调用者来说,这可能导致悄悄发生的严重缺陷。想象一下,如果一家咨询公司获得了一大笔钱来准备制作一份关于咖啡杯尺寸分布的报告,并使用了这段代码。因为所有尺寸为 0 的咖啡杯出现在数据集中且没有引起注意,所以他们报告的情况可能存在严重错误。

毫无疑问,程序清单 6-14 中代码作者的意图是好的。代码作者试图让 getRandomMug() 函数的调用者更轻松一些,不强迫调用者处理空值。遗憾的是,这造成可能引起意外的情况,因为函数调用者得到一个虚假的印象:他们总能得到一个有效的 CoffeeMug。

当没有咖啡杯可供选择时,getRandomMug() 函数简单地返回空值或许更好。这样,代码契约明确无疑地规定,该函数可能不会返回有效的咖啡杯,不给这种情况下的意外留下任何余地。程序清单 6-15 展示了返回空值的 getRandomMug() 函数。

程序清单 6-15 返回空值

```
CoffeeMug? getRandomMug(List<CoffeeMug> mugs) {
  if (mugs.isEmpty()) {
    return null;                                    <────── 如果无法获取随机的咖啡杯,
  }                                                          则返回空值
  return mugs[Math.randomInt(0, mugs.size())];
}
```

6.2.4 空对象实现可能造成意外

有些工程师更进一步,定义接口或类的空对象实现。这样做的动机之一可能是,接口或类中的某些函数不仅返回值,而且可能**完成某些操作**。

程序清单 6-16 有一个代表咖啡杯的接口以及两个实现:CoffeeMugImpl 和 NullCoffeeMug。后者是 CoffeeMug 的空对象实现。它实现 CoffeeMug 接口的所有函数,但在 getDiameter() 函数或 getHeight() 函数被调用时返回 0。在这个例子中,CoffeeMug 类还有一个完成某些操作的函数——reportMugBroken()。这个函数用于更新咖啡杯破损的记录。如果调用这个函数,NullCoffeeMug 实现不进行任何操作。

程序清单 6-16 空对象实现

```
interface CoffeeMug {         <────── CoffeeMug 接口
  Double getDiameter();
  Double getHeight();
```

```
    void reportMugBroken();
}                                                    ← CoffeeMug 的
                                                       常规实现
class CoffeeMugImpl implements CoffeeMug {  ←
    ...
    override Double getDiameter() { return diameter; }
    override Double getHeight() { return height; }
    override void reportMugBroken() { ... }          ← CoffeeMug 的
}                                                      空对象实现
class NullCoffeeMug implements CoffeeMug {  ←
    override Double getDiameter() { return 0.0; }      有返回值的函数返回 0
    override Double getHeight() { return 0.0; }
    override void reportMugBroken() {  ←
        // Do nothing                                  应该完成操作的
    }                                                  函数什么也不做
}
```

程序清单 6-17 展示了在没有咖啡杯时返回 NullCoffeeMug 的 getRandomMug() 函数(我们前面已经见过)。这个函数实现的功能与前面的例子(构造和返回一个尺寸为 0 的咖啡杯)基本相同。它遇到的问题与前面的例子也相同,仍然很容易造成意外。

程序清单 6-17　返回 NullCoffeeMug

```
CoffeeMug getRandomMug(List<CoffeeMug> mugs) {      如果无法随机获取咖啡杯,
    if (mugs.isEmpty()) {                            则返回 NullCoffeeMug
        return new NullCoffeeMug();  ←
    }
    return mugs[Math.randomInt(0, mugs.size())];
}
```

返回 NullCoffeeMug 的做法有一个小小的改进:调用者现在可以检查返回值是不是 NullCoffeeMug 的实例,从而检查得到的是不是空对象。不过,这并没有很大的改善,因为调用者完全不清楚自己需要做这种检查。即便调用者知道这一点,要求他们检查某个值是不是 NullCoffeeMug 的实例,这也是一种笨拙的做法,可能比只检查空值(这种范式更常见、更不容易引起意外)还要糟糕。

空对象模式可能以多种形式出现。当我们使用或者遇到它时,应该有意识地认识它,并考虑它是否真的合适,是否可能造成意外。空值安全和可选类型越来越受欢迎,明确地表示某个值缺失也变得更加方便、安全。因此,使用空对象模式的许多原始论据现在已经不那么有说服力了。

6.3　避免造成意料之外的副作用

副作用指的是函数被调用时改变外部环境的任何状态。如果函数除返回值之外还有任何效果,它就具有副作用。

常见的 4 种副作用如下:

- 向用户显示输出;
- 将某些内容保存到文件或数据库中;

- 调用另一个系统,产生一些网络流量;
- 更新缓存或使之失效。

副作用是软件编写工作的必然组成部分。没有任何副作用的软件很可能毫无用处:在某个时间,它必须向用户、数据库或另一个系统输出某些东西。这意味着至少有一部分代码需要有副作用。如果副作用符合预期,而且是代码调用者所需要的,那么没有任何问题;如果副作用不在预期内,就可能造成意外并导致程序存在缺陷。

避免发生意外副作用的方法之一是从一开始就不产生副作用。本节和 6.4 节的例子将讨论这种方法。但是,使类不可变也是最大限度地减少潜在副作用的极佳方法,这将在第 7 章中讨论。对于副作用是预期功能的一部分或者无法避免的情况,重要的是确保调用者知晓。

6.3.1 明显、有意的副作用没有问题

如前所述,代码中的某个位置往往需要包含副作用。程序清单 6-18 展示了一个管理用户显示的类。displayErrorMessage() 函数产生一个副作用:它更新向用户显示的画布。但考虑到类名为 UserDisplay,函数名为 displayErrorMessage(),造成这一副作用完全是显而易见的,没有任何意外。

程序清单 6-18 预期中的副作用

```
class UserDisplay {
  private final Canvas canvas;
  ...
                                              副作用:更新画布
  void displayErrorMessage(String message) {
    canvas.drawText(message, Color.RED);    ◄─────
  }
}
```

displayErrorMessage() 函数是产生明显、有意的副作用的一个例子。以错误信息更新画布正是调用者想要的功能,也是他们期望发生的情况。相反,如果函数的副作用是调用者不一定期望或想要的,就可能带来问题。6.3.2 节将讨论这种情况。

6.3.2 意料之外的副作用可能造成问题

当函数的目的是获取或读入一个值时,其他工程师通常假设该函数不会产生副作用。程序清单 6-19 展示了获取用户显示中特定像素颜色的函数。这看起来是那种相对直观、不会产生任何副作用的代码。遗憾的是,情况并非如此,在读取像素颜色之前,getPixel() 函数造成画布上的重绘事件。这是一个副作用,对不熟悉 getPixel() 函数实现的人来说,可能是意料之外的。

程序清单 6-19 意外的副作用

```
class UserDisplay {
  private final Canvas canvas;
```

```
...
Color getPixel(Int x, Int y) {           ← 触发重绘事件是
  canvas.redraw();                           一个副作用
  PixelData data = canvas.getPixel(x, y);
  return new Color(
      data.getRed(),
      data.getGreen(),
      data.getBlue());
}
}
```

这种意料之外的副作用可能在几个方面上造成问题。接下来将讨论其中的一些情况。

副作用可能造成很大的代价

调用 canvas.redraw() 函数可能是代价很高的操作，也可能导致用户显示闪烁。调用 getPixel() 函数的工程师可能没有预料到这是个代价很高的操作或者会造成用户可见的问题：getPixel() 函数的名称并没有透露这方面的情况。但如果这一操作代价很高且可能造成闪烁，它就可能造成一些相当令人不快的情况，大部分用户将把这些情况解读为可怕的程序缺陷。

想象一下，如果这个应用程序中增加了一个允许用户截取屏幕图像的功能。程序清单 6-20 展示了这一功能的实现。captureScreenshot() 函数调用 getPixel() 函数逐个读取像素。这导致屏幕截图中的每个像素都要调用 canvas.redraw() 函数。假设一次重绘事件要花费 10ms，用户显示区域为 400 像素×700 像素（总计 28 万像素）。截取一次屏幕图像，就造成该应用冻结并闪烁 47min。几乎每个用户都会认为应用程序已经崩溃，并很有可能重启，从而丢失未保存的工作。

程序清单 6-20　捕捉屏幕截图

```
class UserDisplay {
  private final Canvas canvas;
  ...                                      由于程序的副作用,运行需要
  Color getPixel(Int x, Int y) { ... }  ←  花费大约 10ms
  ...

  Image captureScreenshot() {
    Image image = new Image(
        canvas.getWidth(), canvas.getHeight());
    for (Int x = 0; x < image.getWidth(); ++x) {
      for (Int y = 0; y < image.getHeight(); ++y) {
        image.setPixel(x, y, getPixel(x, y));  ←
      }                                          getPixel()函数被多次调用
    }
    return image;
  }
}
```

打破调用者做出的假设

即便重绘画布的操作代价不高，captureScreenshot() 函数的名称听起来也不像是会产

生副作用，因此大部分调用它的工程师可能假设它没有副作用。事实上，这一假设是错误的，也可能造成程序缺陷。

程序清单 6-21 展示了一个捕捉一幅经过编辑的屏幕截图的函数。它删除画布上包含用户个人信息的区域，然后调用 captureScreenshot() 函数。每当用户提供反馈或提交程序缺陷报告时，该函数就用于捕捉匿名的屏幕截图。删除画布上的不同区域将清除那些像素，直到下一次调用 canvas.redraw() 函数。

程序清单 6-21　捕捉编辑后的屏幕截图

```
class UserDisplay {
  private final Canvas canvas;
  ...

  Color getPixel(Int x, Int y) { ... }        调用 canvas.redraw()函数
                                              造成副作用

  Image captureScreenshot() { ... }           通过调用 getPixel()函数间接造成副作用

  List<Box> getPrivacySensitiveAreas() { ... }    返回包含用户个人信息的
                                                   任何画布区域

  Image captureRedactedScreenshot() {
    for (Box area in getPrivacySensitiveAreas()) {
      canvas.delete(
          area.getX(), area.getY(),             删除包含用户个人信息的像素
          area.getWidth(), area.getHeight());
    }
    Image screenshot = captureScreenshot();     捕捉屏幕截图
    canvas.redraw();
    return screenshot;         有意进行的清除工作：作者认为调用
  }                            了 canvas.redraw()函数的唯一的地方
}
```

captureRedactedScreenshot() 函数的作者假设 captureScreenshot() 函数不会调用 canvas.redraw() 函数。遗憾的是，这个假设是错误的，因为 captureScreenshot() 函数调用 getPixel() 函数，而 getPixel() 函数又调用 canvas.redraw() 函数。这意味着编辑功能完全被破坏了，将在反馈报告中发送个人信息。这是对用户隐私的严重侵犯，也是一个严重的缺陷。

多线程代码中的缺陷

如果程序需要执行相对独立的多个任务，常见的实现方法是每个任务在单独的**线程**中运行。计算机将反复轮流**抢占**和**恢复**线程，在不同任务之间快速切换。这称为**多线程**。因为不同线程往往访问相同的数据，所以一个线程造成的副作用有时候会给另一个线程带来问题。

想象一下，应用程序中的另一个功能允许用户与朋友实时共享屏幕。这可能通过另一个线程实现，该线程定期捕捉屏幕截图并将其发送给朋友。如果超过一个线程同时调用 captureScreenshot() 函数，那么屏幕截图可能遭到破坏，这是因为一个线程可能在其他线程试图读取画布时对其进行重绘。图 6-1 展示了两个独立线程对 getPixel() 函数的调用可能产生的相互作用，并说明了这种情况。

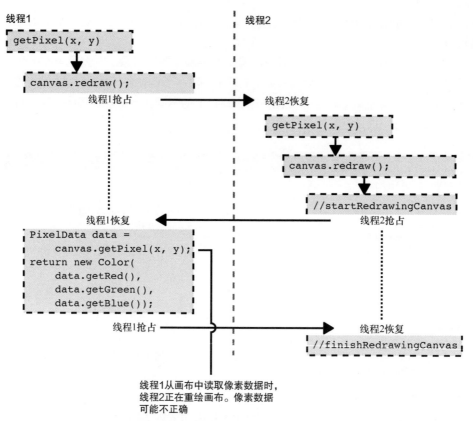

图 6-1　如果有副作用的代码运行于多线程环境，而且作者没有采取积极措施（例如使用锁）
为其实现线程安全，往往可能产生问题

　　在函数单独调用中出现多线程问题的可能性通常很小，但当一个函数被调用数千次（甚至数百万次）时，发生这种情况的概率就变得很高了。与多线程问题相关的缺陷也很难调试和测试。

　　看到名叫 captureScreenshot() 或 getPixel() 的函数，工程师不会预计到它们有破坏在另一个线程中运行的代码的副作用。编写在多线程环境中表现不佳的代码可能带来一系列特别严重的意外情况。调试并解决它们可能要浪费工程师很多时间。避免副作用或者让它们显而易见是更好的做法。

6.3.3　解决方案：避免副作用或者使其显而易见

　　我们应该提出的第一个问题是，在读取一个像素前，是否有必要调用 canvas.redraw() 函数。这可能只是一些过于谨慎的代码，尚未经过适当思考。从一开始就不产生副作用是避免造成意外的最佳方式。如果 canvas.redraw() 函数调用不是必需的，我们应该将其删除，这也就意味着问题解决了。

　　如果在读取像素前调用 canvas.redraw() 函数是必要的，那么 getPixel() 函数应该重命名，以使得这个副作用显而易见。`redrawAndGetPixel()`之类的名称更为恰当，这样该函数会导致重绘事件的副作用变得更明显。程序清单 6-22 说明了这一点。

程序清单 6-22　信息量更大的名称

```
class UserDisplay {
  private final Canvas canvas;
  ...

  Color redrawAndGetPixel(Int x, Int y) {     ←──── 函数名显而易见地
    canvas.redraw();                                 指出了副作用
    PixelData data = canvas.getPixel(x, y);
    return new Color(
        data.getRed(),
        data.getGreen(),
        data.getBlue());
  }
}
```

这是很简单的更改，凸显了恰当命名的威力。现在，工程师在调用 `redrawAndGetPixel()` 函数时将注意到该函数有一个导致重绘事件的副作用。这对解决我们在 6.3.2 节中看到的 3 个问题大有帮助。

- 重绘听起来是某种代价可能很高的操作，因此 `captureScreenshot()` 函数的作者在 **for** 循环中数千次调用 `redrawAndGetPixel()` 之前可能会再三考虑。这提醒他们，可能应该以不同的方式实现他们的函数，比如执行一次重绘，然后一次性读取所有像素。
- 如果 `captureScreenshot()` 函数的作者也改变函数的名称，使这个副作用变得显而易见，那么名称可能类似于 `redrawAndCaptureScreenshot()`。现在，工程师不太容易做出错误的假设，认为这个函数不会导致发生重绘事件，因为函数名称与这一假设直接冲突。
- 如果一个函数的名称是 `redrawAndCaptureScreenshot()`，那么实现屏幕共享功能的工程师就会立刻意识到在多线程环境中调用它的危险性。他们显然必须做些工作（例如使用锁）以使其变得安全，但这比忽略事实、导致严重的意外情况要好得多。

大部分获取信息的函数不会造成副作用，所以工程师的自然思维模式是假设这样的情况不会发生。因此，如果一个函数会造成副作用，那么作者有义务使这一事实对任何调用者都显而易见。从一开始就不造成副作用是避免意外的最佳途径，但这并不总是可行的。当副作用无法避免时，恰当的命名是使其显而易见的有效手段。

6.4　谨防输入参数突变

6.3 节讨论了意外的副作用造成的问题。本节将讨论一种特殊的副作用——函数输入参数突变。这可能是特别常见的意外和程序缺陷来源，因此值得专门用一节内容来说明。

6.4.1　输入参数突变可能导致程序缺陷

如果你把一本书借给一位朋友，他还回来的时候，其中有几页被撕掉了，空白的地方涂满了笔记，你可能会相当生气。你或许想要读这本书，或者借给其他朋友，当你最终发现这本书遭到肆意损坏时，肯定会大吃一惊。撕毁书页、在空白处乱涂乱画的人可能是一个坏朋友。

将对象作为输入传递给另一个函数，有点像借书给朋友。该对象中有其他函数需要的一些信息，但很有可能在函数调用之后，其他地方仍然需要该对象。如果函数修改了输入参数，就真的有像撕毁书页和在空白处乱涂乱画一样的风险。调用者将对象传递给函数时，通常是基于该对象是"出借"的这一理解。如果函数在过程中破坏了对象，那么它像一个"坏朋友"。修改（或突变）输入参数是副作用的另一个例子，因为函数影响了外界的事物。函数通过参数取得（或借用）输入，并通过返回值提供结果。因此，对大部分工程师来说，输入参数突变是预期之外的副作用，可能造成意外。

程序清单 6-23 说明输入参数突变是如何造成意外和程序缺陷的。这个程序清单展示了一些处理公司在线服务销售订单的代码。该公司向新用户提供免费试用。processOrders() 函数完成两项工作：首先发送应收款发票，然后为每个用户启用订购的服务。

程序清单 6-23　输入参数突变

```
List<Invoice> getBillableInvoices(
    Map<User, Invoice> userInvoices,
    Set<User> usersWithFreeTrial) {
  userInvoices.removeAll(usersWithFreeTrial);      ← 通过删除所有免费试用用
  return userInvoices.values();                        户的条目改变 userInvoices
}

void processOrders(OrderBatch orderBatch) {
  Map<User, Invoice> userInvoices =
      orderBatch.getUserInvoices();
  Set<User> usersWithFreeTrial =
      orderBatch.getFreeTrialUsers();              getBillableInvoices()函数出人意
                                                    料地改变了 userInvoices
  sendInvoices(
      getBillableInvoices(userInvoices, usersWithFreeTrial));   ←
  enableOrderedServices(userInvoices);          ←  将不会为免费试用
}                                                    用户启用服务
void enableOrderedServices(Map<User, Invoice> userInvoices) {
  ...
}
```

getBillableInvoices() 函数确定哪些发票是应收款发票。如果用户没有免费试用，发票就是应收款的。遗憾的是，在求取这个结果时，getBillableInvoices() 函数通过删除免费试用用户的所有条目改变了它的输入参数（userInvoices 映射）。这导致代码中的一个缺陷，因为之后 processOrders() 函数重用 userInvoices 映射来启用用户订购的服务。这意味着不会为免费试用的用户启用任何服务。

这个程序缺陷的来源是 getBillableInvoices() 函数改变了用户发票映射（有点像"坏

朋友"撕掉借阅书籍上的几页）。如果更改这个函数，使其不修改输入参数，结果会好得多。

6.4.2 解决方案：在突变之前复制

如果包含在一个输入参数内的一组值确实需要改变，最好的办法往往是在执行任何突变之前将其复制到新的数据结构中。这可以避免改变原始对象。程序清单 6-24 展示了完成这一工作的 `getBillableInvoices()` 函数。

程序清单 6-24　不改变输入参数

```
List<Invoice> getBillableInvoices(
    Map<User, Invoice> userInvoices,
    Set<User> usersWithFreeTrial) {
  return userInvoices                          ←  取得 userInvoices 映射中
      .entries()                                   所有键-值对的列表
      .filter(entry ->
          !usersWithFreeTrial.contains(entry.getKey()))  ←  filter()函数将匹配条件的值复
      .map(entry -> entry.getValue());                      制到一个新列表中
}
```

复制值可能影响代码性能（内存占用、CPU 占用或者两者兼有）。但与输入参数可能造成的意外和程序缺陷相比，这往往算是两害相权取其轻了。不过，如果一段代码可能处理大量数据，或者运行在低端硬件上，输入参数突变就成了必然的后果。常见的例子是列表或者数组的排序。值的数量可能相当大，直接对其进行排序比创建一个副本要高效得多。如果我们确实因为这样的性能问题而必须改变输入参数，那么最好确定函数名称（以及任何文档）清楚地说明将会发生的情况。

> **注意：参数突变有时很常见**
>
> 在某些编程语言和代码库中，函数参数突变可能很常见。在 C++中，许多代码利用了输出参数的概念，因为过去以高效、安全的方式从函数中返回与类相似的对象很困难。现在，C++具备了一些新特性（如移动语义），使输出参数在代码中不那么常见了。需要注意的是，在某些编程语言中，参数突变出现的情况预计多于其他编程语言。

> **注意：保持戒备**
>
> 本节讨论了确保我们编写的代码表现得当，不"肆意破坏"属于其他代码的对象。反过来，我们也要保护代码中的对象免遭其他代码的破坏。第 7 章将讨论不可变对象，这可能是实现上述目标的有效手段。

6.5　避免编写误导性的函数

当工程师遇到调用函数的代码时，他们将依据自己所见形成对所发生情况的想法。浏览代码时，工程师主要注意的往往是代码契约中明确无疑的部分（如名称）。

我们在本章中已经看到，如果代码契约中明确无疑的部分缺失了一些东西，就可能造成意外。但是，如果代码契约中明确无疑的部分主动误导读者，就更糟糕了。看到名为 `displayLegalDisclaimer()`

的函数，我们会假设调用该函数将显示合法免责声明。如果情况并非总是如此，就很容易造成令人吃惊的行为和程序缺陷。

6.5.1　在关键输入缺失时什么都不做可能造成意外

如果调用函数时允许缺失一个参数，而且函数在该参数缺失时不做任何事，那么它的作用具有误导性。调用者可能不知道调用该函数时不提供该参数有何意义，阅读代码的任何人都可能误以为函数调用总会做点什么。

程序清单 6-25 展示了在用户显示中展示合法免责声明的代码。displayLegalDisclaimer() 函数以法律文本为参数，并以覆盖形式显示。legalText 参数可以为空值，当它为空时，displayLegalDisclaimer() 函数返回，不向用户显示任何内容。

程序清单 6-25　可为空值的关键参数

```
class UserDisplay {
  private final LocalizedMessages messages;
  ...

  void displayLegalDisclaimer(String? legalText) {      ◄──── legalText 参数可以为空值
    if (legalText == null) {
      return;                        当 legalText 参数为空，函数返回，
    }                                不显示任何内容
    displayOverlay(
        title: messages.getLegalDisclaimerTitle(),
        message: legalText,
        textColor: Color.RED);
  }
}

class LocalizedMessages {      ◄──── 包含翻译为用户当地语言的消息
  ...
  String getLegalDisclaimerTitle();
  ...
}
```

为何接受空值，然后又不做任何处理

你可能觉得疑惑，为何会有人写出像程序清单 6-25 那样的函数。答案是，工程师有时候这样做是为了避免调用者在调用函数之前必须检查空值（如下面的代码片段所示）。他们的用意——努力地减轻调用者的负担——是好的，但遗憾的是，这可能造成具有误导性和令人吃惊行为的代码。

```
  ...
  String? message = getMessage();              如果 displayLegalDisclaimer()函数不接受空值，
  if (message != null) {                       那么调用者必须进行空值检查
    userDisplay.displayLegalDisclaimer(message);
  }
  ...
```

为了理解这样的代码为何可能造成意外，有必要考虑调用 displayLegalDisclaimer()

函数时的代码是什么样子。想象一下，一家公司正在为某服务实现一个用户注册流程。为此开发的代码必须满足以下非常重要的需求：

■ 在用户注册之前，该公司有以用户的当地语言向其展示合法免责声明的义务；

■ 如果合法免责声明无法以用户当地的语言显示，则注册过程应该终止，继续注册可能违反法律。

我们很快就会看到完整的实现，但首先我们专注于确保上述需求得到满足的函数——`ensureLegalCompliance()`（见下面的代码片段）。阅读这段代码的工程师很可能得出结论：合法免责声明总是会显示。这是因为 `userDisplay.displayLegalDisclaimer()` 函数总是被调用，代码契约中明确无疑的部分并没有说明，但在某些情况下，它什么都不做。

```
void ensureLegalCompliance() {
  userDisplay.displayLegalDisclaimer(
      messages.getSignupDisclaimer());
}
```

与大部分阅读这段代码的工程师不同，我们恰好熟悉 `userDisplay.DisplayLegal Disclaimer()` 函数的实现细节（在程序清单 6-25 中），因此，我们知道如果以空值调用它，它不完成任何操作。程序清单 6-26 展示了注册流程逻辑的完整实现。现在，我们可以看到 `messages. getSignupDisclaimer()` 函数有时可能返回空值。这意味着 `ensureLegalCompliance()` 函数实际上并不总是确保满足所有法律要求。使用这段代码的公司可能违法。

程序清单 6-26　误导性代码

```
class SignupFlow {
  private final UserDisplay userDisplay;
  private final LocalizedMessages messages;
  ...

  void ensureLegalCompliance() {
    userDisplay.displayLegalDisclaimer(          代码似乎总是显示合法免责声明，实际上并没有
        messages.getSignupDisclaimer());
  }
}

class LocalizedMessages {
  ...
  // Returns null if no translation is available in the
  // user's language, because using a default language
  // for specific legal text may not be compliant.
  String? getSignupDisclaimer() { ... }    ◄──  如果用户语言的翻译版本
  ...                                           不可用，则返回空值
}
```

在这里的问题中，`UserDisplay.displayLegalDisclaimer()` 函数占了很大一部分，它接受一个可为空值的参数，并在参数为空值时不做任何处理。阅读这段称作 `displayLegalDisclaimer()` 函数的代码时，人们都会想："哦，太棒了，合法免责声明绝对会显示。"事实上，他们必须知道，

以非空的参数调用时，情况才是如此。6.5.2 节将解释如何避免这样的潜在意外情况。

6.5.2 解决方案：将关键输入变成必要的输入

允许关键参数为空意味着调用者在调用前不必检查空值。这可以使调用者的代码更简洁，但很遗憾，它也可能使调用者的代码具有误导性。这通常不是一个好的折中方法：调用者的代码略短一些，但在这一过程中可能带来潜在的混淆和程序缺陷。

如果没有了某个参数，函数不能完成声称的功能，那么这个参数是关键参数。如果我们有这样的参数，使其成为必要参数往往更安全。这样，如果该值不存在，就不可能调用函数。

程序清单 6-27 展示了修改后的 displayLegalDisclaimer() 函数，它只接受非空参数。现在，调用 displayLegalDisclaimer() 函数保证显示合法免责声明。displayLegalDisclaimer() 函数的任何调用者都将面对这样的事实：如果没有任何法律文本，就无法显示合法免责声明。

程序清单 6-27　必要的关键参数

```
class UserDisplay {
  private final LocalizedMessages messages;
  ...

  void displayLegalDisclaimer(String legalText) {        ←  legalText 参数不能
    displayOverlay(                                           为空
        title: messages.getLegalDisclaimerTitle(),
        message: legalText,                                ←  始终显示合法免责声明
        textColor: Color.RED);
  }
}
```

现在，ensureLegalCompliance() 函数代码中的误导性已经大大降低。代码的作者将意识到，他们必须处理没有翻译文本的情况。程序清单 6-28 展示了现在的 ensureLegalCompliance() 函数代码。它不得不检查本地化法律文本是否可用，如果不可用，则表明不能通过返回假值来确保合规性。该函数还加上了 @CheckReturnValue 注释，确保不会忽略返回值（第 4 章已介绍过）。

程序清单 6-28　清晰的代码

```
class SignupFlow {
  private final UserDisplay userDisplay;
  private final LocalizedMessages messages;
  ...

  // Returns false if compliance could not be ensured
  // meaning that signup should be abandoned. Returns true
  // if compliance has been ensured.                          确保不会忽略返回值
  @CheckReturnValue
  Boolean ensureLegalCompliance() {                        ←  返回一个布尔值，表示
    String? signupDisclaimer = messages.getSignupDisclaimer();   能否确保合规
    if (signupDisclaimer == null) {
      return false;          ←  如果不能确保合规，返回假值
```

```
    }
    userDisplay.displayLegalDisclaimer(signupDisclaimer);  ◁─────┐
    return true;                                    调用 displayLegalDisclaimer()函数总
  }                                                 是会显示合法免责声明
}
```

第 5 章谈到不要执着于代码行数而牺牲代码质量等其他特征的重要性。将 if-null 语句转移到调用者，可能增加代码行数（特别是调用者众多的时候），但也降低了代码被错误理解或出现某些意外的可能性。修复某些意外代码导致的哪怕一个错误，所花费的时间和精力也可能比阅读几条额外的 if-null 语句多出几个数量级。代码清晰和明确的好处往往远超几行额外代码的代价。

6.6　永不过时的枚举处理

到目前为止，本章中的例子专注于确保代码调用者不会遇到意外的操作或返回值，换言之，确保依赖于这些代码的其他代码正确、没有缺陷。但是，如果我们对所依赖的代码做不可靠的假设，也可能出现意外。本节将介绍这方面的例子。

枚举类型在软件工程师中引发了一些争论。有些人认为这种类型很好，是提供类型安全、避免函数或系统无效输入的简单手段。其他人则认为，它们破坏了清晰的抽象层次，因为处理具体枚举值的逻辑最终会分散到四处。后一类工程师往往认为，多态是更好的方法：将每个值的信息和行为封装在专用于该值的类中，然后让这些类全都实现一个公共接口。

不管你对枚举类型的个人观点是什么，都可能在某一时刻遇到它们，并不得不对其进行处理。这可能是因为：

- 你不得不使用其他人的代码的输出，而他们真的喜欢枚举类型（不管是什么原因）；
- 你正在使用另一个系统提供的输出。在网络数据格式中，枚举类型往往是唯一可行的选择。

当你必须处理枚举类型时，一定要记得，将来可能在枚举类型中增加更多值，这一点往往很重要。如果编写代码时忽略了这一事实，那么你可能会给自己或其他工程师造成一些严重的意外。

6.6.1　隐式处理未来的枚举值可能造成问题

有时候，工程师看着当前枚举类型的一组值会想："太棒了，我可以用一条 if 语句处理它。"这可能对当前的一组值是有效的，但如果未来加进更多值，这种方法就不够鲁棒。

为了说明这一点，我们想象一下，某公司已经开发了一个模型，用于预测采用指定商业战略将发生什么样的情况。程序清单 6-29 包含一个枚举类型的定义，它表示从模型中得出的预测。代码还包含了一个函数，以模型预测为输入，得出结果是否安全的结论。如果 isOutcomeSafe() 函数返回真，则自动化的下游系统将启动这个商业战略；否则，该商业战略将不启用。

目前，枚举类型 PredictedOutcome 只包含两个值——COMPANY_WILL_GO_BUST 和 COMPANY_WILL_MAKE_A_PROFIT。编写 isOutcomeSafe() 函数的工程师注意到，这两个结果其中一个是安全的，另一个是不安全的，因此决定用简单的 if 语句处理枚举。isOutcomeSafe() 函数明确

（显式）地处理 COMPANY_WILL_GO_BUST 的情况（不安全），并隐式处理所有其他枚举值（安全）。

程序清单 6-29　枚举值的隐式处理

```
enum PredictedOutcome {
  COMPANY_WILL_GO_BUST,              两个枚举值
  COMPANY_WILL_MAKE_A_PROFIT,
}

...                                                    COMPANY_WILL_GO_BUST
                                                       明确地作为不安全的情况处理
Boolean isOutcomeSafe(PredictedOutcome prediction) {
  if (prediction == PredictedOutcome.COMPANY_WILL_GO_BUST) {  ◄
    return false;                其他所有枚举值隐式地
  }                              作为安全的情况处理
  return true;         ◄
}
```

程序清单 6-29 中的代码在枚举值只有两个时是有效的。但如果有人引进新的枚举值，就可能出现可怕的错误。想象一下，这个模型和枚举类型现在更新了一个新的潜在结果——WORLD_WILL_END。顾名思义，这个枚举值表示，如果公司启动指定的商业战略，模型预测整个世界都要灭亡。现在，枚举类型的定义如程序清单 6-30 所示。

程序清单 6-30　新的枚举值

```
enum PredictedOutcome {
  COMPANY_WILL_GO_BUST,           表示预测世界
  COMPANY_WILL_MAKE_A_PROFIT,     末日的值
  WORLD_WILL_END,        ◄
}
```

isOutcomeSafe() 函数定义与这个枚举类型定义相隔数百行代码，甚至完全在不同的文件或包里。维护它们的可能也是全然不同的团队。因此，不能肯定地认为在 PredictedOutcome 中添加一个枚举值的工程师会意识到有必要也更新 isOutcomeSafe() 函数。

如果 isOutcomeSafe() 函数（在下面的代码片段中再次重复）没有更新，那么它将对 WORLD_WILL_END 这个预测返回真值，表示这是安全的结果。WORLD_WILL_END 显然不是安全的结果，如果下游系统启动任何具有此类预测结果的商业战略，那将是灾难性的。

```
Boolean isOutcomeSafe(PredictedOutcome prediction) {
  if (prediction == PredictedOutcome.COMPANY_WILL_GO_BUST) {
    return false;              如果预测结果为 WORLD_WILL_END,
  }                            则返回真值
  return true;     ◄
}
```

isOutcomeSafe() 函数的作者忽略了未来可能加入更多枚举值的事实。结果是，这段代码包含了一个脆弱、不可靠的假设，可能导致灾难性的后果。现实情况下不太可能造成世界末日的来临，但对一个组织来说，如果客户数据管理不善，或者做出错误的自动化决策，也仍然是很严重的事情。

6.6.2 解决方案：使用全面的 switch 语句

6.6.1 节中代码的问题在于，`isOutcomeSafe()` 函数隐式处理某些枚举值，而不是明确地加以处理。更好的方法是明确（显式）地处理所有已知枚举值，然后确保加入未处理的新枚举值时，要么代码停止编译，要么测试失败。

常见的实现方法是使用全面的 switch 语句。程序清单 6-31 展示了使用这种方法的 `isOutcomeSafe()` 函数。如果 switch 语句完成时未能匹配所有情况，则说明遇到未处理的枚举值。发生这种情况意味着有编程错误：某工程师没有更新 `isOutcomeSafe()` 函数来处理新的枚举值。这种情况通过抛出未受检异常来报告，以确保代码快速、大声失败（第 4 章讨论过）。

程序清单 6-31 全面的 switch 语句

```
enum PredictedOutcome {
  COMPANY_WILL_GO_BUST,
  COMPANY_WILL_MAKE_A_PROFIT,
}

...

Boolean isOutcomeSafe(PredictedOutcome prediction) {
  switch (prediction) {
    case COMPANY_WILL_GO_BUST:
      return false;                          ◁──┐  显式处理每个枚举值
    case COMPANY_WILL_MAKE_A_PROFIT:
      return true;                           ◁──┘
  }
  throw new UncheckedException(                     因为未处理的枚举值是编程
      "Unhandled prediction: " + prediction);  ◁── 错误，所以抛出未受检异常
}
```

这样的代码可与以各种可能的枚举值调用函数的单元测试相结合。如果任何值导致抛出异常，测试就会失败，在 `PredictedOutcome` 中添加新值的工程师将得知有必要更新 `isOutcomeSafe()` 函数。程序清单 6-32 展示了这种单元测试。

程序清单 6-32 涵盖所有枚举值的单元测试

```
testIsOutcomeSafe_allPredictedOutcomeValues() {   在枚举类型中的
  for (PredictedOutcome prediction in             每个值上循环
      PredictedOutcome.values()) {         ◁──
    isOutcomeSafe(prediction);             ◁──  如果因为未处理值而抛出
  }                                             异常，测试将失败
}
```

假设 `PredictedOutcome` 枚举定义和 `isOutcomeSafe()` 函数是同一个代码库的组成部分，而且需要充分的提交前检查，此时工程师无法在更新 `isOutcomeSafe()` 函数之前提交代码。这迫使工程师注意到问题，他们将更新该函数，显式处理 `WORLD_WILL_END` 值。程序清单 6-33

展示了更新后的代码。

程序清单 6-33   处理新的枚举值

```
Boolean isOutcomeSafe(PredictedOutcome prediction) {
  switch (prediction) {
    case COMPANY_WILL_GO_BUST:
    case WORLD_WILL_END:
      return false;
    case COMPANY_WILL_MAKE_A_PROFIT:
      return true;
  }
  throw new UncheckedException(
      "Unhandled prediction: " + prediction);
}
```

◁——— 显式处理 WORLD_WILL_END
          枚举值

更新后的代码又可以通过 testIsOutcomeSafe_allPredictedOutcomeValues() 函数测试了。如果工程师正确地完成了他们的工作，那么他们也会增加一个额外的测试用例，以确保 isOutcomeSafe() 函数对 WORLD_WILL_END 预测返回假值。

使用全面的 switch 语句，结合单元测试，可以避免严重的意外情况和代码中灾难性的潜在缺陷。

注意：编译时安全性

在某些编程语言（如 C++）中，编译器可能对没有全面处理每个枚举值的 switch 语句发出警告。如果你的团队构建设置将警告当成错误处理，那么这可能是立即识别此类错误的非常有效的手段。如果未处理值可能来自另一个系统，那么抛出异常（或以某种方式实现快速失败）仍然是明智的。这是因为其他系统可能运行包含新枚举值的新发行版本，而你目前的代码版本可能是旧的，没有包含更新的 switch 语句逻辑。

6.6.3   注意默认情况

switch 语句通常支持**默认**情况——包含任何未处理值。在处理枚举类型的 switch 语句中添加这一机制，可能导致未来的枚举值被隐式处理，造成意外和程序缺陷。

如果在 isOutcomeSafe() 函数中添加一个默认情况，就会成为程序清单 6-34 所示的样子。函数现在默认对任何新枚举值返回假值。这意味着，任何预测值没有明确处理的商业战略都被视为不安全的，不会启动。这似乎是合理的默认值，但事实未必如此。新的预测结果可能是 COMPANY_WILL_AVOID_LAWSUIT（公司将避免诉讼），在这种情况下，默认为 false 显然不合理。

使用默认情况导致新枚举值被隐式处理，正如本节前面所确认的，这可能会造成意外和程序缺陷。

程序清单 6-34   默认情况

```
Boolean isOutcomeSafe(PredictedOutcome prediction) {
  switch (prediction) {
    case COMPANY_WILL_GO_BUST:
      return false;
```

```
      case COMPANY_WILL_MAKE_A_PROFIT:
        return true;
      default:
        return false;        对任何新的枚举值默认返回假值
    }
  }
```

在默认情况下抛出错误

程序员有时会以另一种方式使用默认情况——抛出表示枚举值未处理的异常。程序清单 6-35 展示了这种情况。这段代码与程序清单 6-33 中看到的只有细微差别：throw new UncheckedException()语句出现在默认情况中，而不是在 switch 语句之外。看起来，这似乎只是无关紧要的风格选择，但在某些编程语言中，它可能以微妙的方式使得代码出错的可能性增大。

程序清单 6-35　默认情况下的异常

```
Boolean isOutcomeSafe(PredictedOutcome prediction) {
  switch (prediction) {
    case COMPANY_WILL_GO_BUST:
      return false;
    case COMPANY_WILL_MAKE_A_PROFIT:       默认情况意味着编译器始终
      return true;                         认为所有值都得到处理
    default:                          ◄──
      throw new UncheckedException(
          "Unhandled prediction: " + prediction);   默认情况下抛出异常
  }
}
```

有些编程语言（如 C++）可能在 switch 语句没有全面处理所有值时显示编译器警告，这是很有用的警告。即便我们有能够检测未处理枚举值的单元测试，编译器警告提供的另一层保护也没有任何坏处。编译器警告可能在测试失败之前就引起工程师注意，这样可以节省时间。而且测试总是有被偶然删除或关闭的风险。在 switch 语句中添加一个默认情况（如程序清单 6-35 所示），编译器现在就可以确定 switch 语句处理了所有值，即便未来枚举类型中添加新值也是如此。这意味着，编译器不会输出警告，失去了额外的保护层。

为了确保编译器仍然对未处理的枚举值输出警告，更好的做法是将 throw new UncheckedException()语句放在 switch 语句之后。我们在本节前面看到的代码（见程序清单 6-31）说明了这一点，程序清单 6-36 重现了该问题。

程序清单 6-36　switch 语句后的异常

```
Boolean isOutcomeSafe(PredictedOutcome prediction) {
  switch (prediction) {
    case COMPANY_WILL_GO_BUST:
      return false;
    case COMPANY_WILL_MAKE_A_PROFIT:
```

```
        return true;
    }
    throw new UncheckedException(
        "Unhandled prediction: " + prediction);    ◄────┐    switch 语句之后抛出异常
}
```

6.6.4　注意事项：依赖另一个项目的枚举类型

　　有时，我们的代码可能依赖不同项目或组织拥有的一个枚举类型。我们处理这种枚举类型的方式取决于我们与其他项目之间关系的性质，以及我们自己的开发和发行周期。如果其他项目可能在未警告的情况下添加新的枚举值，而且这种行为将立即破坏我们的代码，我们别无选择，只能以宽容的方式处理新值。与许多情况一样，我们必须拥有自己的判断力。

6.7　我们不能只用测试解决所有此类问题吗

　　有时候，我们会听到反对意见，认为将提高代码质量的工作集中于避免意外是浪费时间，因为测试可以捕捉到所有此类问题。根据我个人的经验，这一论调有些理想化，在现实中并不适用。

　　你在编写代码的时候，或许能控制代码的测试方法。你可能极其勤奋，而且深谙测试之道，编写出一组近乎完美的测试，锁定你的代码中所有正确的行为和假设。但避免意外并不仅仅与你自己的代码在技术上的正确性有关，还必须确保其他工程师编写的代码在调用你的代码时也能正常运行。仅靠测试可能不足以确保这一点，原因如下。

- 其他工程师在测试上可能没有那么勤奋，也就是说，他们没有测试足够多的场景或者边界条件，以揭示他们对代码的错误假设。如果问题只在某些情况下或者输入值非常大时才显示出来，这一点就更加明显了。

- 测试并不总能准确地模拟真实世界。测试代码的工程师可能不得不模拟所依赖的某个模块。如果发生这种情况，他们将编写一个测试模型，模拟他们所**认为**的代码行为。如果真实代码有意外的表现，而工程师没有意识到，那么他们可能无法写出正确的模型。这样，意外行为导致的缺陷在测试期间根本不会显现。

- 有些情况很难测试。6.3 节已经说明，对多线程代码来说测试很容易出问题。与多线程问题相关的程序缺陷很难测试，这是众所周知的事实，因为这种问题出现的概率往往很低，只在代码大规模运行时才会显现。

　　这些要点同样适用于编写难以被误用的代码的问题（第 7 章介绍）。

　　重申一下，测试极其重要。再多的代码结构或者对代码契约的担忧都不能代替对高质量和全面测试的需求。但以我的经验看来，反过来说是正确的。仅靠测试并不能弥补不直观或充满意外情况的代码。

6.8 小结

- ■ 我们编写的代码往往取决于其他工程师编写的代码。
  - ● 如果其他工程师误解了我们的代码的功能，或者没能发现需要处理的特殊情况，那么以此为基础的代码很可能包含缺陷。
  - ● 避免导致代码调用者遇到意外情况的方法之一是确保重要细节成为代码契约中明确无疑的部分。
- ■ 意外情况的另一个来源是关于所依赖代码的不可靠假设。
  - ● 其中一个例子是没能预测枚举类型中增加的新值。
  - ● 重要的是，必须确保当我们所依赖的代码与假设不符时，我们的代码停止编译或测试失败。
- ■ 仅靠测试并不能弥补代码所导致的意外情况：如果其他工程师误解了我们的代码，那么他也可能会误解需要测试的场景。

第 7 章　编写难以被误用的代码

本章主要内容如下：

■ 代码误用是如何导致程序缺陷的；

■ 代码易被误用的常见方式；

■ 编写难以被误用的代码的技术。

在第 3 章的讨论中，我们知道自己所编写的代码常常只是更大规模的软件的一块"拼图"。为了让软件正常运行，不同代码必须融合在一起工作。如果一段代码容易被误用，那么它迟早会被误用而导致软件无法正确运行。

当一些假设不直观或者模糊不清，又没能阻止其他工程师做错事时，代码往往很容易被误用。代码被误用的一些常见方式如下：

■ 调用者提供无效输入；

■ 其他代码的副作用（如修改输入参数）；

■ 调用者没有在正确的时机或者以正确的顺序调用函数（如在第 3 章中所见到的）；

■ 修改相关代码时破坏了某个假设。

编写文档并提供代码使用说明有助于缓解这些问题。但正如我们在第 3 章中看到的，这些文件都类似代码契约的附属细则，往往会被忽视和过时。因此，重要的是以某种方式设计和编写代码，使其难以被误用。本章展示了一些代码容易被误用的常见方式，并阐述使其难以被误用的技术。

难以误用

通过使各种事物难以（或不可能）被误用来避免出现问题，是设计和制造中历史悠久的原则。这方面的例子之一是精益生产中的"防呆"（poka yoke）概念，这一概念是 Shigeo Shingo 于 20 世纪 60 年代提出的，目的是减少汽车制造中的不合格品。更广泛地说，这是**防御性设计**原则的共同特征。使事物难以被误用的一些现实例子如下。

■ 许多食品加工设备的设计只在正确加盖后才能运行。这可以避免当有人的手指靠近时刀片突然开始旋转。

■ 不同的接口和插头有不同的形状，例如，电源插头不能插进 HDMI 接口中（第 1 章使用了这个例子）。

操纵喷气战斗机弹射座椅的拉杆放在距离其他飞机控制设备足够远的地方，以最大限度地减少误操作的可能性。在过去的弹射座椅设计中（拉杆在头顶），拉杆的位置还意味着伸手去操作的时候，飞行员必须挺直后背（可以减小弹射时受伤的风险），因此拉杆的位置在避免误用上起了两方面的作用。

在软件工程界，这一原则有时候表述为，API 和接口应该"易于使用、难以误用"（Easy to Use and Hard to Misuse），有时缩写为 EUHM。

7.1 考虑不可变对象

如果某个事物创建之后状态不能改变，那么它是"不可变"（immutable）的。为了理解不可变性的可取之处，重要的是考虑其反面——**可变性**——可能造成什么样的问题。可变性造成的一些问题已经在本书中出现：

■ 在第 3 章中，我们看到一个具有设置函数的可变类，这种特性使其很容易被错误配置，从而导致它处于无效状态；

■ 在第 6 章中，我们看到改变输入参数的函数可能造成严重的异常。

除此之外，可变性造成问题的原因还有很多，具体如下。

■ **可变代码更难以推演**。为了说明这一点，我们考虑一个类似的现实场景。如果你从商店购买一盒果汁，它很有可能有一个防揭封条，目的是让你知道从离厂到购买这段时间，盒子的内容物没有被动过。你很容易确信，盒子里是什么（果汁）、是谁放进去的（制造商）。现在想象一下，如果商店里的果汁盒子上没有贴封条：谁知道盒子里发生了什么？它可能沾上了泥土，或者有人在里面加了某种东西。很难推断盒子里究竟是什么，是谁放进去的。编写代码时，如果某个对象是不可变的，就像贴上了别人不能破坏的防揭封条。你可以将对象传递到各处，并且确定没有人能够修改它的内容。

■ **可变代码可能造成多线程问题**。我们在第 6 章中看到，副作用可能给多线程代码造成问题。如果一个对象可变，使用该对象的多线程代码就特别容易出问题。如果一个线程正在读取对象，另一个线程同时修改它，就可能出错。举个例子，一个线程正要读取列表的最后一个元素，另一个线程却将其删除了。

我们并不总有可能让所有对象都是不可变的，这样做也不一定恰当。不可避免的是，我们的一部分代码必须跟踪变化的状态，这显然需要某种可变数据结构来完成。但是，正如我们刚才所解释的，使用可变对象可能增大代码的复杂度，导致各种问题，因此采取以下默认的立场往往是好主意：应该尽可能使用不可变对象，只在必要时使用可变对象。

7.1.1 可变类可能很容易被误用

建立可变类的常见方法之一是提供设值（setter）函数。程序清单 7-1 展示了一个例子。

TextOptions 类包含显示某些文本的样式信息。字体和字号分别通过调用 setFont() 和
setFontSize() 函数设置。

在这个例子中，对谁能调用 setFont() 和 setFontSize() 函数没有任何限制，因此任何
有权访问 TextOptions 实例的代码都可以更改字体或字号。这使得 TextOptions 类的实例
很容易被误用。

程序清单 7-1   可变类

```
class TextOptions {
  private Font font;
  private Double fontSize;

  TextOptions(Font font, Double fontSize) {
    this.font = font;
    this.fontSize = fontSize;
  }

  void setFont(Font font) {        ◁─┐   字体可以在任何时候通过
    this.font = font;                 │   调用 setFont()函数改变
  }

  void setFontSize(Double fontSize) {  ◁─┐   字号可以在任何时候通过调用
    this.fontSize = fontSize;             │   setFontSize()函数改变
  }

  Font getFont() {
    return font;
  }

  Double getFontSize() {
    return fontSize;
  }
}
```

程序清单 7-2 展示了 TextOptions 实例是如何被误用的。sayHello() 函数以一些默认样式
信息创建了一个 TextOptions 实例，并将这个实例传递给 messageBox.renderTitle() 函数，
随后又传递给 messageBox.renderMessage() 函数。遗憾的是，messageBox.renderTitle()
函数将字号设置为 18，改变了 TextOptions。这意味着调用 messageBox.renderMessage()
函数时，TextOptions 指定字号为 18（而不是默认值 12）。

我们在第 6 章中已经看到，输入参数突变往往是不好的做法，因此 messageBox.renderTitle()
函数可能不是很好的代码。尽管不鼓励，但是代码库中可能仍然存在这样的代码。目前看来，
TextOptions 类无法避免这样的误用。

程序清单 7-2   可变性造成的程序缺陷

```
class UserDisplay {
  private final MessageBox messageBox;
  ...
```

```
    void sayHello() {                                          创建一个 TextOptions 实例
      TextOptions defaultStyle = new TextOptions(Font.ARIAL, 12.0);
      messageBox.renderTitle("Important message", defaultStyle);
      messageBox.renderMessage("Hello", defaultStyle);         将实例传递给
    }                                                          messageBox.renderTi-
}                                                              tle()函数，然后再传递
...                                                            给 messageBox.render-
                                                               Message()函数
class MessageBox {
  private final TextField titleField;
  private final TextField messageField;
  ...

  void renderTitle(String title, TextOptions baseStyle) {
    baseStyle.setFontSize(18.0);                   由于改变了字号，TextOptions
    titleField.display(title, baseStyle);          实例发生了变化
  }

  void renderMessage(String message, TextOptions style) {
    messageField.display(message, style);
  }
}
```

由于 TextOptions 类可变，因此，如果将其实例传递给其他代码，就有因改变该实例内容而导致误用的风险。如果代码可以自由地将 TextOptions 实例传递到各处，而且确定它不会发生突变，情况就好多了。正如那个果汁盒，我们希望 TextOptions 类也有一个"防揭封条"。7.1.2 节和 7.1.3 节将阐述一些实现这个目标的方法。

7.1.2　解决方案：只在构建时设值

我们可以确保所有值在类实例构建时提供，在此后不能改变，从而使该类成为不可变类（并避免其被误用）。程序清单 7-3 展示了删除设值函数的 TextOptions 类。这避免任何类之外的代码修改成员变量 font 和 fontsize。

程序清单 7-3　不可变的 TextOptions 类

```
class TextOptions {
  private final Font font;           成员变量标记为 final
  private final Double fontSize;      (不可更改)

  TextOptions(Font font, Double fontSize) {
    this.font = font;
    this.fontSize = fontSize;        成员变量只在构建时设值
  }
  Font getFont() {
    return font;
  }

  Double getFontSize() {
    return fontSize;
  }
}
```

定义类内部的变量时，往往可以阻止其重新赋值（即便类内部的代码也不可以）。具体做法在不同编程语言中各不相同，但常见的关键字是 const、final 或 readonly。本书的伪代码惯例对这一概念使用 final 关键字。font 和 fontsize 变量被标记为 final。这避免任何人无意间在类中添加为它们重新赋值的代码，明确地表明它们不能（也不应该）更改。

现在，其他代码不可能通过改变 TextOptions 对象而误用它。但这并非问题的全部，因为我们之前看到的 MessageBox.renderTitle() 函数需要重置某个 TextOptions 的字号。对此，我们可以使用"写入时复制"（copy-on-write）模式。这将在 7.1.3 节中介绍，但最终结果是 MessageBox.renderTitle() 函数看起来如程序清单 7-4 所示。

程序清单 7-4　　TextOptions 没有改变

```
class MessageBox {
  private final TextField titleField;
  ...

  void renderTitle(String title, TextOptions baseStyle) {
    titleField.display(
        title,
        baseStyle.withFontSize(18.0));    ←── 返回 baseStyle 的一个副本，但字号改变了。
  }                                            原来的 baseStyle 对象没有改变
  ...
}
```

在我们刚刚看到的 TextOptions 示例中，所有文本选项值都是必需的。但如果有些用可选值替代，那么使用建造者模式或者"写入时复制"模式（都在 7.1.3 节中介绍）可能更好。使用命名参数结合可选参数也可能是一种好的方法，但正如第 5 章所述，并不是所有编程语言都支持命名参数。

注意：C++中的常量成员变量
在 C++中，将成员变量标记为 final 的等价做法是使用 const 关键字。在 C++代码中，将成员变量标记为 const 可能不是好主意，因为它可能会导致移动语义方面的问题。

7.1.3　解决方案：使用不可变性设计模式

从类中删除设值函数，并将成员变量标记为 final，可以避免类被改变，从而避免程序缺陷。但正如前面内容所述，这也可能导致类不实用。如果有些值是可选的，或者必须创建类的突变版本，往往有必要以更通用的方式实现类。这种情况下有两种实用的设计模式：

■ 建造者模式；
■ 写入时复制模式。

建造者模式

如果类构建时使用的一些值是可选的，在构造函数中指定所有值就不太切合实际了。与其通过添加设值函数使类突变，不如使用建造者模式。[①]

建造者模式实际上将一个类分解成两个类：

- 建造者类允许逐个设值；
- 从建造者中构建的类的不可变的只读版本。

构建一个类时常常遇到这样的情况：某些值是必需的，另一些值则是可选的。为了说明建造者模式对此的处理方式，我们假设 TextOptions 类中的字体是必需的，而字号是可选的。程序清单 7-5 展示了 TextOptions 类及其建造者类。

程序清单 7-5　建造者模式

```
class TextOptions {
  private final Font font;
  private final Double? fontSize;

  TextOptions(Font font, Double? fontSize) {
    this.font = font;
    this.fontSize = fontSize;
  }

  Font getFont() {
    return font;
  }

  Double? getFontSize() {
    return fontSize;
  }
}
class TextOptionsBuilder {
  private final Font font;
  private Double? fontSize;

  TextOptionsBuilder(Font font) {
    this.font = font;
  }

  TextOptionsBuilder setFontSize(Double fontSize) {
    this.fontSize = fontSize;
    return this;
  }

  TextOptions build() {
    return new TextOptions(font, fontSize);
  }
}
```

> TextOptions 类仅包含只读的取值函数

> 建造者在其构造函数中取得任何必需的值

> 建造者通过设值函数取得任何可选值

> 设值函数返回 this，允许链接函数调用

> 指定所有值后，调用者调用 build() 函数以得到一个 TextOptions 对象

需要注意的是，TextOptionsBuilder 以必需的字体值作为其构造函数的参数（不是通过设值函数）。这样就不可能编写构建无效对象的代码。如果字体以设值函数指定，我们就需要一个运行时检查，以确保该对象有效，这通常劣于编译时检查（第 3 章已经讨论过）。

[①] Erich Gamma、Richard Helm、Ralph Johnson 和 John Vlissides 合著的 *Design Patterns: Elements of Reusable Object-Oriented Software*（Addison-Wesley，1994）普及了建造者模式的一种形式。

图 7-1 说明了 `TextOptions` 类和 `TextOptionsBuilder` 类之间的关系。

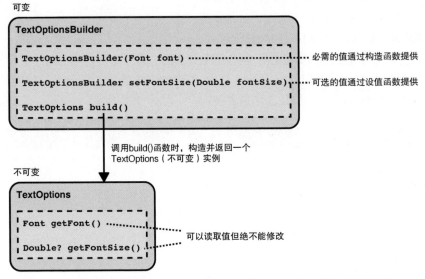

可变

TextOptionsBuilder

`TextOptionsBuilder(Font font)` .... 必需的值通过构造函数提供

`TextOptionsBuilder setFontSize(Double fontSize)` .... 可选的值通过设值函数提供

`TextOptions build()`

调用build()函数时，构造并返回一个
TextOptions（不可变）实例

不可变

TextOptions

`Font getFont()` ....

`Double? getFontSize()` .... 可以读取值但绝不能修改

图 7-1　建造者模式实际上将类一分为二。建造者类可以通过突变设值。
随后 `build()` 函数调用返回一个包含配置值的不可变类实例

下面的代码片段展示了构建 `TextOptions` 实例的例子，其中指定了必需的字体值和可选的字号值：

```
TextOptions getDefaultTextOptions() {
  return new TextOptionsBuilder(Font.ARIAL)
      .setFontSize(12.0)
      .build();
}
```

下面的代码片段展示了构建 `TextOptions` 实例的例子，其中仅指定了必需的字体值：

```
TextOptions getDefaultTextOptions() {
  return new TextOptionsBuilder(Font.ARIAL)
      .build();
}
```

建造者模式是在某些（或者全部）值可选的情况下，创建不可变类的一种很实用的方法。如果我们需要在类实例构造后获取一个稍做修改的副本，那么有一些方法可以通过建造者模式实现（提供一个函数，从一个类中创建预先填写的建造者），但这么操作可能有些笨拙。7.2 节讨论一个更简便的替代模式。

建造者模式的实现

在实现建造者模式时，工程师往往使用特定的技术和编程语言特性，以使代码更易于使用与维护。下面是一些例子：

- 使用内部类时命名空间更清晰；
- 创建类及其建造者之间的循环依赖，以便从类（通过一个 `toBuilder()` 函数）中创建预先填充的建造者；
- 将类构造函数标记为私有，迫使调用者使用建造者；
- 以建造者的实例为构造函数的参数，减少重复代码。

本书附录 C 有一个用以上这些技术实现建造者模式的更完整的例子（使用 Java 完成）。

也有一些工具能自动生成类和建造者定义，例如 Java 的 AutoValue 工具。

写入时复制模式

有时候，我们必须获取类实例的修改版本。前面看到的 `renderTitle()` 函数就是这样一个例子（在下面的代码片段中重复）。它需要保留来自 `baseStyle` 的所有样式，仅修改字号。遗憾的是，正如前面所看到的，通过可变的 `TextOptions` 来实现可能造成各种问题：

```
void renderTitle(String title, TextOptions baseStyle) {
  baseStyle.setFont(18.0);
  titleField.display(title, baseStyle);
}
```

支持这一用例并同时确保 `TextOptions` 不可变的一种方法是"写入时复制"模式。程序清单 7-6 展示了添加两个写入时复制函数后的 `TextOptions` 类。`withFont()` 和 `withFontSize()` 函数都返回一个新的 `TextOptions` 对象，分别只改变了字体或字号。

除获取必需的字体值的公共构造函数之外，`TextOptions` 类还通过一个私有构造函数来，获取每个值（必需和可选）。这样，写入时复制函数就可以创建 `TextOptions` 的一个副本，仅改变其中的一个值。

程序清单 7-6　写入时复制模式

```
class TextOptions {
  private final Font font;
  private final Double? fontSize;              ← 取得任何必需值
                                                 的公共构造函数
  TextOptions(Font font) {
    this(font, null);      ← 调用私有
  }                          构造函数

  private TextOptions(Font font, Double? fontSize) {  ← 取得所有值（必需和可选）的
    this.font = font;                                   私有构造函数
    this.fontSize = fontSize;
  }

  Font getFont() {
    return font;
  }
```

```
Double? getFontSize() {
  return fontSize;
}

TextOptions withFont(Font newFont) {          返回新的 TextOptions 对象，只改
  return new TextOptions(newFont, fontSize);  变字体
}

TextOptions withFontSize(Double newFontSize) {  返回新的 TextOptions 对象，只改
  return new TextOptions(font, newFontSize);    变字号
}
}
```

图 7-2 说明了 TextOptions 类写入时复制实现的工作原理。

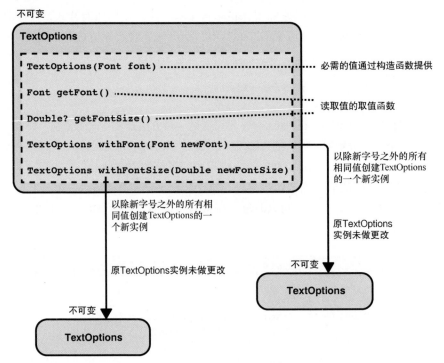

图 7-2　使用写入时复制模式，对值的任何更改都会得到新创建的类实例，其中包含预期的更改。
现有的类实例从未修改

TextOptions 实例可以通过构造函数和调用写入时复制函数来构造：

```
TextOptions getDefaultTextOptions() {
  return new TextOptions(Font.ARIAL)
      .withFontSize(12.0);
}
```

当 renderTitle() 函数等代码需要 TextOptions 对象的突变版本时，很容易在不影响原

始对象的情况下获得一个突变副本：

```
void renderTitle(String title, TextOptions baseStyle) {
  titleField.display(
      title,
      baseStyle.withFontSize(18.0));    ◁──  调用 withFontSize()函数得到 baseStyle
}                                             经过修改的新版本
```

使类不可变可能是最大限度减小误用概率的一种极佳手段。有时候这很简单，只需要删除设值方法，在构造时提供值即可。在其他一些场景下，可能有必要使用合适的设计模式。即便使用了这些方法，可变性仍然可能更深地潜藏在代码中，7.2 节将讨论这种情况。

7.2　考虑实现深度不可变性

工程师都知道不可变性的好处，同时也会遵循 7.1 节中的建议，但类可能以更微妙的方式在无意间变成可变的，这一事实很容易被忽视。类在无意间成为可变的常见方式源于**深度可变性**。当一个成员变量的类型本身是可变的，并且其他代码有访问该变量的权限时，就可能发生这种情况。

7.2.1　深度可变性可能导致误用

如果 7.1 节中的 TextOptions 类保存一个字体族而不是单一字体，可能会以一个字体列表作为成员变量。程序清单 7-7 展示了修改后的 TextOptions 类。

程序清单 7-7　深度可变类

```
class TextOptions {
  private final List<Font> fontFamily;    ◁──  fontFamily 是一个
  private final Double fontSize;                字体列表

  TextOptions(List<Font> fontFamily, Double fontSize) {
    this.fontFamily = fontFamily;
    this.fontSize = fontSize;
  }

  List<Font> getFontFamily() {
    return fontFamily;
  }

  Double getFontSize() {
    return fontSize;
  }
}
```

这可能在无意间使该类可变，因为该类不能完全控制字体列表。要理解其中的原因，重要的是要记住 TextOptions 类并不包含字体列表，而是包含对字体列表的一个**引用**（见图 7-3）。如果另一段代码也引用同一个字体列表，它对列表的任何更改也将影响 TextOptions 类，因为两者引用的是同一个列表。

正如图 7-3 所示，在两种场景下，其他代码可能引用 TextOptions 类包含的同一个字体列表：

- **场景 A**——构造 TextOptions 类的代码可能保持对字体列表的引用，并在稍后进行更改；
- **场景 B**——调用 TextOptions.getFontFamily() 函数的代码得到字体列表的引用。它可以使用这个引用修改列表内容。

场景 A 代码示例

程序清单 7-8 展示了场景 A。这段代码首先创建了包含 Font.ARIAL 和 Font.VERDANA 的字体列表。其次，它以这个列表构造了一个 TextOptions 实例。最后，该列表被清空，添加 Font.COMIC_SANS。因为程序清单中的代码和 TextOptions 实例都引用了同一个列表，所以 TextOptions 实例内的 fontFamily 现在也被设置为 Font.COMIC_SANS。

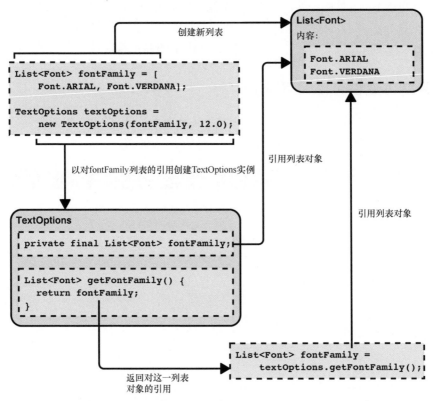

图 7-3　对象往往通过引用控制，这意味着多段代码可能都引用同一个对象。这可能是深度可变性的来源之一

程序清单 7-8　列表在构建后修改

```
...
List<Font> fontFamily = [Font.ARIAL, Font.VERDANA];
```

```
TextOptions textOptions =
    new TextOptions(fontFamily, 12.0);  ◄────┐  fontFamily 列表的引用传递给
                                              │  TextOptions()构造函数
fontFamily.clear();                    ┌──  fontFamily 列表被修改了，这是
fontFamily.add(Font.COMIC_SANS);       │    TextOptions 引用的同一个列表
...
```

场景 B 代码示例

程序清单 7-9 展示了场景 B。TextOptions 的一个实例以包含 Font.ARIAL 和 Font.VERDANA 的字体列表构造。之后，某段代码通过调用 textOptions.getFontFamily() 函数得到这个列表的引用。这段代码清除了引用的列表并添加 Font.COMIC_SANS 来改变它。这意味着 TextOptions 实例内部的字体族现在也被设置为 Font.COMIC_SANS。

程序清单 7-9　调用者修改的列表

```
...
TextOptions textOptions =
    new TextOptions([Font.ARIAL, Font.VERDANA], 12.0);       ┌── 获得对 textOptions
                                                             │   所引用列表的引用
List<Font> fontFamily = textOptions.getFontFamily();  ◄──────┘
fontFamily.clear();
fontFamily.add(Font.COMIC_SANS);        ┌──  修改的正是 textOptions
...                                     │    引用的同一个列表
```

以这些方法使代码可变，非常容易导致代码被误用。当一位工程师调用诸如 textOptions.getFontFamily()这样的函数时，该列表可能在调用其他函数或构造函数时被多次传递，无法跟踪它来源于何处、修改它是否安全。迟早会有某些代码修改列表，从而导致极难溯源的奇怪缺陷。实现该类的深度不可变性，从一开始就避免这个问题是更好的做法。7.2.2 节将阐述实现这一目标的几种方法。

7.2.2　解决方案：防御性复制

正如我们刚刚看到的，当类保持对某个对象的引用，而其他代码也可能保持对该对象的引用时，就可能发生深度可变性的问题。这可以通过如下方法避免：确保类所引用的对象只有它知晓，其他任何代码都不能引用。

这可以通过在类构造和取值函数每次返回对象时创建对象的防御性副本来实现。这不一定是最佳解决方案（本节和 7.2.3 节将加以说明），但确实有效，也可能是实现深度不可变性的简单手段。

程序清单 7-10 展示了创建 fontFamily 列表防御性副本的 TextOptions 类。构造函数创建 fontFamily 列表的一个副本，并保存对这一副本的引用（解决了场景 A 的问题）。getFontFamily()函数创建 fontFamily 副本，返回对这一副本的引用（解决了场景 B 的问题）。

程序 7-10　防御性复制

```
class TextOptions {
  private final List<Font> fontFamily;          ◁─┐  fontFamily 列表的一个副本，
  private final Double fontSize;                    └─ 只有本类可以引用

  TextOptions(List<Font> fontFamily, Double fontSize) {
    this.fontFamily = List.copyOf(fontFamily);  ◁─┐  构造函数复制列表，并保存
    this.fontSize = fontSize;                      └─ 对副本的引用
  }

  List<Font> getFontFamily() {
    return List.copyOf(fontFamily);             ◁─┐  返回列表的
  }                                                └─ 副本

  Double getFontSize() {
    return fontSize;
  }
}
```

防御性复制可以相当有效地实现类的深度不可变性，但有一些明显的缺点。

- 对象的复制代价可能很高。在 TextOptions 类中这可能不成问题，因为我们预计字体族中不会有太多字体，构造函数和 getFontFamily() 函数可能不会被调用很多次。但如果字体族中有数百种字体，并且广泛使用 TextOptions 类，那么这些复制可能导致很大的性能问题。

- 这种方法往往不能抵御类内部的更改。在大部分编程语言中，将成员变量标记为 final（或 const、readonly）并不能阻止深度突变。即便将 fontFamily 列表标记为 final，工程师仍能在类中添加调用 fontFamily.add(Font.COMIC_SANS) 的代码。如果工程师不小心这么做了，代码仍然能编译运行，因此仅仅复制对象通常不能完全保障深度不可变性。

幸运的是，在许多情况下，实现类的深度不可变性往往有更高效、更鲁棒的方法。7.2.3 节将讨论这个问题。

值传递

在 C++ 等编程语言中，程序员对函数中对象传递或返回有更多的控制权，其中有**引用（或指针）传递**和**值传递**的区别。值传递意味着创建对象的副本，而不仅仅是对它的引用（或指针）。这就避免了代码改变原始对象，但仍然会导致复制的那些缺点。

C++ 还有常量正确性的概念（将在 7.2.3 节中提及），这往往是保持不可变性的更好方法。

7.2.3　解决方案：使用不可变数据结构

不可变性是被人们广泛接受的良好习惯，因此，人们构建了许多工具，以提供常见类型或数据结构的不可变版本。这些数据结构的好处是，一旦构建，就没有人能修改其内容，也就是说，它们可以四处传递，无须制作防御性副本。

根据我们所使用的编程语言，适用于 fontFamily 列表的不可变数据结构如下。

- Java——Guava 库中的 `ImmutableList` 类。
- C#——来自 System.Collections.Immutable 的 `ImmutableList` 类。
- **基于 JavaScript 的编程语言**——有以下两种选择：
  - Immutable.js 模块中的 List 类；
  - JavaScript 数组，但用 Immer 模块使其不可变。

这些库包含一整批不同的不可变类型，如集合、映射及许多其他类型。我们往往可以找到任何标准数据类型的不可变版本。

程序清单 7-11 展示了改用 `ImmutableList` 的 `TextOptions` 类。没有必要防御性地复制任何东西，因为其他代码是否引用同一个列表无关紧要（它是不可变的）。

程序清单 7-11　使用 ImmutableList

```
class TextOptions {
  private final ImmutableList<Font> fontFamily;     即便是类内部的代码，也不能
  private final Double fontSize;                     修改 ImmutableList 的内容

  TextOptions(ImmutableList<Font> fontFamily, Double fontSize) {
    this.fontFamily = fontFamily;                   构造函数的调用者无法
    this.fontSize = fontSize;                       在以后修改列表
  }
  ImmutableList<Font> getFontFamily() {             返回 ImmutableList，确信
    return fontFamily;                              调用者无法修改它
  }

  Double getFontSize() {
    return fontSize;
  }
}
```

使用不可变数据结构是确保类深度不可变的方法之一。该方法避免了防御性复制的缺点，确保即便在类内部也不会无意间导致突变。

C++的常量正确性

C++在编译器级别上对不变性提供高级支持。定义类时，工程师可以将成员函数标记为常量（const），指定其不能造成突变。如果函数返回某个标记为 const 的对象的引用（或指针），编译器将确保只能调用该对象上的不可变成员函数。

有了这一功能，往往没有必要用单独的类表示某个事物的不可变版本。

7.3　避免过于通用的类型

整数、字符串和列表等简单数据类型是代码基本的构件。它们非常通用、全能，可以代表不同事物的各种特性。非常通用、全能的另一面是，描述性不那么强，包含的值也相当宽泛。

只因为某种类型（如整数或列表）**能**代表某个事物，并不意味着它就是代表那个事物的**好**方法。缺乏描述性和宽泛的取值范围可能导致代码容易被误用。

7.3.1　过于通用的类型可能被误用

某些信息往往需要不止一个值才能完整表达。二维地图上的位置就是一个例子——它包含经度和纬度。

如果我们编写一段代码来处理地图上的位置，那么可能需要一个代表位置的数据结构。这个数据结构必须包含位置的经度和纬度。使用一个列表（或数组）可能是快捷的办法，其中列表的第一个值代表纬度，第二个值代表经度。这意味着，一个位置将是 List<Double>类型，而多个位置的列表将是 List<List<Double>>类型。图 7-4 展示了这种类型。

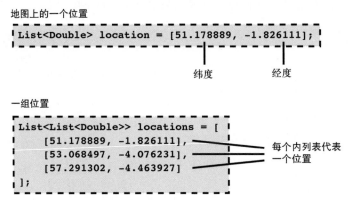

图 7-4　可以使用非常通用的数据类型（如列表）表示地图上的位置（纬度和经度对）。
但"能"表示不一定就意味着是"好"的表示方式

遗憾的是，列表是一种比较通用的数据类型，这种使用方式可能导致代码被误用。为了阐述这一点，程序清单 7-12 包含一个显示地图位置的类。markLocationsOnMap()函数取得一个位置列表，并在地图上标记每个位置。如图 7-4 所示，每个位置用一个 List<Double>表示，地图上标记的所有位置的集合则以 List<List<Double>>类型表示。这使代码变得很复杂，需要用文档来解释输入参数的使用方式。

程序清单 7-12　过于通用的数据类型

```
class LocationDisplay {
  private final DrawableMap map;
  ...

  /**
   * Marks the locations of all the provided coordinates
   * on the map.
   *
   * Accepts a list of lists, where the inner list should
   * contain exactly two values. The first value should
   * be the latitude of the location and the second value
   * the longitude (both in degrees).
```

需要有一定复杂度的
文档来解释输入参数

```
  */
  void markLocationsOnMap(List<List<Double>> locations) {
    for (List<Double> location in locations) {
      map.markLocation(location[0], location[1]);   ⟵────  从每个内部列表中读取
    }                                                        第一个和第二个项目
  }
}
```

这看起来似乎很快捷，但有许多导致代码被误用的缺点，例如以下情况（以及图 7-5 所示的情况）。

■ 类型 List<List<Double>> 绝对解释不了自身的含义：如果工程师没有看过 markLocationsOnMap() 函数的文档，他对这个列表或者解读方式将一无所知。

■ 工程师很容易混淆经纬度的顺序，如果他们没有完整阅读文档，或者理解有误，就可能将经度放在纬度之前，从而导致程序缺陷。

■ 代码中的类型安全性很差：编译器无法保证列表中有几个元素。一些内部列表所包含的值数量完全有可能是错误的（见图 7-5）。如果发生这种情况，那么代码能够正常编译，并且只能在运行时注意到问题（如果有）。

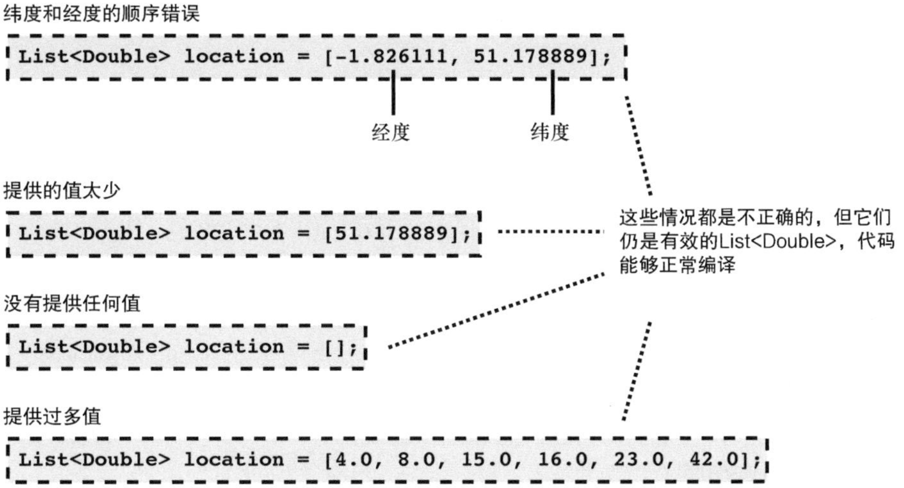

图 7-5 用双精度列表代表纬度-经度对之类的特定信息，可能使代码被误用

总而言之，如果工程师没有详细了解（且正确遵循）代码契约中的附属细则，几乎不可能正确地调用 markLocationsOnMap() 函数。考虑到附属细则往往不是保证其他工程师做某些事情的可靠手段，markLocationsOnMap() 函数很有可能在某个时间上被误用，这明显有可能导致程序缺陷。

范式总会传播

第 1 章关于搁板的隐喻说明了一个道理：以"变通"的方式做事，往往使更多的事情不得不以变通方式完成。这很容易发生在代表地图位置的 List<Double> 上。想象一下，其他工程师实现一个类以表示地图上的一个地理特征，该类的输出必须送到 markLocationsOnMap() 函

数中。他也不得不走上使用 List<Double>代表位置的道路，这样才能使他的代码容易与 markLocationsOnMap()函数交互。

　　程序清单 7-13 展示了他们可能编写的代码。getLocation()函数返回一个包含纬度和经度的双精度列表。注意，这里需要一段颇为复杂的文档来解释函数的返回类型。这本身就令我们担心：关于如何在列表中保存纬度和经度的说明现在处于两个不同的位置（MapFeature 类和 LocationDisplay 类）。这是两个**可信数据源**代替一个可信数据源的例子，可能导致程序缺陷，我们将在 7.6 节中详细讨论。

程序清单 7-13　其他代码采用这一范式

```
class MapFeature {
  private final Double latitude;
  private final Double longitude;
  ...

  /*
   * Returns a list with 2 elements in it. The first value       需要用颇为复杂的文档
   * represents the latitude and the second value represents     来解释返回类型
   * the longitude (both in degrees).
   */
  List<Double> getLocation() {
    return [latitude, longitude];
  }
}
```

　　LocationDisplay.markLocationsOnMap()函数的原作者可能知道，使用 List <Double>表示地图位置只是一种变通方法。但他可能证明这种方法是合理的，根据是只有一个函数，因此不可能给整个代码库造成太大损害。问题是，这样一种略作变通的方法很容易扩散，因为其他工程师如果不采用同样略作变通的方法，就很难与这些函数交互。这种扩散的速度可能相当快、影响相当大：如果又有一位工程师需要在别处使用 MapFeature 类，他也可能被迫采用 List<Double>来代表其他事物。在我们意识到问题之前，List<Double>的表现方法就已经渗透到各个地方，很难摆脱了。

7.3.2　配对类型很容易被误用

　　许多编程语言都有**配对**（pair）数据类型。该类型有时是标准库的一部分；如果不是，也常常有附加库实现它。

　　配对的要点是保存两个相同或不同类型的值。这两个值以 first 和 second 来引用。简单的配对数据类型实现如程序清单 7-14 所示。

程序清单 7-14　配对数据类型

```
class Pair<A, B> {                       泛型（或模板）允许配对保存
  private final A first;                  任何类型的值
```

```
  private final B second;

  Pair(A first, B second) {
    this.first = first;
    this.second = second;
  }

  A getFirst() {
    return first;
  }

  B getSecond() {
    return second;
  }
}
```

两个值分别用 first 和
second 引用

如果用 Pair<Double, Double>代替 List<Double>来表示地图上的一个位置，那么 markLocationsOnMap()函数的代码如程序清单 7-15 所示。注意，仍然需要相当复杂的文档来解释输入参数，并且输入参数类型（List<Pair<Double, Double>>）仍然不能自我描述。

程序清单 7-15　使用 Pair 类型表示位置

```
class LocationDisplay {
  private final DrawableMap map;
  ...

  /**
   * Marks the locations of all the provided coordinates
   * on the map.
   *
   * Accepts a list of pairs, where each pair represents a
   * location. The first element in the pair should be the
   * latitude and the second element in the pair should be
   * the longitude (both in degrees).
   */
  void markLocationsOnMap(List<Pair<Double, Double>> locations) {
    for (Pair<Double, Double> location in locations) {
      map.markLocation(
          location.getFirst(),
          location.getSecond());
    }
  }
}
```

需要相当复杂的文档
来解释输入参数

使用 Pair<Double, Double>代替 List<Double>，解决了 7.3.2 节提到的一些问题：配对必须包含两个值，因此可以避免调用者不小心提供过少或过多的值。但它并没有解决其他问题：

■ List<Pair<Double, Double>>类型仍然不能自我描述；

■ 工程师仍然很容易混淆纬度与经度的顺序。

工程师仍然需要详细了解代码契约中的附属细则，才能正确调用 markLocationsOnMap()函数，因此，在这种场合下使用 Pair<Double, Double>仍然不是很好的解决方案。

7.3.3　解决方案：使用专用类型

第 1 章说明，"抄近道"实际上往往在中长期拖慢我们的工作进度。使用过于通用的数据类型（如列表和配对）来表示非常特殊的事物，常常是这种快捷方式的一个例子。用一个新类（或结构）来表示某个事物似乎要花很多精力，有些小题大做，但花费的精力通常不像看上去那么多，而且将在随后的工作中减少很多令人头疼的麻烦和潜在缺陷。

对于表示地图上二维位置的情况，使代码更不容易被误用和误解的简单方法之一是定义一个专用类来表示纬度和经度。程序清单 7-16 展示了这个新类。它是一个十分简单的类，编程和测试只需要花费几分钟。

程序清单 7-16　LatLong 类

```
/**
 * Represents a latitude and longitude in degrees.
 */
class LatLong {
  private final Double latitude;
  private final Double longitude;

  LatLong(Double latitude, Double longitude) {
    this.latitude = latitude;
    this.longitude = longitude;
  }

  Double getLatitude() {
    return latitude;
  }

  Double getLongitude() {
    return longitude;
  }
}
```

使用新的 LatLong 类，markLocationsOnMap() 函数将如程序清单 7-17 所示。现在，它不需要任何文档来解释复杂的输入参数，因为它完全不言自明。现在，类型安全性很好，也很难混淆纬度和经度了。

程序清单 7-17　LatLong 的使用方法

```
class LocationDisplay {
  private final DrawableMap map;
  ...

  /**
   * Marks the locations of all the provided coordinates
   * on the map.
   */
```

```
void markLocationsOnMap(List<LatLong> locations) {
  for (LatLong location in locations) {
    map.markLocation(
        location.getLatitude(),
        location.getLongitude());
  }
}
```

有时候使用非常通用的现成数据类型似乎是代表某种事物的快捷方式。但当我们需要表示某个特定的事物时，额外花一点精力定义专用类型往往更好。从中长期看，这通常能节约时间，因为代码的功能变得更加显而易见，也更难以被误用。

> **数据对象**
>
> 定义仅将数据组合在一起的简单对象是相当常见的任务。许多编程语言都有简化这一工作的特性（或附加工具）。
>
> - Kotlin 有数据类的概念，可以用一行代码定义包含数据的类。
> - 在较新版本的 Java 上，可以使用记录。在旧版 Java 上，可以用 AutoValut 工具替代。
> - 多种编程语言（如 C++、C#、Swift 和 Rust）都可以定义结构，这种类型的定义有时比类更简洁。
> - TypeSctipt 可以定义接口，然后用它提供对象必需属性的编译时安全性。
>
> 较为传统的面向对象编程支持者有时候会将定义仅包含数据的对象视为不好的做法。他们认为数据和需要它们的任何功能应该封装到同一个类中。
>
> 如果某些数据与特定功能紧密耦合，这种做法就很有意义。但许多工程师也发现，有些情况下，将一些不一定与特定功能相关的数据组合在一起也是有益的。在这种情况下，仅包含数据的对象非常有用。

7.4　处理时间

7.3 节讨论到，使用过于通用的数据类型代表特定事物可能导致代码被误用。经常出现的例子之一就是表示基于时间的概念。

时间看起来很简单，但它的表示方法实际上相当微妙。

- 有时候，我们以绝对方法表示一个时刻，例如"1969 年 7 月 21 日世界协调时间（UTC）2:56"；其他时候，我们也可能使用相对方法，如"5min 之内"。
- 有时候，我们引用一个时长，如"在烤箱里烘焙 30min"。时长可能以许多不同的单位表示，如 h、s 或 ms。
- 更复杂的是，我们还有时区、夏令时、闰年甚至闰秒的概念。

处理时间时，混淆和代码误用的可能性很大。本节将讨论如何通过使用合适的数据类型和语言构造处理基于时间的概念，以避免混淆和误用。

7.4.1　用整数表示时间可能带来问题

表示时间的常用方法之一是使用整数（或长整数）代表秒数（或毫秒数）。这经常用于表示时刻或时长：

- 时刻往往表示为 UNIX 纪元时间（1970 年 1 月 1 日世界协调时间 0 时）起的秒数（忽略闰秒）；
- 时长往往表示为秒数（或毫秒数）。

整数是很通用的类型，因此这样表示时间的代码很容易被误用。接下来，我们将介绍 3 种常被误用的方式。

是时刻还是时长

考虑程序清单 7-18 中的代码。sendMessage() 函数有一个名为 deadline 的整数参数。该函数的文档解释了 deadline 参数的作用及其单位（秒），但忘记提及 deadline 值实际上代表什么。调用函数时，应该提供什么样的 deadline 参数也并不清楚。如下选择看起来都有道理：

- 该参数代表一个绝对的时刻，我们应该提供从 UNIX 纪元时间起的秒数；
- 该参数代表一个时长。当调用函数时，它将启动一个定时器；当这个定时器达到指定的秒数时，截止时间就过了。

程序清单 7-18　是时刻还是时长

```
/**
 * @param message The message to send
 * @param deadline The deadline in seconds. If the Message
 *     has not been sent by the time the deadline is exceeded,
 *     then sending will be aborted
 * @return true if the message was sent, false otherwise
 */
Boolean sendMessage(String message, Int64 deadline) {
  ...
}
```

> 解释了参数的作用和单位，但没有说明该值代表什么

这个文档留下了很多模糊的地方，显然不是很好。改善文档是一种改进方法，但也只是在代码契约的附属细则中堆积很多内容。附属细则不是避免代码误用的可靠手段。考虑到这个参数已经需要 3 行文档来解释，添加更多文字来解释这个数值代表的意义可能并不是理想的方法。

单位不相符

正如本节开始时所提到的，时间的计量有许多单位。代码中最常见的单位是毫秒和秒，但根据环境的不同，也可能使用其他单位（如微秒）。

整数类型肯定不能表示值的单位。我们可以用函数名称、参数名称或文档表示单位，但这往往然会留下相对容易误用的代码。

程序清单 7-19 展示了代码库中的两个不同部分。UiSettings.getMessageTimeout()
函数返回表示秒数的整数。showMessage()函数有一个代表毫秒数的参数 timeoutMs。

程序清单 7-19　时间单位不相符

```
class UiSettings {
  ...

  /**
   * @return The number of seconds that UI messages should be    这部分代码使用秒
   *      displayed for.
   */
  Int64 getMessageTimeout() {
    return 5;
  }
}

...

/**
 * @param message The message to display
 * @param timeoutMs The amount of time to show the message for   这部分代码
 *      in milliseconds.                                         使用毫秒
 */
void showMessage(String message, Int64 timeoutMs) {
  ...
}
```

尽管有文档（timeoutMs 参数名称还有后缀"Ms"），但工程师插入这两段代码时仍然很容
易犯错误。在下面的代码片段中，函数调用看起来没有明显的错误，但却导致警告显示时长为
5ms 而非 5s，这意味着用户尚未注意到，信息就消失了。

```
showMessage("Warning", uiSettings.getMessageTimeout());
```

错误处理时区

表示时刻的常见方法之一是 UNIX 纪元时间起的秒数（忽略闰秒）。这往往被称作时间戳，
是精确说明事件发生（或将要发生）时间的一种方法。但是，人们往往觉得用不那么精确的方法
讨论一件事是可取的。

这方面的例子之一是谈论生日。如果某人生于 1990 年 12 月 2 日，我们不会特别在意他出生
的时刻。相反，我们只关心日历上的 12 月 2 日，每年，我们都在那一天祝贺他的生日，吃蛋糕。

日期和时刻之间的差别很细微，但如果我们不小心区别对待它们，就可能出现问题。图 7-6
说明了我们可能犯的错误。如果用户输入一个日期（如他的生日），而这一数据被解读为本地时
区下的日期和时间，这可能导致不同时区的用户访问信息时显示不同的日期。

如果多台服务器运行于不同位置，其系统设置为不同时区，那么图 7-6 中描述的类似问题也
可能发生在纯服务端逻辑中。例如，加利福尼亚州的一台服务器保存的日期值可能在欧洲的不同

服务器进行处理。

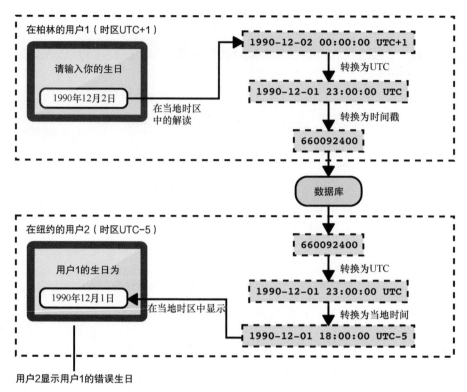

图 7-6　没有正确处理时区，很容易导致程序缺陷

　　即便在最有利的情况下，基于时间的概念（如时刻、时长和日期）也是棘手的问题。而当我们用整数等非常通用的类型表示它们时，我们和其他工程师的处境就更加困难了。整数几乎不能传达自身的含义或代表的信息，很容易被误用。7.4.2 节说明如何使用更合适的类型来改善处理时间的代码。

7.4.2　解决方案：使用合适的数据结构表示时间

　　正如我们所见，时间的处理复杂且细致，很容易引起混淆。大部分编程语言都有一些内置的时间处理库，但很遗憾，其中一些有缺陷或设计问题，容易出错。幸运的是，对于大部分对基于时间概念的内置支持不够好的编程语言，人们已经构建了第三方开源库来提供更鲁棒的工具集。这意味着，基于时间概念的处理通常都有鲁棒的方法，但往往有必要花费一些精力，为我们所使用的编程语言寻找最佳的程序库。下面是一些可用选项的例子。

- 在 Java 中，可以使用 java.time 包中的类。
- 在 C#中，Noda Time 库提供了一些处理时间的实用工具。

- 在 C++ 中，可以使用 chrono 库。
- 在 JavaScript 中，有许多第三方库可供以选择。其中之一是 js-joda 库。

这些库使 7.3 节讨论的问题更容易解决。接下来说明这些库改进代码的一些使用方法。

区分时刻与时长

java.time、Noda Time 和 js-joda 库都提供 Instant 类（表示时刻）和单独的 Duration 类（表示时长）。类似地，C++ chrono 库提供了 time_point 类和单独的 duration 类。

使用这些类中的某一个，意味着函数参数的类型决定了它代表的是时刻还是时长。例如，如果使用 Duration 类型，前面看到的 sendMessage() 函数将如程序清单 7-20 所示。现在，该值很明显代表的是时长而非时刻。

程序清单 7-20　使用 Duration 类型

```
/**
 * @param message The message to send
 * @param deadline If the message has not been sent by the time
 *     the deadline is exceeded, then sending will be aborted
 * @return true if the message was sent, false otherwise
 */
Boolean sendMessage(String message, Duration deadline) {    ◁────  Duration 类澄清了 deadline
    ...                                                              变量所代表的信息
}
```

不再混淆单位

Instant 和 Duration 等类型的另一个成就是将单位封装在类型内部。这意味着不需要用契约附属细则来说明预期的单位，也不可能无意间提供单位不正确的值。下面的代码片段说明如何用不同的工厂函数创建不同单位的 Duration。不管用何种单位创建 Duration，随后读回的都是毫秒数。这使得各部分代码可以使用喜欢的任意单位，而在不同代码段交互时不会有单位不符的风险。

```
Duration duration1 = Duration.ofSeconds(5);
print(duration1.toMillis()); // Output: 5000

Duration duration2 = Duration.ofMinutes(2);
print(duration2.toMillis()); // Output: 120000
```

程序清单 7-21 说明，使用 Duration 而不是整数来处理消息超时的时长，可以消除 showMessage() 函数的问题。

程序清单 7-21　Duration 类型封装了不同的单位

```
class UiSettings {
    ...

    /**
```

```
 * @return The duration for which the UI messages should be
 *      displayed.
 */
Duration getMessageTimeout() {
  return Duration.ofSeconds(5);
}
}

...

/**
 * @param message The message to display
 * @param timeout The amount of time to show the message for.
 */
void showMessage(String message, Duration timeout) {
  ...
}
```

Duration 类型完全
封装了各种单位

更好地处理时区

在表示生日的例子中，我们实际上并不关心时区是什么。但如果我们想要将日期与准确的时刻（用时间戳）联系起来，就不得不认真考虑时区。幸运的是，处理时间的程序库通常提供了在不与准确时刻相关联的情况下表示一个日期（和时间）的方法。java.time、Noda Time 和 js-joda 库都通过 LocalDateTime 类提供这种功能。

正如本节所述，时间的处理可能很棘手，如果我们不够谨慎，可能会误用代码并引入缺陷。幸运的是，我们不是第一位面对这种挑战的工程师，因此，已经存在许多程序库以更加鲁棒的方式处理时间。我们可以利用它们改善代码。

7.5　拥有单一可信数据源

代码通常都会处理某类数据，可能是数值、字符串或者字节流。数据往往以两种形式出现。

- **原始数据**——必须向代码提供的数据。如果不提供，代码没有办法得到这些数据。
- **导出数据**——代码可以根据原始数据计算出来的数据。

描述银行账户状态的数据就是这方面的例子。其中有两项原始数据：借方总额和贷方总额。我们想要知道的一个导出数据就是账户余额，即借方总额减去贷方总额。

原始数据通常为程序提供"可信数据源"。借方总额和贷方总额的数值完整地描述了一个账户的状态，是唯一必须保持跟踪的数据。

7.5.1　第二个可信数据源可能导致无效状态

在银行账户的例子中，账户余额完全受限于两个原始数据。如果借方总额为 5 美元，贷方总额为 2 美元，那么 10 美元的余额毫无意义，因为这从逻辑上讲是不正确的。这就是两个可信数据源相互不一致的情况：借方总额和贷方总额说的是一回事（账户余额为 3 美元），而提供的账户余额说的又是另一回事（10 美元）。当编写同时处理原始数据和导出数据的代码时，往往会出现这样的逻辑错误。如果我们编写的代码允许这些逻辑错误的状态出现，此类代码就很容易被误用。

　　程序清单 7-22 阐述了这一点。UserAccount 类以借方总额、贷方总额和账户余额 3 个值来构造。正如刚刚所见，账户余额是冗余信息，因为它可以从借方总额和贷方总额中导出，因此这个类允许调用者以逻辑错误的状态实例化。

程序清单 7-22　账户余额的第二个可信数据源

```
class UserAccount {
  private final Double credit;
  private final Double debit;
  private final Double balance;

  UserAccount(Double credit, Double debit, Double balance) {          借方总额、贷方总额和账
    this.credit = credit;                                             户余额都提供给构造函数
    this.debit = debit;
    this.balance = balance;
  }

  Double getCredit() {
    return credit;
  }

  Double getDebit() {
    return debit;
  }

  Double getBalance() {
    return balance;
  }
}
```

下面的代码片段展示了一个 UserAccount 类被实例化为无效状态的例子。一位工程师无意中以贷方总额减去借方总额来计算账户余额（正确的算法应该是借方总额减去贷方总额）。

```
UserAccount account =                                        提供的账户余额是贷方总额减
    new UserAccount(credit, debit, debit - credit);  ◁──────  去借方总额，这是不正确的
```

　　我们希望测试能找出这样的程序缺陷，但如果没有发现，这段代码可能会导致严重的缺陷。银行最终将寄出账户余额不正确的对账单。由于逻辑错误的数值，内部系统还可能进行不可预测的操作。

7.5.2　解决方案：使用原始数据作为单一可信数据源

　　因为账户余额完全可以由借方总额和贷方总额导出，所以只在需要时计算它要好得多。程序清单 7-23 展示了经过这一改变的 UserAccount 类。账户余额不再作为构造函数的参数，甚至不保存在成员变量中。getBalance() 函数在被调用时即时计算该值。

程序清单 7-23　即时计算余额

```
class UserAccount {
  private final Double credit;
  private final Double debit;

  UserAccount(Double credit, Double debit) {
    this.credit = credit;
    this.debit = debit;
  }

  Double getCredit() {
    return credit;
  }

  Double getDebit() {
    return debit;
  }

  Double getBalance() {          通过借方总额和贷方
    return credit - debit;   ◁──  总额计算出账户余额
  }
}
```

这个银行账户余额的例子相当简单，大部分工程师都可能发现，提供账户余额是多余的，因为它可从借方总额和贷方总额中导出。但更复杂的类似情况往往会突然出现，而且更难发现。花些时间来思考我们可能定义的任何数据模型以及它们是否允许存在任何逻辑上错误的状态都是非常值得的。

当导出数据的代价很高时

由借方总额和贷方总额计算账户余额非常简单，计算的代价也不高。但有些时候，计算导出值的代价比这高得多。想象一下，我们有一系列交易，而不是单个借方总额和贷方总额。现在，这一系列交易是原始数据，借方总额和贷方总额是导出数据。但是，这些导出数据的计算代价相当高，因为它需要遍历整个交易列表。

如果计算导出值的代价如此之高，那么采用**惰性**计算并缓存结果通常是一个好主意。惰性计算的意思是将工作推迟到绝对必要的时候（就像在真实生活中偷懒那样）。程序清单 7-24 展示了更改后的 UserAccount 类。成员变量 cachedCredit 和 cachedDebit 最初为空值，但在分别调用 getCredit() 和 getDebit() 函数时填入数值。

程序清单 7-24　惰性计算与缓存

```
class UserAccount {
  private final ImmutableList<Transaction> transactions;

  private Double? cachedCredit;      保存借方总额与贷方总额
  private Double? cachedDebit;       缓存值的成员变量

  UserAccount(ImmutableList<Transaction> transactions) {
    this.transactions = transactions;
  }
```

```
...
Double getCredit() {
  if (cachedCredit == null) {
    cachedCredit = transactions
        .map(transaction -> transaction.getCredit())
        .sum();
  }
  return cachedCredit;
}
Double getDebit() {
  if (cachedDebit == null) {
    cachedDebit = transactions
        .map(transaction -> transaction.getDebit())
        .sum();
  }
  return cachedDebit;
}

Double getBalance() {
  return getCredit() - getDebit();
}
}
```

如果借方总额还没有缓存，则计算（并缓存）

如果贷方总额还没有缓存，则计算（并缓存）

用可能缓存的值计算账户余额

成员变量 cachedCredit 和 cachedDebit 保存导出信息，因此它们实际上是第二个可信数据源。这在此类情况下是合理的，因为第二个可信数据源完全包含在 UserAccont 类内部，该类和交易列表都是不可变的。也就是说，我们知道 cachedCredit 和 cachedDebit 变量将与交易列表保持一致且永远不会变化。

如果类不是不可变的，情况就要复杂得多：我们必须确保类改变时缓存的变量被重置为空值。这可能很不方便、容易出错，也是不可变性的又一个有力论据。

7.6　拥有单一可信逻辑来源

可信来源不仅适用于提供给代码的数据，也适用于代码内部的逻辑。在许多场合下，一段代码所做的工作必须与另一段代码相匹配。如果两段代码相互不匹配，软件就不能正常运作。因此，确保这样的单一可信逻辑来源很重要。

7.6.1　多个可信逻辑来源可能导致程序缺陷

程序清单 7-25 展示了可用于记录一些整数值，然后将其保存到文件中的一个类。关于这段代码在文件中保存数值的方法有两个重要的细节：

- 每个值被转换为字符串格式（使用十进制）；
- 每个值的字符串连接起来，以逗号分隔。

程序清单 7-25　序列化和保存数值的代码

```
class DataLogger {
  private final List<Int> loggedValues;
  ...

  saveValues(FileHandler file) {
    String serializedValues = loggedValues          数值被转换为
        .map(value -> value.toString(Radix.BASE_10))  ◁── 十进制字符串
        .join(",");          ◁── 数值被连接起来,
    file.write(serializedValues);          以逗号分隔
  }
}
```

在其他地方,一些代码可能用来读取文件并从中解析整数(DataLogger.saveValues()函数的逆过程)。程序清单 7-26 展示了这种代码。这段代码在一个与 DataLogger 类完全不同的文件中(可能是代码库的不同部分),但逻辑必须匹配。特别是,为了成功地从文件内容中解析数值,需要执行如下步骤:

（1）字符串必须按照逗号分隔成一个字符串列表；

（2）列表中的每个字符串必须解析为十进制整数。

程序清单 7-26　读取并反序列化值的代码

```
class DataLoader {
  ...

  List<Int> loadValues(FileHandler file) {   文件内容被分割为
    return file.readAsString()          字符串列表
        .split(",")          ◁──
        .map(str -> Int.parse(str, Radix.BASE_10));  ◁── 每个字符串被解析为
  }          十进制整数
}
```

注意：错误处理

就向文件写入数据和从文件读取并解析数据而言,显然有围绕错误处理的考虑。为了简洁,程序清单 7-25 和程序清单 7-26 忽略了这些处理,但在现实生活中,我们可能应该考虑使用第 4 章讨论的一种技术,在读写文件失败或字符串内容无法解析为整数时报告错误。

在这种情况下,数值在文件中保存的格式是逻辑的重要组成部分,但这种格式有两个可信来源。DataLogger 和 DataLoader 各自包含着规定格式的逻辑。当这些类都包含相同的逻辑时,一切都很正常,但如果其中一个做了修改,另一个没有变化,就会出现问题。

工程师可能对逻辑进行的修改如下。如果他们对 DataLogger 类做了这些修改,但没有改动 DataLoader 类,就会出现问题。

- 某工程师认为,用十六进制而不是十进制保存数值(也就是说,文件中将包含"7D"这样的字符串,而不是"125")以节约空间,这种方式会更好。
- 某工程师认为,用换行符而不是逗号分隔数值,更方便阅读,这是一种更好的做法。

如果有两个可信逻辑来源，每当工程师修改其中之一而没有意识到需要修改另一个时，很容易产生问题。

7.6.2 解决方案：使用单一可信来源

第 2 章讨论过，一段代码解决高层次问题时，通常将其分解为一系列子问题。DataLogger 和 DataLoader 类都解决高层次问题，它们分别记录数据和加载数据。但在完成这些工作时，两者都必须解决一个子问题：应该使用何种格式在文件中保存序列化整数列表。

从图 7-7 中可以看出，DataLogger 和 DataLoader 类都解决一个相同的子问题（保存序列化整数的格式）。但每个类都有自己解决问题的逻辑，而不是一次性解决问题，两者使用单一解决方案。

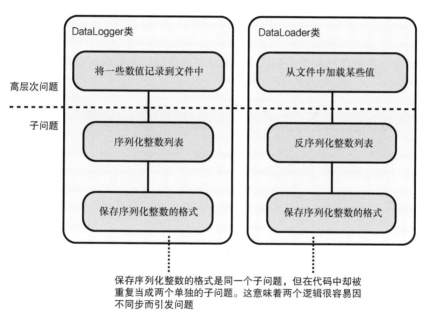

图 7-7　保存序列化整数的格式是 DataLogger 和 DataLoader 类共有的子问题。
但它们并没有共享相同的解决方案，而是各自包含解决问题的逻辑

我们可以使用保存序列化整数格式的单一可信来源，使代码更加鲁棒，更不容易被破坏。可以通过将整数列表的序列化和反序列化做成单一可重用代码层来实现这一目标。

程序清单 7-27 展示了一种方法，定义 IntListFormat 类，该类包含两个函数——serialize() 和 deserialize()。现在，所有与序列化整数保存格式相关的逻辑都包含在提供单一可信来源的类中。另一个值得注意的细节是，逗号分隔符和基数在一个常量中分别指定一次，即便在类内部，这些细节也只有一个可信来源。

程序清单 7-27　IntListFormat 类

```
class IntListFormat {
  private const String DELIMITER = ",";
  private const Radix RADIX = Radix.BASE_10;        分隔符和基数在常量中指定

  String serialize(List<Int> values) {
    return values
        .map(value -> value.toString(RADIX))
        .join(DELIMITER);
  }

  List<Int> deserialize(String serialized) {
    return serialized
      .split(DELIMITER)
      .map(str -> Int.parse(str, RADIX));
  }
}
```

程序清单 7-28 展示了使用 IntListFormat 类完成序列化和反序列化的 DataLogger 和 DataLoader 类。序列化整数列表和从字符串反序列化的所有细节现在都由 IntListFormat 类处理。

程序清单 7-28　DataLogger 类和 DataLoader 类

```
class DataLogger {
  private final List<Int> loggedValues;
  private final IntListFormat intListFormat;
  ...
  saveValues(FileHandler file) {
    file.write(intListFormat.serialize(loggedValues));   ◄──────┐
  }
}                                                                │
                                                                 │   IntListFormat
...                                                              │   类用于解决
                                                                 │   子问题
class DataLoader {                                               │
  private final IntListFormat intListFormat;                     │
  ...                                                            │
  List<Int> loadValues(FileHandler file) {                       │
    return intListFormat.deserialize(file.readAsString());  ◄───┘
  }
}
```

图 7-8 说明了高层次问题和子问题分解为不同代码层次的情况。我们可以看到，IntListFormat 类现在为保存序列化整数的格式提供了单一可信来源。这几乎完全消除了工程师更改 DataLogger 类所用格式而无意中忘记更改 DataLoader 类所用格式的风险。

当两段不同的代码执行的逻辑必须匹配时，我们不应该给它们留下机会。负责维护代码库一个部分的工程师可能并不了解代码库中另一部分的某些代码做出的假设。我们可以通过确保重要逻辑有单一可信来源，使得代码更加鲁棒。这几乎完全消除了不同代码不同步引发程序缺陷的风险。

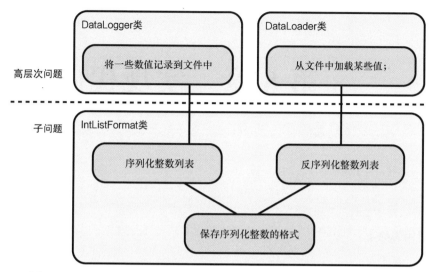

图 7-8 `IntListFormat` 类提供了保存序列化整数格式的单一可信来源

7.7 小结

- 如果代码容易被误用，就有很大的可能性在某个时间被误用，这可能造成程序缺陷。
- 下面是代码被误用的一些常见方式：
  - 调用者提供无效输入；
  - 其他代码段的副作用；
  - 调用者没有在正确的时机或者以正确的顺序调用函数；
  - 关联的代码段修改，打破了假设。
- 往往有可能以某种方式设计和构造代码，使之难以或不可能被误用。这将大大降低程序缺陷的可能性，并在中长期内为工程师节约时间。

第 8 章　实现代码模块化

本章主要内容如下：

■ 模块化代码的好处；

■ 代码模块化程度不理想的常见形式；

■ 如何提高代码模块化程度。

第 1 章讨论了软件生命期内需求如何发生演变。在很多情况下，它们甚至在软件发行之前就已经发生改变，因此编写一些代码，然后在几周或几个月后就不得不改写的情况并不少见。试图准确预测需求的变化通常是浪费时间，因为这几乎不可能做到。但我们通常可以或多或少地确定，它们将以某种方式演变。

模块化的主旨之一是我们应创建可以轻松调整和重新配置的代码，而无须准确地知道如何调整或重新配置这些代码。实现这一点的关键目标之一是，不同功能（或需求）应该映射到代码库的不同部分。如果我们实现了这一点，随后有一项软件需求更改，我们应该只需要明显更改代码库中与该需求或功能相关的单一位置。

本章很大程度上以厘清抽象层次的思想为基础（第 2 章讨论过）。实现代码的模块化往往归结为确保子问题的解决方案细节各自独立，相互没有紧密耦合。除使代码更容易调整之外，模块化还使软件系统变得更容易推导。正如我们在第 9 章~第 11 章中将要看到的，它还使代码更容易重用和测试，因此实现代码模块化有许多好处。

8.1　考虑使用依赖注入

类依赖于其他类是常见的现象。第 2 章说明，代码在解决高层次问题时常常将其分解为子问题。在结构合理的代码中，每个子问题往往由一个专门的类解决。但是，子问题并不总是只有一个解决方案，因此在构造代码时允许子问题解决方案重新配置是很有益的。依赖注入能够帮助我们实现这个目标。

8.1.1 硬编程的依赖项可能造成问题

　　程序清单 8-1 展示了一个类中的代码，该类实现自驾游的路线规划。RoutePlanner 类依赖于 RoadMap 的一个实例。RoadMap 是一个接口，可能有许多不同的实现（每个地区一个）。但在这个例子中，RoutePlanner 类在其构造函数中构造了一个 NorthAmericaRoadMap，也就是说，该类对 RoadMap 的某个特定实现有硬编程的依赖性。这意味着 RoutePlanner 类只能用于规划北美旅行，对世界任何其他地区的旅行规划来说毫无用处。

程序清单 8-1　硬编程的依赖性

```
class RoutePlanner {
  private final RoadMap roadMap;          ◁—— RoutePlanner 依赖于 RoadMap

  RoutePlanner() {
    this.roadMap = new NorthAmericaRoadMap();   ◁—— RoutePlanner 类构造了一个
  }                                                  NorthAmericaRoadMap

  Route planRoute(LatLong startPoint, LatLong endPoint) {
    ...
  }
}

interface RoadMap {          ◁—— RoadMap 是一个接口
  List<Road> getRoads();
  List<Junction> getJunctions();
}

class NorthAmericaRoadMap implements RoadMap {   ◁—— NorthAmericaRoadMap 是 RoadMap 的
  ...                                                许多个可能实现中的一个
  override List<Road> getRoads() { ... }
  override List<Junction> getJunctions() { ... }
}
```

　　建立与 RoadMap 特定实现的依赖关系，就不可能用不同的实现来重新配置代码。但这并不是硬编程依赖性的唯一问题。想象一下，如果 NorthAmericaRoadMap 类经过修改，需要一些构造函数参数。程序清单 8-2 展示了现在的 NorthAmericaRoadMap 类。它的构造函数接受两个参数：

- useOnlineVersion 参数控制该类是否试图连接到一台服务器，以获取最新地图；
- includeSeasonalRoads 参数控制地图是否包含只在一年中某些时间开放的道路（季节性道路）。

程序清单 8-2　可配置的依赖性

```
class NorthAmericaRoadMap implements RoadMap {
  ...

  NorthAmericaRoadMap(
      Boolean useOnlineVersion,
```

```
        Boolean includeSeasonalRoads) { ... }

  override List<Road> getRoads() { ... }
  override List<Junction> getJunctions() { ... }
}
```

这一更改引发连锁反应：如果 RoutePlanner 类不提供这些参数值，就无法构造 NorthAmericaRoadMap 的实例。这迫使 RoutePlanner 类处理特定于 NorthAmericaRoadMap 类的概念：是否连接到服务器获取最新地图，是否包含季节性道路。这使得抽象层次开始变得混乱，甚至进一步限制代码的适应性。程序清单 8-3 展示了现在的 RoutePlanner 类。它以硬编程的形式规定，地图将使用在线版本，不包含季节性道路。这些都是武断的决定，使得 RoutePlanner 类能应用的场景有限。现在，每当没有互联网连接或者需要季节性道路时，它都没有用处。

程序清单 8-3　配置硬编程依赖项

```
class RoutePlanner {
  private const Boolean USE_ONLINE_MAP = true;
  private const Boolean INCLUDE_SEASONAL_ROADS = false;

  private final RoadMap roadMap;

  RoutePlanner() {
    this.roadMap = new NorthAmericaRoadMap(
      USE_ONLINE_MAP, INCLUDE_SEASONAL_ROADS);
  }
  Route planRoute(LatLong startPoint, LatLong endPoint) {
    ...
  }
}
```

固定的 NorthAmericaRoad-Map 构造函数参数

RoutePlanner 有一个优点：很容易构造。它的构造函数没有任何参数，这样，调用者就不用操心提供任何配置。但是，它的缺点是模块化程度不高，也不是全能。它通过硬编程使用北美公路地图，总是试图连接到地图的在线版本，也总是排除季节性道路。这可能不太理想，因为我们的一些北美之外的用户也希望应用程序在用户离线时正常工作。

8.1.2　解决方案：使用依赖注入

如果我们允许 RoutePlanner 类以不同的公路地图构造，它会更加模块化、更全能。可以通过在构造函数中提供一个参数来**注入** RoadMap，以实现上述目标。这样做消除了 RoutePlanner 对特定公路地图硬编程依赖性的需求，也意味着我们可以用任何公路地图配置它。程序清单 8-4 展示了经过这一改变后的 RoutePlanner 类。

程序清单 8-4　依赖注入

```
class RoutePlanner {
  private final RoadMap roadMap;
```

```
RoutePlanner(RoadMap roadMap) {        ◄──┐  通过构造函数
    this.roadMap = roadMap;                │  注入 RoadMap
}

Route planRoute(LatLong startPoint, LatLong endPoint) {
    ...
}
}
```

现在，工程师可以用自己喜欢的任何公路地图构造 `RoutePlanner` 实例。下面是使用该类的一些例子：

```
RoutePlanner europeRoutePlanner =
    new RoutePlanner(new EuropeRoadMap());

RoutePlanner northAmericaRoutePlanner =
    new RoutePlanner(new NorthAmericaRoadMap(true, false));
```

这样注入 `RoadMap` 的缺点是：`RoutePlanner` 类的构造变得更复杂了。工程师现在必须首先构造一个 `RoadMap` 实例，然后构造 `RoutePlanner`。我们可以通过提供一些其他工程师能使用的工厂函数，大大简化这一过程。程序清单 8-5 展示了这些工厂函数的代码。`createDefaultNorthAmericaRoutePlanner()` 函数通过一个 `NorthAmericaRoadMap` 以"合理"的默认值构造 `RoutePlanner`。这样，工程师就很容易迅速创建一个满足需求的 `RoutePlanner`，也不会阻止任何人在不同用例下以不同的公路地图使用 `RoutePlanner`，对于默认用例，该类和 8.1.1 节中的几乎一样易用，而且现在也能适应其他用例。

程序清单 8-5　工厂函数

```
class RoutePlannerFactory {
  ...

  static RoutePlanner createEuropeRoutePlanner() {
    return new RoutePlanner(new EuropeRoadMap());
  }

  static RoutePlanner createDefaultNorthAmericaRoutePlanner() {
    return new RoutePlanner(
        new NorthAmericaRoadMap(true, false));   ◄──┐  以"合理"的默认值构造
  }                                                 │  NorthAmericaRoadMap 实例
}
```

人工编写工厂函数的替代方法之一是使用**依赖注入框架**。

依赖注入框架

我们已经看到，依赖注入使类更容易配置，但也有使其构造更加复杂的缺点。我们可以使用人工编程的工厂函数规避这个问题，但如果我们使用许多此类函数，可能有些费力，也会造成许多重复代码。

我们可以使用依赖注入框架，使得这一切变得更轻松。这种框架可以自动处理许多工作。依

赖注入框架多种多样，不管你使用的是哪种语言，都可能有不少框架可供选择。因为此类框架数量众多且针对具体语言，我们在此不做过多详述。重点是，依赖注入框架能帮助我们创建非常模块化的、全能的代码，而且不会让我们淹没在大量工厂函数重复代码中。查找你所使用的语言有哪些可用的选择，并决定这些选择是否有用，这是非常值得的。

需要注意的是，即便是热爱依赖注入的工程师，也不总是支持依赖注入框架。如果不小心使用，它们可能造成难以推导的代码。这可能是因为很难弄清框架的哪些框架适用于哪部分代码。如果你选择使用某个依赖注入框架，应该仔细研究最佳实践，以避开任何潜在的陷阱。

8.1.3 在设计代码时考虑依赖注入

编写代码时，有意识地考虑使用依赖注入往往是有好处的。很多编写代码的方法都可能导致依赖注入几乎无法进行，因此，如果我们知道自己可能想要注入依赖，最好避免采用这些方法。

为了阐述这一点，我们来考虑工程师实现 RoutePlanner 和公路地图示例的另一种途径。程序清单 8-6 展示了这种方法。NorthAmericaRoadMap 类现在包含静态函数（而不是通过类实例调用的函数）。这就意味着，RoutePlanner 类不依赖于 NorthAmericaRoadMap 类的实例，而是直接依赖于静态函数 NorthAmericaRoadMap.getRoads() 和 NorthAmericaRoadMap.getJunctions()。这展示了我们在本节开始时看到的同一个问题：没有办法让 RoutePlanner 类使用除北美公路地图之外的任何地图。而且，现在问题更严重，因为我们即使想使用依赖注入修改 RoutePlanner 类来解决问题也做不到。

程序清单 8-6　依赖于静态函数

```
class RoutePlanner {

  Route planRoute(LatLong startPoint, LatLong endPoint) {
    ...
    List<Road> roads = NorthAmericaRoadMap.getRoads();          调用 NorthAmericaRoadMap 类
    List<Junction> junctions =                                   上的静态函数
        NorthAmericaRoadMap.getJunctions();
    ...
  }
}


class NorthAmericaRoadMap {
  ...
  static List<Road> getRoads() { ... }
                                                                 静态函数
  static List<Junction> getJunctions() { ... }
}
```

此前，当 RoutePlanner 类在其构造函数中创建 NorthAmericaRoadMap 的一个实例时，我们可以用依赖注入代替注入 RoadMap 的一个实现来改进代码。但现在我们无法这么做，这是因为 RoutePlanner 不依赖于 RoadMap 的一个实例，而是直接依赖于 NorthAmericaRoadMap 类内的静态函数。

当我们编写代码解决一个子问题时，很容易假设它是所有人都想要的唯一解决方案。如果我们有这样的心态，那么显而易见的事情似乎是简单地创建一个静态函数。对于真正只有一个解决方案的低层次子问题，这样做通常没有问题。但对于高层次代码可能想要重新配置的子问题，这可能会产生问题。

注意：静态迷恋

对静态函数（或变量）的过度依赖往往被称为**静态迷恋**（static cling）。这种习惯的潜在问题众所周知，见诸许多文档。在代码的单元测试中，这种问题尤为明显，因为静态迷恋使测试替身（第 10 章介绍）不可用。

第 2 章讨论了子问题有多个潜在解决方案时定义接口的好处。在本例中，公路地图解决一个子问题，而且不难想象，代码（或测试）有时候可能希望对不同地区（或者不同测试场景）的这个子问题有不同解决方案。因为我们可以预见这种可能性，所以为公路地图定义一个接口，将 `NorthAmericaRoadMap` 作为实现该接口的一个类（这也意味着使其中的函数成为非静态函数）可能更好。这样，我们将得到前面看到过的代码（在程序清单 8-7 中重复），这也意味着，任何使用 `RoadMap` 的人只要愿意，就可以使用依赖注入，并使其代码具有更好的适应性。

程序清单 8-7　可实例化的类

```
interface RoadMap {                              ◁──────   RoadMap 是一个
  List<Road> getRoads();                                   接口
  List<Junction> getJunctions();
}

class NorthAmericaRoadMap implements RoadMap {   ◁────┐
  ...                                                  │   NorthAmericaRoadMap 是 RoadMap 的
  override List<Road> getRoads() { ... }              许多潜在实现中的一个
  override List<Junction> getJunctions() { ... }
}
```

依赖注入可能是实现代码模块化，并确保它可以适应不同用例的绝佳方法。当我们处理可能有不同解决方案的子问题时，这一点尤为重要。即便情况不是这样的，依赖注入也仍然有用。第 9 章将说明如何利用依赖注入避免全局状态。第 11 章将探讨如何使代码易于测试。

8.2　倾向于依赖接口

8.1 节阐述了使用依赖注入的好处：这种技术使 `RoutePlanner` 类更容易重新配置。但这一切只有在所有不同的公路地图类都实现同一个 `RoadMap` 接口时才可能实现，也就是说，`RoutePlanner` 类可以依赖这个接口。这样，我们就可以通过 `RoadMap` 的任何一个实现来提高代码的模块化程度和适应性。

这指引我们找到一种使代码更加模块化、更易于改编的通用技术：如果我们依赖于一个类，该类实现了一个接口且接口捕捉了我们所需的功能，那么依赖于接口通常优于直接依赖于类。8.1节已经暗示了这一点，但接下来我们将详细说明。

8.2.1 依赖于具体实现将限制适应性

程序清单8-8展示了使用依赖注入但直接依赖于NorthAmericaRoadMap类而非RoadMap接口时的 RoutePlanner 类（来自 8.1 节）。

程序清单8-8 依赖于具体类

```
interface RoadMap {                              ◁———  RoadMap 接口
  List<Road> getRoads();
  List<Junction> getJunctions();
}

class NorthAmericaRoadMap implements RoadMap {   ◁———  NorthAmericaRoadMap 实现
  ...                                                    RoadMap 接口
}

class RoutePlanner {
  private final NorthAmericaRoadMap roadMap;
                                                  直接依赖于 NorthAmericaRoadMap 类
  RoutePlanner(NorthAmericaRoadMap roadMap) {
    this.roadMap = roadMap;
  }

  Route planRoute(LatLong startPoint, LatLong endPoint) {
    ...
  }
}
```

我们仍然得到依赖注入的某些好处：RoutePlanner 类不必知道如何构造 NorthAmericaRoadMap 实例。但我们错失了使用依赖注入的一个重要好处：不能以 RoadMap 的其他实现来使用 RoutePlanner 类。

我们在 8.1 节中已经确认，由于一些用户可能在北美以外，因此不能在其他地区工作的 RoutePlanner 类并不理想。如果这些代码能使用任何公路地图就更好了。

8.2.2 解决方案：尽可能依赖于接口

依赖于类的具体实现往往比依赖于接口更限制适应性。我们认为，接口为子问题的解决方案提供了一个抽象层次。接口的具体实现为子问题提供的是抽象意义较少、更专注于实现的解决方案。依赖于更抽象的接口通常能够实现更清晰的抽象层次和更好的模块性。

就 RoutePlanner 类的例子而言，这意味着我们将依赖于 RoadMap 接口，而不是直接依赖于 NorthAmericaRoadMap 类。这样，我们将回到8.1.2 节中的代码（在程序清单 8-9 中重复）。工程师现在可以用他喜欢的任何公路地图构造 RoutePlanner 类的一个实例。

程序清单 8-9　依赖于接口

```
class RoutePlanner {
  private final RoadMap roadMap;

  RoutePlanner(RoadMap roadMap) {          依赖于 RoadMap
    this.roadMap = roadMap;                接口
  }

  Route planRoute(LatLong startPoint, LatLong endPoint) {
    ...
  }
}
```

第 2 章谈到接口的使用问题，特别是在解决指定子问题有不止一种方法时，定义接口常常很有益。这条建议正适合本节中的情况。如果某个类实现一个接口，该接口捕捉了我们所需的行为，这就强烈地预示着其他工程师可能以该接口的不同实现使用我们的代码。依赖于接口而非特定类不需要花费更多的精力，却使代码更加模块化、更具适应性。

注意：依赖反转原则

最好依赖抽象而非更具体的实现是**依赖反转原则**[①]的核心。对这一设计原则的更详细描述可参见 stackify 网站。

8.3　注意类的继承

大部分面向对象编程语言的典型特性之一就是允许一个类继承另一个类。经典的例子之一是用类模型描述车辆的层次（见图 8-1）。轿车和卡车都是车辆的种类，因此我们可以定义一个 Vehicle 类，提供所有车辆的共同功能，然后定义从 Vehicle 类继承的 Car 和 Truck 类。代表具体轿车种类的任何一个类也依次可以从 Car 类继承。这组成了一个**类层次结构**。

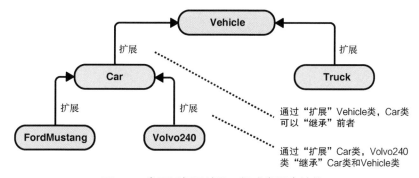

图 8-1　类可以相互继承，组成类层次结构

---

① 依赖反转原则往往与 Robert C. Martin 联系在一起。这是 Matrin 推崇的 SOLID 设计五原则之一（SOLID 是 Michael Feathers 提出的缩略语，其中，D 指的就是依赖反转原则）。

　　类的继承性当然有其用途，有时候是完成这项工作的合适工具。当两个事物有真正的"……是一个（is-a）……"关系（即整体-附属关系，例如，轿车**是一种**车辆）时，可能就是适合于使用继承性的一个信号（但请参见 8.3.3 节中的注意事项）。继承性是有力的工具，但也有多种缺点，如可能造成难以宽恕的错误，因此在编写类继承的代码时通常值得三思。

　　在许多情况下，**组合**是继承的一种替代方法。这意味着我们通过包含一个类的实例（而不是扩展该类）来组合出另一个类。这往往能避免继承的缺点，生成更模块化、更鲁棒的代码。本节说明继承可能造成的一些问题，以及组合如何更好地替代继承。

8.3.1　类继承可能造成问题

　　车辆和轿车的例子说明了类继承的含义，但对阐述工程师常常遇到的一些陷阱来说过于抽象，因此我们将讨论工程师可能很想使用类继承的一个更为现实的场景。假设有人要求我们编写一个类——从包含逗号分隔值的文件中逐一读出整数。我们考虑过后确定了如下子问题：

- 必须从一个文件中读取数据；
- 必须将逗号分隔的内容分解为单独的字符串；
- 必须将每个字符串解析为一个整数。

注意：错误

对于这个例子，我们将省略错误场景（如文件不可访问或包含无效数据）。在现实生活中，我们应该考虑这些问题，并使用第 4 章介绍的某种技术。

　　我们注意到，前两个子问题已经被现存的 CsvFileHandler 类解决了（如程序清单 8-10 所示）。这个类打开文件，允许我们逐一读取由逗号分隔的字符串。CsvFileHandler 类实现两个接口——FileValueReader 和 FileValueWriter。我们只需要 FileValueReader 接口捕捉的功能，但我们很快将会看到，类继承不允许我们依赖于这样的接口。

程序清单 8-10　读取 CSV 文件的类

```
interface FileValueReader {
  String? getNextValue();
  void close();
}

interface FileValueWriter {
  void writeValue(String value);
  void close();
}

/**
 * Utility for reading and writing from/to a file containing
 * comma-separated values.
 */
class CsvFileHandler
    implements FileValueReader, FileValueWriter {
```

```
...
CsvFileReader(File file) { ... }
override String? getNextValue() { ... }          从文件中逐一读取由
                                                  逗号分隔的字符串
override void writeValue(String value) { ... }
override void close() { ... }
}
```

为了通过 CsvFileHandler 类解决高层次问题，我们必须将其合并到自己的代码中。程序
清单 8-11 展示了使用继承的代码。关于这段代码，需要注意如下 3 点：

- IntFileReader 类**扩展**了 CsvFileHandler 类，也就是说，IntFileReader 是
  CsvFileHandler 的**子类**，或者换种说法，CsvFileHandler 是 IntFileReader
  的**超类**；
- IntFileReader 的构造函数必须调用 CsvFileHandler 超类的构造函数来实例化它，
  具体做法是调用 super()；
- IntFileReader 类内部的代码可以访问 CsvFileHandler 超类中的函数，就像它们是
  IntFileReader 类的一部分，因此，从 IntFileReader 类中调用 getNextValue()
  函数，实际上是调用超类中的函数。

程序清单 8-11　类继承

```
/**
 * Utility for reading integers from a file one by one. The
 * file should contain comma-separated values.
 */
class IntFileReader extends CsvFileHandler {       IntFileReader（子类）扩展
  ...                                              CsvFileHandler（超类）

  IntFileReader(File file) {
    super(file);
  }                                 IntFileReader（子类）构造
                                    函数调用超类构造函数
  Int? getNextInt() {
    String? nextValue = getNextValue();            调用超类的 getNextValue()
    if (nextValue == null) {                       函数
      return null;
    }
    return Int.parse(nextValue, Radix.BASE_10);
  }
}
```

继承的关键特征之一是，子类将继承超类提供的所有功能，因此任何有 IntFileReader
实例的代码可以调用 CsvFileHandler 提供的任何函数，如 close()函数。下面是使用
IntFileReader 类的一个例子：

```
IntFileReader reader = new IntFileReader(myFile);
Int? firstValue = reader.getNextInt();
reader.close();
```

除可访问 close() 函数之外，IntFileReader 实例中的任何代码还可以访问 CsvFileHandler 的其他全部函数，如 getNextValue() 和 writeValue()，我们很快将要看到，这可能造成问题。

继承性可能妨碍清晰的抽象层次

当一个类扩展另一个类时，它继承了超类的所有功能。这在有些时候很有益（如 close() 函数的例子），但也可能比理想状态下暴露更多功能。这可能导致抽象层次的混乱，泄露实现细节。

为了阐述这一点，我们考虑这种情况：如果明确展示 IntFileReader 提供的函数以及它从 CsvFileHandler 超类继承的函数，IntFileReader 类的 API 是什么样的。程序清单 8-12 展示了 IntFileReader 实际上的 API。可以看到，IntFileReader 类的任何用户都可以随意调用 getNextValue() 和 writeValue() 函数。对于一个仅要求从文件中读取整数的类，这些函数出现在公共 API 中是一件很奇怪的事情。

程序清单 8-12　IntFileReader 的公共 API

```
class IntFileReader extends CsvFileHandler {
  ...

  Int? getNextInt() { ... }

  String? getNextValue() { ... }
  void writeValue(String value) { ... }    从超类继承的函数
  void close() { ... }
}
```

如果类的 API 暴露了一些功能，那么我们应该预计到某些工程师将利用这一功能。经过几个月或者几年后，我们可能发现，getNextValue() 和 writeValue() 函数在代码库的多个地方被调用。这将导致未来很难更改 IntFileReader 类（的）实现。CsvFileHandler 的用法实际上应该是实现细节，但通过继承，我们无意中使其成为公共 API 的一部分。

继承性使代码难以适应不同情况

当我们实现 IntFileReader 类时，要解决的问题是从包含逗号分隔值的文件中读取整数。想象一下，除这个需求之外，我们现在还必须提供一种从包含分号分隔值的文件中读取整数的手段。

我们再次注意到，代码有一个从包含分号分隔值的文件中读取字符串的解决方案。工程师已经实现了名为 SemicolonFileHandler（见程序清单 8-13）的类。这个类实现了与 CsvFileHandler 类完全相同的接口——FileValueReader 和 FileValueWriter。

程序清单 8-13　读取分号分隔文件的类

```
/**
 * Utility for reading and writing from/to a file containing
 * semicolon-separated values.
```

```
 */
class SemicolonFileHandler
    implements FileValueReader, FileValueWriter {    ◁─────┐   实现与 CsvFileHandler 类
...                                                          │   相同的接口
    SemicolonFileHandler(File file) { ... }

    override String? getNextValue() { ... }

    override void writeValue(String value) { ... }

    override void close() { ... }
}
```

我们需要解决的问题几乎与已经解决的问题完全一样，只有一个微小的差别：我们有时候需要使用 SemicolonFileHandler 而不是 CsvFileHandler。我们本希望需求中如此之小的改动只造成代码中的小改动，但很遗憾，如果我们使用继承，情况可能就不是这样了。

上述需求是，**除**处理逗号分隔文件的内容之外，我们**还**必须处理分号分隔的内容，所以我们不能简单地将 IntFileReader 切换为从 SemicolonFileHandler 继承（而不是 CsvFileHandler），因为这样做会破坏原有的功能。我们唯一的选择是编写从 SemicolonFileHandler 继承的 IntFileReader 类的新版本。程序清单 8-14 展示了这个版本。新类名为 SemicolonIntFileReader，它几乎是原 IntFileReader 类的复制品。这样的代码重复通常不是好现象，因为它增加了维护开销和出现缺陷的可能性（正如第 1 章讨论的）。

程序清单 8-14　SemicolonIntFileReader 类

```
/**
 * Utility for reading integers from a file one by one. The
 * file should contain semicolon-separated values.
 */
class SemicolonIntFileReader extends SemicolonFileHandler {
  ...

  SemicolonIntFileReader(File file) {
    super(file);
  }

  Int? getNextInt() {
    String? nextValue = getNextValue();
    if (nextValue == null) {
      return null;
    }
    return Int.parse(nextValue, Radix.BASE_10);
  }
}
```

当考虑到 CsvFileHandler 和 SemicolonFileHandler 类都实现 FileValueReader 接口，我们不得不重复如此多的代码就特别令人沮丧。这个接口为读取值提供了一个抽象层次，我们无须知道文件格式。但因为使用了继承，将无法利用这一抽象层次。我们很快将看到如何用

组合来解决这个问题。

8.3.2   解决方案：使用组合

我们使用继承的原始动机是希望重用 `CsvFileHandler` 类的一些功能，以实现 `IntFileReader` 类。继承是实现这一目标的方法之一，但正如前面内容所述，它有许多缺点。重用 `CsvFileHandler` 逻辑的替代方法是使用组合。这意味着，我们通过包含一个类的实例（而不是扩展该类）来**组合**另一个类。

程序清单 8-15 展示了使用组合的代码。下面是关于代码的一些注意事项。

- 如前所述，`FileValueReader` 接口捕获我们所关心的功能，因此与其直接使用 `CsvFileHandler` 类，不如使用 `FileValueReader` 接口。这确保了更清晰的抽象层次，使代码更容易重新配置。

- `IntFileReader` 类并没有扩展 `CsvFileHandler` 类，而是保有 `FileValueReader` 的一个实例。从这个意义上说，`IntFileReader` 类由 `FileValueReader` 的一个实例组成（因此我们称其为**组合**）。

- `FileValueReader` 的一个实例是通过 `IntFileReader` 类的构造函数注入的依赖项（8.1 节已经介绍过）。

- 因为 `IntFileReader` 类不再扩展 `CsvFileHandler` 类，所以该类不再继承 `close()` 函数。为了使 `IntFileReader` 类的用户能够关闭文件，我们手动为该类添加了一个 `close()` 函数。该函数调用 `FileValueReader` 实例上的 `close()` 函数。这称为转发，因为 `IntFileReader.close()` 函数将关闭文件的指令转发给 `FileValueReader.close()` 函数。

程序清单 8-15   使用组合的类

```
/**
 * Utility for reading integers from a file one-by-one.
 */
class IntFileReader {
  private final FileValueReader valueReader;          ◁──┐ IntFileReader 保有 FileValueReader 的
                                                          └ 一个实例

  IntFileReader(FileValueReader valueReader) {        ◁──┐
    this.valueReader = valueReader;                       FileValueReader 的一个
  }                                                       实例是注入的依赖项

  Int? getNextInt() {
    String? nextValue = valueReader.getNextValue();
    if (nextValue == null) {
      return null;
    }
    return Int.parse(nextValue, Radix.BASE_10);
  }
```

```
void close() {                          close()函数转发到 valueReader.close()函数
  valueReader.close();
}
}
```

> **委托**
>
> 程序清单 8-15 展示了 `IntFileReader.close()` 函数是如何转发给 `FileValueReader.close()` 函数的。当我们只需要转发单一函数时，这并没有带来多大麻烦。但可能有些情况必须向组合类转发许多函数，手动编写所有这些函数可能极其乏味。
>
> 这是一个公认的问题，一些编程语言本身就有内置或附加的委托支持，从而大大简化了此类工作。通常，委托机制使一个类能够以受控方式暴露组合类中的某些函数。特定编程语言的例子如下。
>
> - Kotlin 有内置的委托支持，参见 kotlinlang 网站。
> - 在 Java 中，Lombok 项目提供了一个附加的 Delegate 注解，可用于将方法委托给组合类，参见 projectlombok 网站。

组合的使用给我们带来了代码重用的好处，且避免了我们在本节前面看到的继承带来的问题。后面的内容将解释其中的原因。

更清晰的抽象层次

使用继承时，子类继承并暴露超类中的任何功能。这意味着我们的 `IntFileReader` 类最终暴露了 `CsvFileHandler` 类中的函数。这造成了非常奇怪的公共 API——调用者可以读取字符串甚至写入数值。如果我们使用组合来代替，则不会暴露 `CsvFileHandler` 类中的任何功能（除非 `IntFileReader` 类用转发或委托显式暴露）。

为了说明更加清晰的抽象层次，程序清单 8-16 展示了使用组合时 `IntFileReader` 类的 API。现在暴露的只有 `getNextInt()` 和 `close()` 函数，调用者不再能读取字符串或写入数值。

程序清单 8-16　IntFileReader 的公共 API

```
class IntFileReader {
  ...
  Int? getNextInt() { ... }
  void close() { ... }
}
```

适应性更强的代码

我们来考虑一下之前看到的需求更改：必须支持使用分号分隔值的文件。因为 `IntFileReader` 类现在依赖于 `FileValueReader` 接口，而这个接口是注入的依赖项，所以这个需求很容易得到支持。`IntFileReader` 类可用 `FileValueReader` 的任何实现构造，因此以 `CsvFileHandler` 或 `SemicolonFileHandler` 配置它易如反掌，也不需要重复任何代码。我们可以通过两个工厂函数非常轻松地创建配置恰当的 `IntFileReader` 类的实例。程序清单 8-17 展示了这些函数。

程序清单 8-17　工厂函数

```
class IntFileReaderFactory {

  IntFileReader createCsvIntReader(File file) {
    return new IntFileReader(new CsvFileHandler(file));
  }

  IntFileReader createSemicolonIntReader(File file) {
    return new IntFileReader(new SemicolonFileHandler(file));
  }
}
```

IntFileReader 类相对简单直观，使用组合来实现代码适应性和避免重复的好处看起来不太明显，但这是有意为之的简单例子。在现实生活中，类往往包含比这更多的代码和功能，因此即使是需求中的小改动也无法适应的代码，其代价可能会非常高。

8.3.3　真正的 "is-a" 关系该怎么办

本节开始提到，继承性在两个类有真正的 "is-a"（整体-附属）关系时可能有意义：福特 "野马" 是一种轿车，因此我们可以扩展 Car 类来构造 FordMustang 类。IntFileReader 和 CsvFileHandler 类的例子显然不遵循这种关系：IntFileReader 本质上不是 CsvFileHandler，因此这种情况下组合几乎肯定优于继承。但是，当存在真正的 "is-a" 关系时，继承是不是好的方法就没有那么明确了。

遗憾的是，对此没有统一的答案，具体取决于给定的情况和我们使用的代码。值得注意的是，即便存在真正的 "is-a" 关系，继承性仍然可能有问题。需要注意以下 3 点。

- **脆弱基类的问题**——如果子类从超类（有时称作基类）继承，超类后来做了修改，有时候就会破坏子类。这使我们很难推断某些代码更改是否安全。
- **钻石问题**——有些编程语言支持多重继承（扩展不止一个超类的类）。如果多个超类提供了同一个函数的不同版本，这种情况就可能造成问题，因为函数应该继承哪一个超类可能很模糊。
- **有问题的层次结构**——许多编程语言不支持多重继承，也就是说，类最多直接扩展一个其他类。这称为**单一继承**，它会导致另一种类型的问题。想象一下，我们有一个 Car 类，所有代表某种轿车的类都应该扩展它。除此之外，想象我们还有一个 Aircraft 类，代表某种飞机的所有类都应该扩展它。图 8-2 展示了我们的类层次。现在想象一下，有人发明了一种飞行车，我们怎么办？没有合理方法将其融入我们的类层次中，因为 FlyingCar 类只能扩展 Car 类或者 Aircraft 类，但不能同时扩展两者。

有时不可避免地需要对象层次结构。为此，在避开类继承性的许多陷阱的同时，工程师往往这么做：

- 使用接口定义对象层次结构；
- 使用组合实现代码重用。

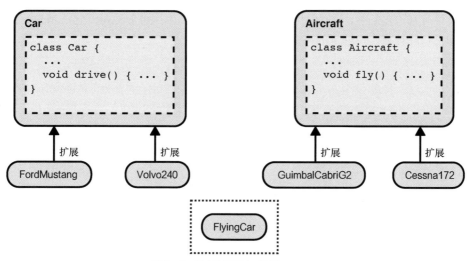

FlyingCar类应该扩展Car还是Aircraft?

图 8-2　许多编程语言只支持单一继承，当一个类逻辑上属于不止一个层次结构时，就可能造成问题

　　图 8-3 展示了 Car 和 Aircraft 都是接口时轿车和飞机的层次结构。为了在所有轿车之间实现代码重用，每个轿车类都包含 DrivingAction 的一个实例。类似地，每个飞机类也包含 FlyingAction 的一个实例。

用接口定义层次结构

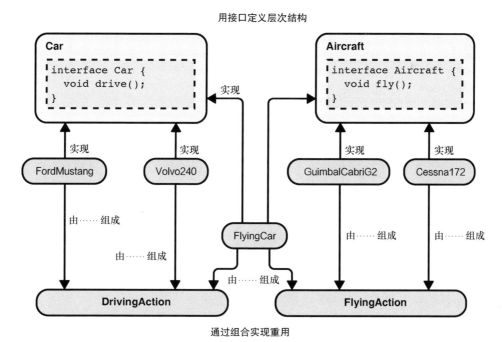

通过组合实现重用

图 8-3　层次结构可用接口定义，代码重用则可以用组合实现

类继承性存在许多陷阱，最好保持警惕。许多工程师甚至尽可能地避开这一特性。幸运的是，使用组合和接口往往能实现继承的许多优点，而不存在缺点。

> **混入和特性**
>
> 　　混入（mixin）和特性（trait）是某些编程语言支持的功能。它们允许在多个类中添加各种功能并共享，而无须使用传统的类继承。不同编程语言中两者的准确定义和区别不同，实现也各不相同。
>
> 　　混入和特性有助于克服多重继承和类层次结构的一些问题。但与类继承类似，它们仍然导致没有清晰抽象层次、适应性不强的代码，因此小心应用和考虑使用混入与特性仍然是好主意。特定编程语言的一些混入和特性例子如下。
>
> - **混入**——Dart 编程语言支持混入，并提供了使用实例。在 TypeScript 中使用混入也相对常见。
> - **特性**——Rust 编程语言支持特性。较新的 Java 和 C#版本包含了默认接口方法，提供了在这些编程语言中实现特性的一种途径。

8.4　类应该只关心自身

　　正如本章开头所述，模块化的关键目标之一是，需求发生更改时只需要更改与该需求直接相关的代码。如果某个概念完全包含在单一类中，这个目标往往就实现了。更改该概念相关的需求时只需要修改一个类。

　　与此相反的情况是，单一概念分散到多个类中。任何与该概念相关的更改都涉及修改多个类。如果工程师忘记修改其中一个类，就可能造成程序缺陷。这种情况常常发生在一个类过于关心另一个类的细节时。

8.4.1　过于关心其他类可能造成问题

　　程序清单 8-18 包含了两个类的部分代码。第一个类表示一本书，第二个类则表示书中的一个章节。Book 类提供了 `wordCount()` 函数，用于计算书中的单词数。这个函数计算每个章节中的单词数，然后汇总。Book 类包含 `getChapterWordCount()` 函数，计算某个章节中的单词数。尽管在 Book 类中，但是这个函数关心的是仅与 Chapter 类有关的许多细节。这意味着关于 chapter 类的许多细节现在被硬编程到 Book 类中。例如，Book 类假设每一章只包含一篇导言和几个小节。

程序清单 8-18　Book 和 Chapter 类

```
class Book {
  private final List<Chapter> chapters;
  ...

  Int wordCount() {
    return chapters
```

```
        .map(getChapterWordCount)
        .sum();
  }

  private static Int getChapterWordCount(Chapter chapter) {          这个函数只关心
    return chapter.getPrelude().wordCount() +                        Chapter 类
      chapter.getSections()
          .map(section -> section.wordCount())
          .sum();
  }
}

class Chapter {
  ...

  TextBlock getPrelude() { ... }

  List<TextBlock> getSections() { ... }
}
```

　　将 getChapterWordCount() 函数放在 Book 类中，这将使得代码的模块化程度下降。如果需求改变，并且每一章的最后有一个小结，那么 getChapterWordCount() 函数必须更新，以计算小结的单词数。这意味着仅与章节相关的需求更改影响的将不只是 Chapter 类。如果一位工程师在 Chapter 类中添加了支持小结的功能，但忘记更新 Book.getChapterWordCount() 函数，计算书中单词数的逻辑将遭到破坏。

8.4.2　解决方案：使类仅关心自身

　　为了保持代码模块化，并确保对一个事物的改变只影响代码的一个部分，我们应该让 Book 类和 Chapter 类尽可能地只关心自己的功能。Book 类显然需要对 Chapter 类的一些认识（因为书包含章节）。但我们可以最大限度地减少这些类关心彼此细节的情况，具体的做法是将 getChapterWordCount() 函数的内部逻辑转移到 Chapter 类中。

　　程序清单 8-19 展示了现在的代码。Chapter 类有一个成员函数 wordCount()，Book 类利用了这个函数。Book 类现在只关心自己，而不关心 Chapter 类的细节。如果需求更改，并且章节最后有一个小结，那么只需要修改 Chapter 类。

程序清单 8-19　改进的 Book 类和 Chapter 类

```
class Book {
  private final List<Chapter> chapters;
  ...

  Int wordCount() {
    return chapters
        .map(chapter -> chapter.wordCount())
        .sum();
  }
}
```

```
class Chapter {
  ...

  TextBlock getPrelude() { ... }

  List<TextBlock> getSections() { ... }

  Int wordCount() {
    return getPrelude().wordCount() +
        getSections()
            .map(section -> section.wordCount())
            .sum();
  }
}
```

计算章节中单词数的逻辑完全
包含在 Chapter 类内部

迪米特法则

迪米特法则[①]（有时候缩写为 LoD（Law of Demeter））是一个软件工程原则，其主旨是一个对象应该对其他对象的内容或结构做尽可能少的假设。该原则特别倡导，一个对象应该仅与直接相关的其他对象交互。

在本节的例子中，按照迪米特法则的要求，Book 类应该只与 Chapter 类的实例交互，而不与该类内部的任何对象（如代表导言和各个小节的 TextBlocks）交互。程序清单 8-18 中的原始代码明显以 chapter.getPrelude().wordCount() 等代码破坏了这一原则，因此，迪米特法则还可以用于发现这种情况下原始代码中的问题。

对于任何软件工程原则，考虑其背后的缘由以及在不同场景下的优劣都很重要。迪米特法则也不例外，因此，如果你打算仔细了解，我鼓励你阅读关于它的不同论调，形成理由充分的观点。

实现代码模块化的关键目标之一是，需求的更改应该只改变与需求直接相关的部分代码。类往往需要一定程度的相互认识，但尽可能减少这种认识常常是有价值的。这可能保持代码的模块化特性，大大增强适应性和可维护性。

8.5　将相关联的数据封装在一起

类使我们能将事物组合在一起。第 2 章警告我们，试图将太多事物集合到一个类中可能造成各种问题。我们对此应该保持警惕，但也不应该忽视，将事物组合在一起有时是有意义的，也有很多好处。

有时，不同的数据不可避免地相互关联，而一段代码必须一并传递它们。在这种情况下，将这些数据组合为一个类（或类似结构）通常是有意义的。这样做使代码可以处理由这组数据代表的更高层次的概念，而不总是需要处理具体细节。代码由此可以得到更高的模块化程度，进一步隔离需求中的更改。

---

① 迪米特法则是 Ian Holland 于 20 世纪 80 年代提出的。

8.5.1 未封装的数据可能难以处理

考虑程序清单 8-20 中的代码。TextBox 类代表用户界面中的一个元素，renderText() 函数在这个元素内显示一些文本。该函数有 4 个与文本的样式相关的参数。

程序清单 8-20 显示文本的类和函数

```
class TextBox {
  ...

  void renderText(
      String text,
      Font font,
      Double fontSize,
      Double lineHeight,
      Color textColor) {
    ...
  }
}
```

TextBox 类可能是相对底层的代码块，因此 renderText() 函数可能由另一个函数调用，而那个函数又由另一个函数调用，以此类推。这意味着，与文本样式相关的数值可能多次从一个函数传递到下一个函数。程序清单 8-21 展示了一个简化版本。在这个场景中，UserInterface.displayMessage()函数从 uiSettings 类读取这些值，并将它们传递给 renderText()函数。

程序清单 8-21 UiSettings 类和 UserInterface 类

```
class UiSettings {
  ...

  Font getFont() { ... }
  Double getFontSize() { ... }
  Double getLineHeight() { ... }
  Color getTextColor() { ... }
}


class UserInterface {
  private final TextBox messageBox;
  private final UiSettings uiSettings;

  void displayMessage(String message) {
  messageBox.renderText(
      message,
      uiSettings.getFont(),
      uiSettings.getFontSize(),          displayMessage()函数包含了
      uiSettings.getLineHeight(),        文本样式的具体细节
      uiSettings.getTextColor());
```

```
        }
    }
```

displayMessage()函数实际上并不关心文本样式的任何细节。它所关心的只是 UiSettings 类提供了一些样式，而 renderText()函数需要这些信息。但因为文本样式选项没有封装在一起，所以 displayMessage()函数不得不对文本样式的具体细节有细致的认识。

在这种情况下，displayMessage()函数有点像一名快递员——将 UiSettings 类中的一些信息传递给 renderText()函数。在现实生活中，快递员往往并不关心包裹里究竟有什么。如果你寄一盒巧克力给朋友，快递员不需要知道你寄的是焦糖松露还是胡桃巧克力。但在这个例子中，displayMessage()函数必须确切地知道它转发的是什么。

如果需求出现变化，有必要为 renderText()函数定义字体样式（例如斜体），我们就不得不修改 displayMessage()函数以传递新的信息。如前所述，模块化的目标之一是确保需求中的变化只影响与该需求直接相关的部分代码。在这个例子中，真正处理文本样式的只有 UiSettings 和 TextBox 类，因此 displayMessage()函数也需要修改，因此这并不是理想的情况。

8.5.2　解决方案：将相关数据组合为对象或类

在这个例子中，字体、字号、行距和文本颜色本质上相互联系：要知道如何设定一些文本的样式，我们就必须知道全部信息。考虑到它们有这样的联系，将其封装在单一对象中传递是有意义的。程序清单 8-22 展示的 TextOptions 类具有这个作用。

程序清单 8-22　TextOptions 封装类

```
class TextOptions {
  private final Font font;
  private final Double fontSize;
  private final Double lineHeight;
  private final Color textColor;

  TextOptions(Font font, Double fontSize,
      Double lineHeight, Color textColor) {
    this.font = font;
    this.fontSize = fontSize;
    this.lineHeight = lineHeight;
    this.textColor = textColor;
  }

  Font getFont() { return font; }
  Double getFontSize() { return fontSize; }
  Double getLineHeight() { return lineHeight; }
  Color getTextColor() { return textColor; }
}
```

数据对象的替代品

将数据封装在一起（如 TextOptions 类所为）可能是数据对象的另一个用例，这在 7.3.3 节中讨论过。

正如第 7 章所述，较为传统的面向对象编程支持者有时候将仅包含数据的对象视为不好的做法，因此，这种情况下另一种值得注意的方法可能是将样式信息与实现文本样式的逻辑绑定在同一个类中。如果我们这么做，就可能四处传递一个 TextStyler 类，不过关于封装相关数据的一般观点仍然适用。

现在可以使用 TextOptions 类将文本样式信息封装在一起，只传递 TextOptions 类的一个实例。程序清单 8-23 展示了 8.5.1 节中代码改写后的样子。displayMessage() 函数现在对文本样式的细节一无所知。如果我们需要添加字体样式，无须对 displayMessage() 函数做任何改变。这个函数变得更像一个优秀的快递员：它勤劳地投递包裹，而不过分关心包裹里面装的是什么。

程序清单 8-23 传递封装对象

```
class UiSettings {
  ...
  TextOptions getTextStyle() { ... }
  }

class UserInterface {
  private final TextBox messageBox;
  private final UiSettings uiSettings;
  void displayMessage(String message) {
    messageBox.renderText(
        message, uiSettings.getTextStyle());   ←  displayMessage()函数对文本样式
  }                                                没有具体的认识
}

class TextBox {
  ...
  void renderText(String text, TextOptions textStyle) {
    ...
  }
}
```

决定何时将所有数据封装在一起可能需要一定的思考。第 2 章阐述了同一个类中绑定过多概念可能产生的问题，我们对此必须加以注意。但如果不同数据不可避免地相互关联，且在实际情况中不存在有人只想要某些数据而不想要全部数据，那么将这些数据封装在一起通常是有意义的。

8.6 防止在返回类型中泄露实现细节

第 2 章确认了建立清晰抽象层次的重要性。为了拥有清晰的抽象层次，有必要确保这些层次不会泄露实现细节。如果实现细节泄露了，那么可能在代码中揭示有关更低层次的信息，使得未来的修改或重新配置变得非常困难。代码泄露实现细节的最常见方式是与实现细节紧密耦合的返回类型。

8.6.1　在返回类型中泄露实现细节可能造成问题

程序清单 8-24 展示了可用于查找指定用户个人相片的代码。ProfilePictureService
用 HttpFetcher 实现，而后者从服务器读取个人相片。使用 HttpFetcher 的事实属于实现
细节，因此，在理想情况下，任何使用 ProfilePictureService 类的工程师都没有必要考虑
这一信息。

程序清单 8-24　返回类型中的实现细节

```
class ProfilePictureService {
  private final HttpFetcher httpFetcher;    ◁──── ProfilePictureService 是用 HttpFetcher 实现的
  ...

  ProfilePictureResult getProfilePicture(Int64 userId) { ... }    ◁────
}                                                            返回 ProfilePictureResult 的一个实例

class ProfilePictureResult {
  ...
  /**
   * Indicates if the request for the profile picture was
   * successful or not.
   */
  HttpResponse.Status getStatus() { ... }    ◁────

  /**
   * The image data for the profile picture if it was successfully    特定于 HTTP 响应
   * found.                                                            的数据类型
   */
  HttpResponse.Payload? getImageData() { ... }    ◁────
}
```

虽然 ProfilePictureService 类没有直接泄露使用 HttpFetcher 这一事实，但很遗
憾，返回类型间接泄露了。getProfilePicture() 函数返回 ProfilePictureResult 的实
例。如果查看 ProfilePictureResult 类，就可以看到它使用 HttpResponse.Status 表
示请求是否成功，而 HttpResponse.Payload 保存个人相片的图像数据。这两个变量都泄露
了 ProfilePictureService 使用 HTTP 连接读取个人相片的事实。

第 2 章强调了不泄露实现细节的重要性，因此，从这一角度出发，我们可能立即发现这段代
码不太理想。但要真正发现这段代码可能造成的危害，我们必须深入研究一些后果，例如下面这些。

- 任何使用 ProfilePictureService 类的工程师都不得不应付一些特定于
  HttpResponse 的概念。要理解个人相片请求是否成功、为何失败，工程师不得不解读
  HttpResponse.Status 枚举值。这就需要了解 HTTP 状态码，以及服务器真正利用的
  特定 HTTP 状态码。工程师可能猜测，他们需要检查 STATUS_200（代表成功）和
  STATUS_404（表示资源无法找到）。但如果还用到其他 50 多个 HTTP 状态码，此时该
  怎么办？

■ 很难改变 ProfilePictureService 的实现。任何调用 ProfilePictureService.
getProfilePicture() 的代码都必须处理 HttpResponse.Status 和 HttpResponse.
Payload 类型以理解服务器的响应，因此以 ProfilePictureService 为基础构建的
代码层次依赖于它返回 HttpResponse 专用类型这一事实。想象一下，如果需求的更
改要求应用程序用一个 WebSocket 连接（举个例子）读取个人相片。因为很多代码都依
赖于 HttpResponse 专用类型的使用，所以要想支持此类需求的任何更改，就必须修
改许多地方的代码。

如果 ProfilePictureService 不这样泄露实现细节，情况将会更好。较好的方法是返回
一个对应于提供抽象层次的类型。

8.6.2　解决方案：返回对应于抽象层次的类型

ProfilePictureService 解决的问题是读取用户的个人相片。这就规定了该类理想情况
下提供的抽象层次，返回类型应该反映这一点。我们应该努力将暴露给使用该类的工程师的概念
数量控制在最少。在这种情况下，需要暴露的最小概念集如下。

■ 请求可能成功，或者以如下原因之一失败：
　　● 用户不存在；
　　● 发生某种传输错误（如服务器不可达）。
■ 表示个人相片的数据。

如果我们努力将暴露的概念控制在上述最小集，ProfilePictureService 和
ProfilePictureResult 类的实现将如程序清单 8-25 所示。我们所做的重要更改如下：

■ 没有使用枚举类型 HttpResponse.Status，而是自定义了一个枚举类型，其中只包含
使用这个类的工程师真正需要关心的状态集；
■ 没有返回 HttpResponse.Payload，而是返回一个字节列表。

程序清单 8-25　返回类型与抽象层次相符

```
class ProfilePictureService {
  private final HttpFetcher httpFetcher;
  ...

  ProfilePictureResult getProfilePicture(Int64 userId) { ... }
}

class ProfilePictureResult {
  ...

  enum Status {
    SUCCESS,
    USER_DOES_NOT_EXIST,    定义我们所需状态的
    OTHER_ERROR,            自定义枚举类型
  }
```

```
/**
 * Indicates if the request for the profile picture was
 * successful or not.
 */
Status getStatus() { ... }                ◁─┐  返回自定义
                                             │  枚举类型
/**
 * The image data for the profile picture if it was successfully
 * found.
 */
List<Byte>? getImageData() { ... }        ◁─┐  返回字节
                                             │  列表
}
```

枚举类型

　　正如第 6 章所述，枚举类型在工程师中引发了一些争议。有些人喜欢使用这种类型，其他人则认为多态是更好的方法（创建实现共同接口的不同类）。

　　不管你是否喜欢枚举类型，本节的要点是使用适合抽象层次的类型（不管是枚举类型还是类）。

　　一般来说，重用代码是好的，因此，乍一看，在 ProfilePictureResult 类中重用 HttpResponse.Status 和 HttpResponse.Payload 类型是好主意。但当我们更仔细地思考就会发现，这些类型并不适合我们所提供的抽象层次，因此定义自己的类型来捕捉最小概念集，并用这些类型代替上述类型，能得到更清晰的抽象层次和更具模块化特性的代码。

8.7　防止在异常中泄露实现细节

　　8.6 节说明，在返回类型中泄露实现细节可能造成各种问题。返回类型是代码契约中明确无疑的部分，因此（虽然这有疑问），当出现这种问题时通常很容易发现。泄露实现细节的另一种常见方式是通过抛出的异常类型。特别是，第 4 章讨论了非受检异常属于代码契约的附属细则，有时甚至完全不出现在书面契约中，因此，如果我们对调用者可能想要从中恢复的错误使用非受检异常，那么其中泄露的实现细节可能带来特别严重的问题。

8.7.1　在异常中泄露实现细节可能造成问题

　　非受检异常的定义特征之一是，编译器不会对它们在何处、何时抛出异常或者代码在何处捕捉异常（或代码是否捕捉异常）有任何强制规定。关于非受检异常的知识在代码契约的附属细则中传达，如果没有将其写入文档，则不会在书面契约中出现。

　　程序清单 8-26 包含两个相邻抽象层次的代码。低层次的是 TextImportanceScorer 接口，高层次的则是 TextSummarizer 类。在这个例子中，ModelBasedScorer 是 TextImportanceScorer 接口的具体实现，但 ModelBased Scorer.isImportant() 函数可能抛出非受检异常 PredictionModelException。

程序清单 8-26　异常泄露实现细节

```
class TextSummarizer {
  private final TextImportanceScorer importanceScorer;        ◁——  依赖于 TextImportanceScorer
  ...                                                              接口

  String summarizeText(String text) {
    return paragraphFinder.find(text)
        .filter(paragraph =>
            importanceScorer.isImportant(paragraph))
        .join("\n\n");
  }
}


interface TextImportanceScorer {
  Boolean isImportant(String text);
}                                                            TextImportanceScorer
                                                            接口的实现
class ModelBasedScorer implements TextImportanceScorer {    ◁——
  ...
  /**
   * @throws PredictionModelException if there is an error
   *     running the prediction model.                       可能抛出非受检异常
   */
  override Boolean isImportant(String text) {
    return model.predict(text) >= MODEL_THRESHOLD;
  }
}
```

使用 TextSummarizer 类的工程师迟早会注意到，他们的代码有时候会因为 PredictionModelException 异常而崩溃，他们也可能想要优雅地处理这一错误并从中恢复。为此，他们不得不编写类似于程序清单 8-27 的代码。这段代码捕捉 PredictionModelException 异常，并向用户展示一条错误信息。为了使代码正常工作，工程师必须了解 TextSummarizer 类可使用基于模型的预测这一事实（实现细节）。

程序清单 8-27　捕捉特定于实现的异常

```
void updateTextSummary(UserInterface ui) {
  String userText = ui.getUserText();
  try {
    String summary = textSummarizer.summarizeText(userText);
    ui.getSummaryField().setValue(summary);
  } catch (PredictionModelException e) {                      捕捉和处理
    ui.getSummaryField().setError("Unable to summarize text"); PredictionModelException
  }
}
```

这不仅破坏了抽象层次的概念，而且可能变得不可靠且易于出错。TextSummarizer 类依赖于 TextImportanceScorer 接口，可以配置这个接口的任何实现。ModelBasedScorer

只是一个实现，但不太可能是唯一的实现。TextSummarizer 可能以 TextImportanceScorer 的不同实现配置，而这些实现可能抛出完全不同类型的异常。如果发生这种情况，catch 语句就无法捕捉异常，程序将崩溃，或者用户从更高层次代码中看到益处不大的错误信息。

泄露实现细节的风险并不是非受检异常所特有的，但在这个例子中，它们的使用加剧了这一风险。工程师很可能没有在文档中记录可能抛出的非受检异常，也没有强制实现接口的类只能抛出接口规定的错误。

8.7.2　解决方案：使异常适合抽象层次

为了防止实现细节被泄露，理想状况下，代码中的每个层次都应该只显示反映指定抽象层次的错误类型。我们可以将更低层次的所有错误包装为对应于当前层次的错误类型来实现这一目标。这意味着，调用者得到的是合适的抽象层次，同时确保原始错误信息不会丢失（因为仍然在包装的错误中呈现）。

程序清单 8-28 阐述了这一点。代码定义了新异常类型 TextSummarizerException，以报告与文本摘要有关的任何错误。类似地，代码还定义了 TextImportanceScorerException 以报告任何与文本评分有关的错误（不管使用的是接口的哪一个实现）。最后，这段代码经过修改，使用显式报错技术，在这个例子中，这是通过受检异常实现的。

程序清单 8-28　适合层次的异常

```
class TextSummarizerException extends Exception {        ◁── 报告与文本摘要相关错误的异常
  ...
  TextSummarizerException(Throwable cause) { ... }       ◁── 构造函数接受另一个要包装的异常
  ...                                                       （Throwable 是 Exception 的超类）
}

class TextSummarizer {
  private final TextImportanceScorer importanceScorer;
  ...

  String summarizeText(String text)
      throws TextSummarizerException {
    try {
      return paragraphFinder.find(text)
        .filter(paragraph =>
            importanceScorer.isImportant(paragraph))
        .join("\n\n");
    } catch (TextImportanceScorerException e) {
      throw new TextSummarizerException(e);            ◁── TextImportanceScorerException 包装在
    }                                                     TextSummarizer Exception 中并重新抛出
  }
}

class TextImportanceScorerException extends Exception {  ◁── 报告文本评分相关
  ...                                                       错误的异常
```

```
    TextImportanceScorerException(Throwable cause) { ... }
    ...
  }

  interface TextImportanceScorer {                     该接口定义了抽象层次
    Boolean isImportant(String text)                   暴露的错误类型
      throws TextImportanceScorerException;    ◁────
  }

  class ModelBasedScorer implements TextImportanceScorer {
    ...
    Boolean isImportant(String text)
      throws TextImportanceScorerException {
      try {
        return model.predict(text) >= MODEL_THRESHOLD;
      } catch (PredictionModelException e) {
        throw new TextImportanceScorerException(e);    ◁──── PredictionModelException 包装在
      }                                                      TextImportance ScorerException 中
    }                                                        并重新抛出
  }
```

　　一个明显的缺点是，需要更多行代码。因为我们必须自定义一些异常类，并捕捉、包装和重新抛出各种异常。乍一看，这段代码似乎"更复杂"，但从软件整体考虑并非如此。使用 TextSummarizer 类的工程师现在只需要处理一种类型的错误，他们也明确是哪种类型。模块性的增强以及 TextSummarizer 类的行为更容易预测，这两点好处足以弥补额外错误处理重复代码的缺点。

概要重述：受检异常的替代方案

　　受检异常只是显式报错技术的一种类型，（在主流编程语言中）或多或少是 Java 所独有的。第 4 章详细介绍了这种技术，并阐述了其他可用于任何编程语言的显式报错技术（如结果类型和操作结果）。程序清单 8-28 使用受检异常，是为了方便与程序清单 8-26 中的代码进行对比。

　　第 4 章讨论的另一件事是，错误报告与处理是一个有争议的话题，特别是工程师对调用者想要从中恢复的错误究竟应该使用非受检异常还是更显式的错误报告技术莫衷一是。但即便是我们工作于鼓励使用非受检异常的代码库，确认它们不会泄露实现细节仍然很重要（正如 8.7.1 节所述）。

　　使用非受检异常的工程师有时支持优先使用标准异常类型（如 ArgumentException 或 StateException），因为其他工程师更有可能预测到这些异常并做相应处理。这样做的缺点是，它会限制区分不同错误场景的能力（这也在 4.5.2 节中讨论过）。

　　使用 TextSummarizer 类的工程师现在只需要处理 TextSummarizerException。这意味着，他们不需要知道任何实现细节，也意味着不管未来 TextSummarizer 类如何配置或更改，他们的错误处理都继续有效，如程序清单 8-29 所示。

程序清单 8-29　捕捉抽象层次适合的异常

```
void updateTextSummary(UserInterface ui) {
  String userText = ui.getUserText();
```

```
  try {
    String summary = textSummarizer.summarizeText(userText);
    ui.getSummaryField().setValue(summary);
  } catch (TextSummarizerException e) {
    ui.getSummaryField().setError("Unable to summarize text");
  }
}
```

　　如果我们明确某种错误不是任何调用者希望从中恢复的，那么泄露实现细节不是很大的问题，因为更高的层次可能不会试图处理特定错误。但每当我们遇到调用者可能想要从中恢复的错误，确保错误类型适合抽象层次往往很重要。利用显式报错技术（如受检异常、结果和操作结果）更容易实现这一目标。

8.8　小结

- 模块化代码往往更容易适应变化的需求。
- 模块化的关键目标之一是，需求的更改应该只影响与该需求直接相关的部分代码。
- 实现代码模块化与创建清晰的抽象层次高度相关。
- 下面的技术可用于实现代码模块化：
    - 使用依赖注入；
    - 依赖于接口而非具体类；
    - 使用接口和组合代替类继承；
    - 使类仅关心自身；
    - 将相关数据封装在一起；
    - 确保返回类型和异常不泄露实现细节。

第 9 章　编写可重用、可推广的代码

本章主要内容如下：

■ 如何编写可安全重用的代码；

■ 如何编写可推广以解决不同问题的代码。

　　第 2 章讨论过我们是如何将高层次问题分解为一系列子问题的。由于我们在多个项目中这么做过，因此发现同样的子问题一再出现。如果我们或其他工程师已经解决了一个指定的子问题，重用那些解决方案就很有意义了。这可以节约我们的时间，减少出现程序缺陷的可能性（因为代码已经试验和测试过）。

　　遗憾的是，即使某个子问题的解决方案已经存在，也并不总意味着我们能够重用它。如果解决方案做出的假设不符合我们的用例，或者与我们不需要的其他逻辑绑定在一起，就会出现这种情况。因此，主动考虑这一点，并有意地编写和构造未来可以重用的代码，是很有价值的。这可能需要一些事前的努力（但通常不会太多），但长期来说通常能为我们和队友节约时间和精力。

　　本章与创建清晰的抽象层次（见第 2 章）和代码模块化（见第 8 章）高度相关。通过创建清晰的代码层次和实现代码模块化，子问题的解决方案往往更可能分解为区分明显、仅有松散耦合的代码块。重用和推广这样的代码将会更加方便、安全。不过第 2 章和第 8 章讨论的并不是实现代码可重用性和可推广性的所有考虑因素。本章还将介绍另外一些值得考虑的因素。

9.1　注意各种假设

　　有时候，假设可以使代码更简单、更高效，或者两者兼有。但假设常常也会使代码更脆弱、更不全面，导致重用安全性下降。准确跟踪哪些假设是在哪部分代码中做出的是十分困难的，因此它们很可能变成可怕的陷阱，其他工程师一不小心就会深陷其中。最初看起来是改善代码的简单方法，实际上可能产生相反的效果。因为一旦代码被重用，就会出现错误和古怪的行为。

9.1.1　代码重用时假设将导致缺陷

考虑程序清单 9-1 中的代码。Article 类代表某新闻网站上用户可以阅读的文章。getAllImages() 函数返回文章中包含的所有图片。为此，它循环读取文章中的各个段落，直到找到包含图片的段落，然后从该段落返回图片。这段代码假设只有一个段落里包含图片。这一假设在代码中做了注释，但代码调用者不太可能注意到。

程序清单 9-1　包含假设的代码

```
class Article {
  private List<Section> sections;
  ...

  List<Image> getAllImages() {
    for (Section section in sections) {
      if (section.containsImages()) {
        // There should only ever be a maximum of one        加了注释的假设
        // section within an article that contains images.
        return section.getImages();    ◁────  仅从第一个包含图片的
      }                                        段落中返回图片
    }
    return [];
  }
}
```

通过这个假设提高的代码性能微不足道，因为它可以在找到包含图片的段落后立刻退出 for 循环，但这种收益可能太小，没有什么实际成果。然而，更可能的后果是，如果在一篇很多段落都包含图片的文章中使用 getAllImages() 函数，该函数将无法返回所有图片。这是随时可能发生的事故，一旦发生可能导致程序缺陷。

对作者考虑的原始用例，只有一个段落包含图片的假设无疑是正确的。但如果 Article 类在其他地方重用（或者文章中的图片位置改变），这一假设就很可能出错。而且，因为这个假设深藏于代码内部，调用者不太可能知道。他们看到名为 getAllImages() 的函数，就会假设它返回"所有"图片。遗憾的是，这只有在隐藏的假设为真时才成立。

9.1.2　解决方案：避免不必要的假设

对只有一个段落包含图片的假设进行成本/收益的权衡就可以说明，这可能不是一个有价值的假设。一方面，性能上的益处微乎其微（可能没注意到）；另一方面，如果有人重用这段代码或者需求改变，确实有可能引入程序缺陷。鉴于此，放弃这个假设或许更好：它的存在带来了风险，却没有可观的收益。

过早优化

避免过早优化是软件工程和计算机科学中公认的概念。代码优化通常有一些相关的代价：实现优化解决方案往往花费更多的时间和精力，结果代码往往可读性较差、难以维护，可能也不够鲁棒（如果引入假设）。除此之外，优化通常只运行成千上万次代码段的程序中才能产生可观的收益。

因此，在大部分情况下，将精力集中在编写更易于理解、更容易维护和更鲁棒的代码，比追逐微不足道的性能提升更有益处。如果一段代码最终会运行很多次，并且对它进行优化大有益处，那么可以在这一益处此后变得显而易见时再着手。

程序清单 9-2 展示了我们修改 `getAllImages()` 函数使之从所有段落（而不是只有第一个包含图片的段落）返回图片后的代码，这也消除了上述假设。现在，该函数对于不同的用例更加全能和鲁棒，缺点是 for 循环可能多运行几次，但正如我们刚刚提到的，这不太可能对性能造成可感知的影响。

程序清单 9-2　消除假设的代码

```
class Article {
  private List<Section> sections;
  ...

  List<Image> getAllImages() {
    List<Image> images = [];
    for (Section section in sections) {      从所有段落中收集
      images.addAll(section.getImages());    并返回图片
    }
    return images;
  }
}
```

编写代码时，我们往往对一些事情比较警惕，例如某行代码运行超出必要的次数时在性能上的代价。但重要的是，假设也会带来与脆弱性相关的代价。如果做出某个特殊的假设会带来巨大的性能收益或者大为简化的代码，那么这个假设可能是值得的。但如果收益不明显，那么在代码中引入假设的相关代价可能超过益处。

9.1.3　解决方案：如果假设是必要的，则强制实施

有时候，做出某个假设是必要的，或者将代码简化到好处足以弥补代价的程度。当我们决定在代码中做出假设时，仍然应该注意其他工程师可能意识不到这一假设的事实，因此，为了确保他们不会在无意中受到假设的迷惑，我们应该强制实施这些假设。通常可以采用两种方法来实现这一目标。

- 使假设"无法打破"——如果我们可以编写打破假设时无法编译的代码，就能确保假设始终成立。这在第 3 章和第 7 章中已经介绍过。
- 使用某种报错技术——如果使假设无法打破不可行，我们可以编写代码检测假设是否被打破，并使用报错技术"快速失败"。这在第 4 章（以及第 3 章）中介绍过。

未强制实施的假设是潜在的问题

为了阐述未强制实施的假设可能造成的问题，我们考虑一下 `Article` 类可能包含的另一个函

数——返回图片段落的函数。程序清单 9-3 展示了不强制实施假设的这个函数。它查找包含图片的段落，返回第一个段落，如果所有段落都不包含图片则返回空值。这段代码仍然假设文章中只包含最多一个有图片的段落。如果这一假设被打破，并且文章包含多个有图片的段落，那么代码不会出错或者生成任何警告。相反，它只会返回第一个段落并继续执行，就像一切都正常（快速失败的反面）。

程序清单 9-3　包含假设的代码

```
class Article {
  private List<Section> sections;
  ...

  Section? getImageSection() {
    // There should only ever be a maximum of one
    // section within an article that contains images.
    return sections                                      返回第一个包含图片的段落，
        .filter(section -> section.containsImages())     如果没有则返回空值
        .first();
  }
}
```

一段渲染文章并向用户显示的代码调用了 getImageSection() 函数，如程序清单 9-4 所示。这段代码渲染文章所用的模板只为一个有图片的段落留下空间。因此，在这个特殊用例中，文章最多只包含一个有图片的段落的假设是必要的。

程序清单 9-4　依赖于假设的调用者

```
class ArticleRenderer {
  ...

  void render(Article article) {
    ...
    Section? imageSection = article.getImageSection()
    if (imageSection != null) {                          文章模板只能处理最多
      templateData.setImageSection(imageSection);        一个包含图片的段落
    }
    ...
  }
}
```

如果任何人创建了一篇包含多个有图片的段落的文章，然后试图用这段代码渲染它，就会出现奇怪、意外的表现。所有代码似乎都能正常工作（没有出现任何错误或警告），但在现实中，文章里的许多图片都消失了。根据文章的特性，这可能引起误导或者使其显得毫无意义。

强制实施假设

正如第 4 章所述，最好确保不会忽视失败和错误。在本例中，不支持尝试渲染包含多个有图片的段落的文章，因此这是一个错误场景。如果代码在这种情况下快速失败而不是试图跛足而行，将是更好的做法。我们可以用报错技术强制实施假设来修改代码。

程序清单 9-5 展示了使用断言强制假设（最多只包含一个有图片的段落）的 Article.getImageSection() 函数。该函数已经重命名为 getOnlyImageSection()，以更好地向函数调用者表达它们假设只包含一个有图片的段落。这样，任何不希望做出如此假设的调用者都不太可能调用它。

程序清单 9-5 强制实施假设

```
class Article {
  private List<Section> sections;
  ...

  Section? getOnlyImageSection() {          ◁── 函数名称传达了调用者
    List<Section> imageSections = sections        将要做出的假设
        .filter(section -> section.containsImages());

    assert(imageSections.size() <= 1,
            "Article contains multiple image sections");   ── 断言强制实施假设

    return imageSections.first();          ◁── 返回 imageSections 的第一个项目，
  }                                              如果该列表为空则返回空值
}
```

报错技术

第 4 章详细讨论了不同的报错技术，特别说明了技术的选择往往取决于调用者是否打算从错误中恢复。

程序清单 9-5 使用了断言，如果我们确定调用者都不打算从错误中恢复，那么这种技术是合适的。如果文章是在我们的程序内部生成的，那么打破假设意味着编程错误，断言也可能是合适的。但如果文章由一个外部系统或用户提供，有些调用者可能希望捕捉错误，以更优雅的方式进行处理。在这种情况下，显式报错技术可能更为适合。

正如我们看到的，假设具有与脆弱性相关的代价。当给定假设的代价超出其益处时，最好避免使用。如果假设是必要的，那么我们应该尽可能确保其他工程师不会被其迷惑，实现的手段就是强制实施假设。

9.2 注意全局状态

全局状态（或**全局变量**）是给定程序实例中各个上下文之间共享的状态。定义全局变量的常见方法如下：

- 在 Java 或 C#等编程语言中，将变量标记为静态（static），这也是本书伪代码使用的范式；
- 在 C++等编程语言中定义文件级变量（在类或函数之外）；
- 在基于 JavaScript 编程语言的全局窗口对象上定义属性。

为了说明全局变量的含义，考虑程序清单 9-6 中的代码。关于这段代码的注意事项如下。

- a 是实例变量。MyClass 的每个实例都有专门的 a 变量。修改这一变量的该类实例不会影响该类的其他实例。

- b 是静态变量（也就是全局变量）。因此，它在 MyClass 的所有实例之间共享（甚至可以在没有 MyClass 实例时访问。在下一条注意事项中解释）。
- getBStatically()标记为 static，也就是说，可以用如下方式调用它而不需要该类实例——MyClass.getBStatically()。这样的静态函数可以访问类中定义的任何静态变量，但它永远不能访问任何实例变量。

程序清单 9-6　拥有全局变量的类

```
class MyClass {
  private Int a = 3;              ← 实例变量
  private static Int b = 4;       ← 全局变量（因为
                                     标记为 static）
  void setA(Int value) { a = value; }
  Int getA() { return a; }

  void setB(Int value) { b = value; }
  Int getB() { return b; }

  static Int getBStatically() { return b; }   ← 静态函数
}
```

下面的代码片段说明，实例变量 a 是如何应用于单独的类实例的，而全局变量 b 是如何在所有类实例（以及静态上下文）之间共享的。

```
MyClass instance1 = new MyClass();
MyClass instance2 = new MyClass();

instance1.setA(5);
instance2.setA(7);                              每个 MyClass 实例都有
print(instance1.getA()) // Output: 5            自己的 "a" 变量
print(instance2.getA()) // Output: 7
instance1.setB(6);
instance2.setB(8);                              全局变量 "b" 将在 MyClass 的
print(instance1.getB()) // Output: 8            所有实例之间共享
print(instance2.getB()) // Output: 8
print(MyClass.getBStatically()) // Output: 8  ← 不需要 MyClass 实例
                                                 也可以静态访问 "b"
```

注意：不要混淆全局性与可见性

变量是否全局不应该与其可见性混淆。变量的可见性指它是公共变量还是私有变量，这决定了代码的其他部分是否能查看和访问它。不管变量是否全局，都可能是公共变量或者私有变量。要点在于，全局变量在程序的所有上下文之间共享，而不是类或函数的每个实例都有自己的版本。

因为全局变量影响程序的每一个上下文，所以使用它们往往隐含着如下假设：没有人希望将这段代码重用于稍有不同目的的项目。正如我们在 9.1 节中看到的，假设有相关联的代价。全局状态容易造成代码极端脆弱，完全无法安全重用，因此其代价通常超过益处。9.2.1 节和 9.2.2 节解释其中的原因并提供替代方法。

9.2.1 全局状态可能使重用变得不安全

当程序的不同部分必须访问某些状态时，将其存放在一个全局变量中似乎很有吸引力。这使任何一段代码都能很容易地访问这些状态。但是，正如前面内容中提到的，这样做往往使代码不可能安全地重用。为了说明其中的原因，想象一下，我们正在构建一个在线购物应用程序。基于该应用程序，用户可以浏览商品，将其放入购物篮中，最后结账。

在这种情况下，用户购物篮的内容是应用程序许多不同部分都需要访问的状态，例如在用户购物篮中添加商品的代码、用户查看购物篮内容的屏幕以及处理结账的代码。因为应用程序的许多部分需要访问这个共享状态，所以我们很想将用户购物篮的内容放在一个全局变量中。程序清单 9-7 展示了使用全局状态的用户购物篮代码。代码中需要注意的部分如下。

- Items 变量标记为 static。这意味着该变量不与 ShoppingBasket 类的特定变量关联，它是一个全局变量。
- 函数 addItem() 和 getItems() 也都标记为 static。这意味着它们可从代码的任何地方调用（不需要 ShoppingBasket 的实例），如函数 ShoppingBasket.addItem(...) 和 ShoppingBasket.getItems()。当被调用时，它们访问全局变量 items。

程序清单 9-7　ShoppingBasket 类

```
class ShoppingBasket {
  private static List<Item> items = [];        ◁──┐  标记为静态
                                                   │ （全局）变量
  static void addItem(Item item) {        ◁──┐
    items.add(item);                           │ 标记为
  }                                            │ 静态
                                               │ 函数
  static void List<Item> getItems() {   ◁──┘
    return List.copyOf(items);
  }
}
```

代码中需要访问用户购物篮的任何地方都可以轻松做到这一点。程序清单 9-8 展示了一些例子。ViewItemWidget 允许用户将查看过的商品添加到用户购物篮中，这通过调用 ShoppingBasket.addItem() 函数实现。ViewBasketWidget 允许用户查看购物篮内容，这通过调用 ShoppingBasket.getItems() 函数访问。

程序清单 9-8　使用 ShoppingBasket 的类

```
class ViewItemWidget {
  private final Item item;

  ViewItemWidget(Item item) {
    this.item = item;
  }
  ...
```

```
    void addItemToBasket() {
        ShoppingBasket.addItem(item);        ←──── 修改全局状态
    }
}

class ViewBasketWidget {
    ...
    void displayItems() {
        List<Item> items = ShoppingBasket.getItems();    ←──── 读取全局状态
        ...
    }
}
```

修改和读取用户购物篮内容都非常简单，这也是使用全局状态颇具吸引力的原因。但像这样使用全局状态时，如果有人试图重用我们创建的代码，它们就会中断并可能产生古怪的行为。接下来将解释其中的原因。

当有人试图重用这些代码时会发生什么

不管我们是否意识到，编写这段代码时，我们隐含的假设是软件每个运行实例只需要一个用户购物篮。如果我们的购物应用程序仅在用户设备上运行，那么对基本功能来说，这一假设是成立的，一切都将正常运行。但这一假设可能因为许多种原因而被破坏，也就意味着它相当不可靠。破坏这一假设的一些潜在情况如下。

- 我们决定在服务器上备份用户购物篮的内容，于是我们开始在服务器端代码中使用 ShoppingBasket 类。服务器的一个实例将处理许多不同用户的请求，因此，现在我们的软件运行中的每个实例（此时是服务器）都有多个用户购物篮。
- 我们添加了一项功能，允许用户保存购物篮内容供以后使用。这意味着客户端应用程序现在必须处理多个不同的用户购物篮：活动的用户购物篮和保存起来供以后使用的所有用户购物篮。
- 除常规商品之外，我们还开始销售生鲜产品。这项业务使用完全不同的供应商和交货机制，所以必须当成单独的用户购物篮来处理。

我们可以坐上一整天，想象打破原始假设的不同场景。这些场景会不会真的发生，谁也说不准。但问题在于，有这么多貌似合理的场景会打破我们最初的假设，我们应该意识到，这一假设不可靠，很有可能在某个时候基于各种各样的原因被打破。

当我们的原始假设遭到破坏时，软件将出现各种问题。如果两段不同的代码同时使用 ShoppingBasket 类，它们就会相互干扰（见图 9-1）。如果其中一段代码添加商品，这件商品将会出现在所有其他使用该类的代码的用户购物篮中。上面列出的任何一种情况都可能导致有缺陷的行为，因此 ShoppingBasket 类基本上不可能以安全的方式重用。

在最好的情况下，工程师意识到重用 ShoppingBasket 类不安全，而为他们的新用例编写全新的代码。而在最糟糕的情况下，他们可能没有意识到重用是不安全的，软件最终将包含缺陷。如果客户购买了他们不想要的商品，或者我们将他们的购物篮中的商品透露给其他人而侵犯了他们的隐私，那么这些缺陷将是灾难性的。总而言之，即便在最好的情况下，工程师也必须维护一大堆几乎是重复的代码，而在最糟糕的情况下，我们得到的是一些严重的程序缺陷。这两种情况都不理想，因此避免使用全局状态是更好的做法。9.2.2 节讨论替代方法。

图 9-1 使用全局状态可能使代码重用变得不安全

9.2.2 解决方案：依赖注入共享状态

第 8 章讨论了依赖注入技术。这意味着我们通过"注入"依赖项构建一个类，而不是硬编程这些依赖项。依赖注入也是在不同类之间共享状态的绝好手段，其受控程度要超过使用全局状态。

我们在 9.2.1 节中看到的 ShoppingBasket 类使用了一个静态变量和一个静态函数，也就是说，状态是全局性的，因此第一步是改变它，使 ShoppingBasket 实例化，并确保类的每个实例有自己的独特状态。程序清单 9-9 展示了这样的代码。针对这段代码，我们需要注意如下问题。

- Items 变量不再是静态变量，它现在是一个实例变量，也就是说，它与 ShoppingBasket 类的具体实例相关，因此，如果我们创建 ShoppingBasket 类的两个实例，它们都包含各自不同的商品列表。
- addItem() 和 getItems() 函数也不再是静态函数。这意味着，它们只能通过 ShoppingBasket 类的实例访问，类似 ShoppingBasket.addItem(...) 或 ShoppingBasket.getItems()这样的调用不再有效。

程序清单 9-9 修改后的 ShoppingBasket 类

```
class ShoppingBasket {
  private final List<Item> items = [];        实例变量
                                              （非静态）
```

```
void addItem(Item item) {
  items.add(item);
}
void List<Item> getItems() {
  return List.copyOf(items);
}
}
```

非静态成员
函数

第二步是通过依赖注入将 ShoppingBasket 的一个实例注入任何需要访问它的类中。我们可以通过这一步控制哪些代码共享同一个用户购物篮，哪些代码使用不同的用户购物篮。程序清单 9-10 展示了 ShoppingBasket 通过对应类构造函数依赖注入时 ViewItemWidget 和 ViewBasketWidgets 的代码。现在 addItem() 和 getItems() 函数在注入的 ShoppingBasket 实例上调用。

程序清单 9-10　依赖注入的 ShoppingBasket

```
class ViewItemWidget {
  private final Item item;
  private final ShoppingBasket basket;

  ViewItemWidget(Item item, ShoppingBasket basket) {
    this.item = item;
    this.basket = basket;
  }
  ...

  void addItemToBasket() {
    basket.addItem(item);
  }
}

class ViewBasketWidget {
  private final ShoppingBasket basket;

  ViewBasketWidget(ShoppingBasket basket) {
    this.basket = basket;
  }

  void displayItems() {
    List<Item> items = basket.getItems();
    ...
  }
}
```

依赖注入的
ShoppingBasket

在注入的 ShoppingBasket
实例上调用

为了说明我们现在如何安全地重用 ShoppingBasket 代码，程序清单 9-11 创建了两个该类的实例：一个用于常规产品，另一个用于生鲜产品。代码还创建了两个 ViewBasketWidget，每个用户购物篮一个。这两个用户购物篮完全相互独立，从不干扰对方。每个 ViewBasketWidget 也只显示与之一同构建的用户购物篮中的商品。

程序清单 9-11 独立的 ShoppingBasket 实例

```
ShoppingBasket normalBasket = new ShoppingBasket();
ViewBasketWidget normalBasketWidget =
    new ViewBasketWidget(normalBasket);

ShoppingBasket freshBasket = new ShoppingBasket();
ViewBasketWidget freshBasketWidget =
    new ViewBasketWidget(freshBasket);
```

图 9-2 说明了现在的代码内部构造。所有代码不再共享用户购物篮的同一全局状态，每个 ShoppingBasket 实例都是自包含的。

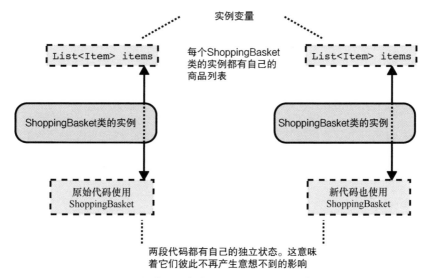

图 9-2 将类封装在类实例内部，代码重用变得安全

全局状态是常见于文档的编程陷阱。它非常具有吸引力，因为看起来像是在程序不同部分间共享信息的快捷手段。但使用全局状态可能使代码重用彻底变得不安全。使用全局状态的事实对其他工程师可能并不明显，因此，如果他们尝试重用代码，可能造成古怪的表现和程序缺陷。如果我们有必要在程序不同部分共享状态，使用依赖注入这种更受控的方法通常较为安全。

9.3 恰当地使用默认返回值

使用合理的默认值可能是使软件对用户更为友好的绝佳手段。想象一下，打开一个字处理应用程序时，我们总是不得不选择具体的字体、字号、文本颜色、背景颜色、行距和行高，然后才能输入文字。使用这样的软件肯定令人沮丧，我们很有可能会选择替代产品。

在现实中，大部分字处理应用程序都提供一组合理的默认值。在打开应用程序时，它配置了字体、字号和背景颜色等默认选项。这意味着，我们可以直接输入文字，只在必要时编辑这些设置。

即便在不面向用户的软件中，默认值仍然可能很有用。如果给定的类可以用 10 个不同参数配置，那么调用者要是不用提供所有值，使用起来将非常轻松。因此，该类可以提供一些他们没有输入的默认值。

提供默认值往往需要做出两个假设：

- 哪个默认值是合理的；
- 高层次代码不在意得到的是默认值还是显式设置的值。

我们在前面已经看到，做出假设时应该考虑其代价和好处。在高层次代码中做出这些假设的代价往往小于在低层次代码中做出这些假设的代价。高层次代码通常与特定用例紧密耦合，更容易选择适合于所有代码使用的默认值。相反，低层次代码通常解决更为基础的子问题，因此被更广泛地重用于多种用例。这使得选择适合于所有代码的默认值变得非常困难。

9.3.1　低层次代码中的默认返回值可能损害可重用性

想象我们要构建一个字处理应用程序。我们刚刚确定了一个可能存在的需求：为文本样式选择默认值，以便用户直接使用。用户也可以在必要时覆盖这些值。程序清单 9-12 展示了实现字体选择的一种方法。UserDocumentSettings 类保存特定文档的用户首选项，其中之一是他们喜欢使用的字体。如果没有指定字体，则 getPreferredFont() 函数返回默认值 Font.ARIAL。

程序清单 9-12　返回默认值

```
class UserDocumentSettings {
  private final Font? font;
  ...

  Font getPreferredFont() {
    if (font != null) {
      return font;
    }
    return Font.ARIAL;        如果没有用户首选项, 返回
  }                           默认值 Font.ARIAL
}
```

这实现了我们刚刚提到的需求，但如果有人希望重用 UserDocumentSettings 类，而且使用的场合中不想以 Arial 作为默认字体，那么他们会遇到困难。用户专门选择 Arial 和没有提供首选项（意味着返回默认值）的情况无法区分。

这种方法也会损害适应性：如果关于默认值的需求改变，就会出现问题。例如，我们向一个大型组织销售我们的字处理应用程序，该组织希望能够指定一种组织范围内的默认字体。因为 UserDocumentSettings 类不允许我们确定何时没有用户提供的首选项（以及组织范围的默认值何时适用），所以这一需求很难实现。

我们将默认返回值绑定到 UserDocumentSettings 类中，也就是对在此以上的任何一个层次的代码做出假设：Arial 是合理的默认字体。一开始这可能没问题，但如果其他工程师想要重用我们的代码，或者需求出现变化，这一假设很快就会变成问题所在。图 9-3 说明了这样的假设对高层次代码的影响。我们定义默认值的代码层次越低，这一假设影响的层次就越多。

第 2 章强调了清晰抽象层次的好处。实现这一目标的关键手段之一是，确保将不同子问题拆分到不同代码段中。UserDocumentSettings 类违背了这一原则：读取用户首选项和定义合理默认值是两个单独的子问题。但 UserDocumentSettings 类将这些绑定起来，使它们完全无法拆分。这就迫使使用 UserDocumentSettings 类的每个人也要使用我们采用的默认值。如果我们将它们看成截然不同的子问题，使更高层次的代码能以适合于自己的方式处理默认值就更好了。

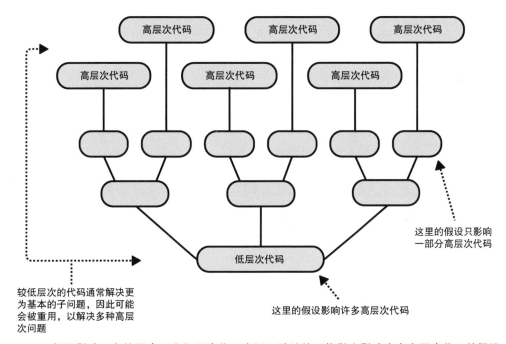

图 9-3　假设影响更高的层次。在低层次代码中返回默认值可能做出影响许多高层次代码的假设

9.3.2　解决方案：在较高层次代码中使用默认值

要从 UserDocumentSettings 类中删除关于默认值的决策，最简单的做法是在没有用户提供的值时返回空值。程序清单 9-13 展示了进行相关修改后的类。

程序清单 9-13　返回空值

```
class UserDocumentSettings {
  private final Font? font;
```

```
  ...
  Font? getPreferredFont() {
    return font;
  }
}
```
如果没有用户首选
项，则返回空值

这样，提供默认值就成了与处理用户设置不同的子问题，也就是说，不同调用者可以用自己希望的任何方式处理这个子问题，以提高代码的重用性。现在，高层次代码可以选择定义一个专用类，以解决提供默认值的子问题（见程序清单 9-14）。

程序清单 9-14　封装默认值的类

```
class DefaultDocumentSettings {
  ...
  Font getDefaultFont() {
    return Font.ARIAL;
  }
}
```

此后，我们可以定义一个 DocumentSettings 类，处理选择默认值和用户提供值的逻辑。程序清单 9-15 展示了这个类。DocumentSettings 类为想要知道所用设置的高层次代码提供了一个清晰的抽象层次。它将所有关于默认值和用户提供值的实现细节隐藏起来，同时还确保这些实现细节可配置（使用依赖注入）。这确保了代码可重用、适应性强。

程序清单 9-15　设置的抽象层次

```
class DocumentSettings {
  private final UserDocumentSettings userSettings;
  private final DefaultDocumentSettings defaultSettings;

  DocumentSettings(
      UserDocumentSettings userSettings,
      DefaultDocumentSettings defaultSettings) {
    this.userSettings = userSettings;
    this.defaultSettings = defaultSettings;
  }
  ...

  Font getFont() {
    Font? userFont = userSettings.getPreferredFont();
    if (userFont != null) {
      return userFont;
    }
    return defaultSettings.getFont();
  }
}
```
用户设置和默认值
是注入的依赖项

应该承认，在程序清单 9-15 中，用 if 语句处理空值略显笨拙。在许多编程语言中（如 C#、JavaScript 和 Swift），我们可以使用**空值合并运算符**，使代码显得更轻巧。在大多数编程语言中

写成 `nullableValue ?? defaultValue`，如果不为空则得到值 `nullableValue`，否则得到 `defaultValue`。例如，在 C#中，我们可以这样编写 `getFont()`函数：

```
Font getFont() {
    return userSettings.getPreferredFont()??        ← ??是空值合并
        defaultSettings.getFont();                      运算符
}
```

默认返回值参数

　　将使用默认值的相关决策切换到调用者手中往往使代码更容易重用。但在不支持空值合并运算符的编程语言中返回空值，将迫使调用者编写重复的代码来处理它。

　　有些代码采用了默认返回值参数的方法。Java 中的 `Map.getOrDefault()` 函数就是一个例子。如果映射包含对应该关键字的值，则返回它；如果映射不包含对应值，则返回指定的默认值。该函数的调用如下：

```
String value = map.getOrDefault(key, "default value");
```

　　这就实现了让调用者决定合适默认值的目标，而且不需要调用者处理空值。

　　默认值能大大提高代码（和软件）的易用性，因此值得加入这一功能。但对在何处加入它要格外小心。要返回默认值的前提是所有更高次的代码层次都使用该值，因此可能限制了代码可重用性和适应性。从低层次代码返回默认值特别容易产生问题。简单地返回空值并在更高层次实现默认值是更好的做法，在更高层次上，假设也更可能成立。

9.4　保持函数参数的集中度

　　在第 8 章中，我们看到了将各种文本样式选项封装在一起的例子。我们定义了 `TextOptions` 类来实现这一目标（在程序清单 9-16 中重复列出）。

程序清单 9-16　TextOptions 类

```
class TextOptions {
    private final Font font;
    private final Double fontSize;           将多个样式选项
    private final Double lineHeight;         封装在一起
    private final Color textColor;

    TextOptions(
        Font font,
        Double fontSize,
        Double lineHeight,
        Color textColor) {
      this.font = font;
      this.fontSize = fontSize;
      this.lineHeight = lineHeight;
      this.textColor = textColor;
    }
```

```
Font getFont() { return font; }
Double getFontSize() { return fontSize; }
Double getLineHeight() { return lineHeight; }
Color getTextColor() { return textColor; }
}
```

在某个函数需要包含数据对象或类的所有信息的情况下，该函数以对象或类的实例为参数是有意义的。这减少了函数参数的数量，节约了处理封装数据细节的过渡代码。但在函数只需要其中一两项信息的情况下，使用对象或类的实例作为参数可能损害代码的可重用性。9.4.1 节和 9.4.2 节解释其中的原因，并阐述一种简单的替代方法。

9.4.1　如果函数参数超出需要，可能难以重用

程序清单 9-17 展示了可用于用户界面的文本框部件的部分代码。需要注意如下问题。

- TextBox 类暴露两个公共函数——setTextStyle() 和 setTextColor()。这两个函数都以 TextOptions 的实例作为参数。
- setTextStyle() 函数使用 TextOptions 中的所有信息，因此，对这个函数来说，使用该类作为参数完全有意义。
- setTextColor() 函数只使用 TextOptions 中的文本颜色信息。从这个意义上说，setTextColor() 函数取得的参数超出需求，因为它并不需要 TextOptions 内的其他值。

目前，setTextColor() 函数仅从 setTextStyle() 函数中调用，因此不会造成太多问题。但如果有人想要重用 setTextColor() 函数，他们可能会遇到困难。我们很快就会看到这一幕。

程序清单 9-17　参数超出需要的函数

```
class TextBox {
  private final Element textContainer;
  ...

  void setTextStyle(TextOptions options) {
    setFont(...);
    setFontSize(...);                    调用 setTextColor()
    setLineHight(...);                   函数
    setTextColor(options);        ◄──────┘
  }
                                              将 TextOptions
                                              实例作为参数
  void setTextColor(TextOptions options) {  ◄──────┘
    textContainer.setStyleProperty(                    仅使用文本
        "color", options.getTextColor().asHexRgb());   颜色
  }                                              ◄──────┘
}
```

现在，想象一位工程师需要实现一个将 TextBox 设置为警告样式的函数。这个函数的需求

是将文本设置为红色，但不改变其他样式信息。这位工程师最有可能想重用 `TextBox.setTextColor()`函数，但由于该函数以 `TextOptions` 的实例为参数，重用就没有那么简单了。

程序清单 9-18 展示了这位工程师最后完成的代码。他想要做的是将文本颜色设置为红色，但他不得不构建整个 `TextOptions` 实例来完成这项工作，因为这个实例中有各种不相干的虚构值。这段代码非常令人困惑：初看的印象是，除了将颜色设置为红色之外，它还将字体设置为 Arial，字号设置为12，行高设置为14。实际情况并非如此，但我们必须了解`TextBox.setTextColor()`函数的细节，才能明显看出这一点。

程序清单 9-18　调用一个获得过多参数的函数

```
void styleAsWarning(TextBox textBox) {
  TextOptions style = new TextOptions(
      Font.ARIAL,
      12.0,            不相干的虚构值
      14.0
      Color.RED);
  textBox.setTextColor(style);
}
```

`TextBox.setTextColor()` 函数的全部意义只是设置文本颜色，因此它没有必要以 `TextOptions` 的整个实例作为参数。除必要情况之外，当有人打算在稍有不同的场景下重用该函数时，这是有害的。如果函数只取得它需要的值会更好一些。

9.4.2　解决方案：让函数只取得需要的参数

`TextBox.setTextColor()`函数从 `TextOptions` 读取的唯一信息是文本颜色。因此，该函数不需要取得整个 `TextOptions` 实例，仅取得 `Color` 的一个实例作为参数。程序清单 9-19 展示了更改后的 `TextBox` 类。

程序清单 9-19　只取得需要信息的函数

```
class TextBox {
  private final Element textElement;
  ...

  void setTextStyle(TextOptions options) {
    setFont(...);
    setFontSize(...);                            只用文本颜色调用
    setLineHight(...);                           setTextColor()函数
    setTextColor(options.getTextColor());  ←
  }                                               将 Color 的实例作为
                                                  参数
  void setTextColor(Color color) {          ←
    textElement.setStyleProperty("color", color.asHexRgb());
  }
}
```

styleAsWarning() 函数现在非常简单，也不那么令人困惑。在此没有必要构建一个充满无关虚构值的 TextOptions 实例：

```
void styleAsWarning(TextBox textBox) {
  textBox.setTextColor(Color.RED);
}
```

一般来说，让函数只取得需要的信息，会生成更可重用、更容易理解的代码。但是，仍然需要运用你的判断力。如果我们有一个将 10 个数据封装在一起的类，而一个函数需要其中的 8 个，那么将整个封装对象传递给该函数仍然是有意义的。传递 8 个未封装值的替代方法可能损害模块性（正如在第 8 章中看到的）。和许多事情一样，没有任何一种答案适用于所有情况，最好搞清楚我们所做出的权衡以及由此可能产生的后果。

9.5 考虑使用泛型

类往往包含（或引用）其他类型或类的实例。列表类就是一个显而易见的例子。如果我们有一个字符串列表，列表类就包含字符串类的实例。在列表中保存数据是非常通用的子问题：在某些情况下，我们可能想要一个字符串列表，而在其他情况下，我们可能想要一个整数列表。如果我们需要完全不同的列表类来保存字符串和整数，那是相当令人烦恼的事情。

幸运的是，许多语言支持**泛型**（有时称作**模板**）。利用泛型，我们可以编写一个类，而无须具体指定它所引用的所有类型。以列表为例，我们很容易利用相同的类保存任意需要的类型。下面是使用列表存储不同类型的例子：

```
List<String> stringList = ["hello", "world"];

List<Int> intList = [1, 2, 3];
```

如果我们编写引用另一个类的代码，但没有特别在意其他类究竟是什么，这往往是应该考虑使用泛型的信号。这样做常常只需要额外多花一点精力就可以使代码的可推广性有很大提高。9.5.1 节和 9.5.2 节将提供一个工作实例。

9.5.1 依赖于特定类型将限制可推广性

想象我们要创建一个字谜游戏。一组玩家各自提交单词，然后轮流表演（一次表示一个单词），让其他玩家猜测所表演的单词。我们需要解决的子问题之一是保存单词集合。此外，我们需要逐个随机选取单词，如果在每一轮时间限制内没有人猜出这个单词，还要将其退回集合中。

我们确定，可以通过实现一个随机队列来解决这个子问题。程序清单 9-20 展示了我们实现的 RandomizedQueue 类代码。该类保存一个字符串集合，我们可以调用 add() 函数添加新字符串，也可以调用 getNext() 函数获取和删除随机字符串。RandomizedQueue 类对 String 有硬依赖，它永远不能用于保存任何其他类型。

程序清单 9-20　使用字符串类型的硬编程

```
class RandomizedQueue {
  private final List<String> values = [];

  void add(String value) {
    values.add(value);
  }

  /**
   * Removes a random item from the queue and returns it.
   */
  String? getNext() {
    if (values.isEmpty()) {
      return null;
    }
    Int randomIndex = Math.randomInt(0, values.size());
    values.swap(randomIndex, values.size() - 1);
    return values.removeLast();
  }
}
```

对 **String** 的硬编程
依赖

RandomizedQueue 的这一实现解决了非常特殊的保存单词（可用字符串表现）用例，但不能推广以解决其他类型的同一子问题。想象一下，公司的另一个团队正在开发一款几乎完全相同的游戏，玩家提交的不是单词而是图形。两款游戏中的许多子问题几乎完全相同，但因为我们在自己的解决方案中硬编程使用字符串，所以它们不能推广以解决其他团队面临的子问题。如果代码能推广到几乎相同的子问题上，就好多了。

9.5.2　解决方案：使用泛型

在 RandomizedQueue 类的例子中，通过泛型可以非常方便地实现代码的：我们不以硬编程形式依赖 String，而是指定一个类型占位符（或模板），可在类使用时决定具体类型。程序清单 9-21 展示了使用泛型的 RandomizedQueue 类。类定义以 classRandomizedQueue<T>开始。<T>告诉编译器将使用 T 作为类型占位符。然后，我们可以在整个类定义中使用 T，就像它是一个真正的类型。

程序清单 9-21　泛型的使用

```
class RandomizedQueue<T> {
  private final List<T> values = [];

  void add(T value) {
    values.add(value);
  }

  /**
   * Removes a random item from the queue and returns it.
   */
  T? getNext() {
    if (values.isEmpty()) {
```

T 被指定为类型
占位符

类型占位符可
应用于整个类

```
        return null;
    }
    Int randomIndex = Math.randomInt(0, values.size());
    values.swap(randomIndex, values.size() - 1);
    return values.removeLast();
  }
}
```

RandomizedQueue 类现在可用于保存我们需要的任何信息，因此在使用单词的游戏版本中，可以定义如下保存字符串的类：

```
RandomizedQueue<String> words = new RandomizedQueue<String>();
```

想用它保存图片的其他团队也可以很容易定义如下类：

```
RandomizedQueue<Picture> pictures =
    new RandomizedQueue<Picture>();
```

泛型和可为空类型

在程序清单 9-21 中，getNext() 函数在队列为空时返回空值。只要没有人打算在队列中保存空值（这可能是个合理的假设），这样的处理就不会有问题。（但正如第 3 章中所讨论的，我们应该考虑用检查或者断言来强制实施这个假设。）

如果有人打算通过创建 RandomizedQueue<String?>这样的类在队列中保存空值，上述处理就有问题。这是因为无法区分 getNext() 函数返回的是队列中的空值，还是报告队列为空。如果我们真的希望支持这种用例，那么可以提供一个 hasNext() 函数，在调用 getNext() 之前调用它以检查队列是否非空。

当我们将高层次问题分解为子问题时往往会遇到一些相当基本、可能适用于各种不同用例的子问题。如果子问题的解决方案可以简单地应用于任何数据类型，使用泛型而不是依赖于特定类型常常不用花费太多力气。从代码的可推广性和可重用性方面说，这可能是不费吹灰之力的收获。

9.6　小结

- 同一个子问题往往一再出现，因此编写可重用的代码可以在未来为你自己和队友节约可观的时间和精力。
- 努力识别基本的子问题，在构造代码时力求使其他人即便在解决不同高层次问题时仍能重用特定子问题的解决方案。
- 创建清晰的抽象层次、实现代码模块化，往往能得到更容易、更安全地可重用及可推广的代码。
- 做出假设，往往要付出使代码更脆弱、更难重用的代价。
  - 确保假设的好处超过代价。
  - 如果确实需要做出假设，确保它在代码的合适层次中并尽可能强制实施。
- 使用全局状态往往是一个代价特别大的假设，造成代码重用时极不安全。在大部分情况下，最好避免使用全局状态。

第三部分

单元测试

在创建能正常工作（且保持正常工作）的代码和软件时，测试是必不可少的一部分。正如第 1 章所讨论的，测试有不同的级别，但单元测试通常是工程师日常生活中接触最多的一种测试。关于单元测试的部分在本书的最后介绍，但请不要由此推断单元测试是只在编写完代码后才附加考虑的事项。正如我们在前几章中所看到的，测试和可测试性是我们在编写代码时一直应该考虑的事情。而且，我们将在第 10 章中看到，有些学派甚至走得更远——倡导在编写代码之前编写测试。

本部分共两章。第 10 章介绍单元测试的一些基本原则，如我们所要实现的目标、测试替身等基本概念。第 11 章展开介绍一系列更为实用的考虑因素和技术，它们能帮助我们实现第 10 章确定的目标。

第 10 章　单元测试原则

本章主要内容如下：

■ 单元测试基础知识；

■ 如何造就好的单元测试；

■ 测试替身的概念，包括使用的时机和方法；

■ 测试思想。

　　工程师修改一行代码时有可能无意间破坏某些功能或者犯错误。即便极小的、看起来无害的更改也可能造成恶劣后果："只改了一行"是系统崩溃前的著名"遗言"。因为每项修改都有风险，不管是最初还是修改之后，我们都需要一种手段来确保代码正常工作。测试往往是提供这种保证的主要手段。

　　工程师通常集中精力编写自动化测试。这意味着编写测试代码来演练"真实"代码，以检查它是否正常工作。本书第 1 章描述了不同级别的测试，特别提到单元测试是工程师日常编程工作中最常处理的典型测试级别。因此，我们将在第 10 章和第 11 章中集中介绍单元测试。

　　现在，为我们所说的**单元测试**提供精确定义或许很有益处，但遗憾的是，目前对单元测试还没有精确的定义。单元测试关心的是以相对孤立的方式测试代码的不同单元。我们所说的**代码单元**可能有不同的具体含义，但往往指的是特定的类、函数或代码文件。而我们所说的**相对孤立的方式**也有不同的含义，可以有种种解读。大部分代码都不是孤立的，它们依赖于其他代码。我们将在 10.4.6 节中看到，有些工程师特别重视在单元测试中将代码与其依赖项隔离，而其他人更愿意将依赖项包含进来。

　　单元测试可能不是一个能精确定义的术语，但这通常不是太大的问题。最好不要过于痴迷单元测试的具体组成，以及自己编写的测试是否准确地与某个人为的定义相合。最为重要的是，我们要确保代码经过充分测试，并且以可维护的方式进行测试。本章介绍帮助我们实现这两个目标的一些单元测试关键原则。第 11 章将以此为基础讨论一些实用技术。

10.1 单元测试入门

如果你从未在专业环境中编写过软件，那么很可能从未遇见过单元测试。如果是这种情况，那么本节将为你提供本章和第 11 章所需的重要细节，以帮助你理解。

谈到单元测试，下面是一些需要牢记的重要概念和术语。

- **待测试代码**——有时被称为"真实代码"，指的是我们试图测试的代码。
- **测试代码**——指的是组成单元测试的代码。测试代码通常与"真实代码"在不同的文件中，不过，真实代码文件和测试代码文件之间往往存在一对一的映射关系，所以，如果我们的真实文件在 GuestList.lang 文件中，单元测试代码可能会在 GuestListTest.lang 文件中。有时候，真实代码和测试代码一起放在同一个目录中；另一些时候，测试代码保存在代码库完全不同的部分中。不同编程语言、不同团队都有不同的做法。
- **测试用例**——一个测试代码文件通常可以分为多个测试用例，每个用例测试特定行为或场景。在实践中，测试用例通常就是一个函数，除最简单的测试用例之外，每个用例中的代码常常分为如下 3 个不同的部分。
  - **布置（arrange）**——在调用想要测试的特定行为之前，往往有必要进行一些设置。这可能包括定义某些测试值、设置某些依赖项或构造正确配置的待测试代码实例（如果它是一个类）。布置往往放置在测试用例开始的单独代码块中。
  - **动作（act）**——指的是实际调用待测试行为的代码，通常涉及调用待测试代码提供的一个或多个函数。
  - **断言（assert）**——一旦调用待测试行为，测试必须检查是否真的发生正确的情况。这通常包括检查返回值是否等于预期值，或者某些结果状态是否与预期相符。
- **测试运行器**——顾名思义，测试运行器是实际运行测试的工具。给定一个或多个测试代码文件，该工具将运行每个测试用例，并输出通过与失败的细节。

图 10-1 说明了这些概念的相互关系。

注意：given、when、then
有些工程师更愿意使用**前置条件**（given）、**行为发生**（when）和**断言**（then）来代替**布置**、**动作**与**断言**的说法。倡导不同术语集的测试思想有一些微妙的差别，但在测试用例内部代码的上下文中它们是等价的。

测试的重要性经常被提及，以至于听起来像老生常谈。但无论如何，测试确实重要。近年来，在专业的软件工程环境里，几乎每一段"真实代码"都要搭配的单元测试。而且，"真实代码"的每一个行为都应该有搭配的测试用例。这是我们应该追求的理想。

你很快就会发现，不是所有现存代码都这么理想，在某些代码库中，测试可能特别不足。但这不是降低我们的标准，使之偏离理想的借口。质量不佳或者不充足的测试通常会导致事故。

大部分有过软件开发经历的工程师都能回忆起一些因为测试质量不佳而导致的"恐怖故事"。

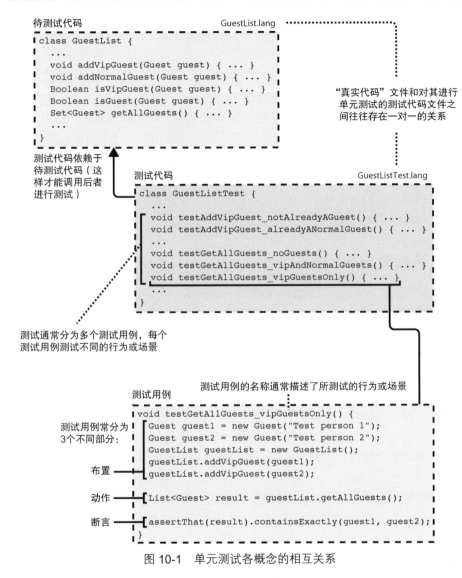

图 10-1　单元测试各概念的相互关系

测试工作质量不佳最明显的表现就是缺乏测试，但这绝不是唯一的表现形式。要想做好测试工作，我们不仅需要测试，还需要好的测试。10.2 节将定义我们心目中的好测试。

10.2　是什么造就好的单元测试

从表面上看，单元测试似乎相当简单：我们只需要编写一些测试代码，检查真实代码是否正常工作。遗憾的是，这种说法很有欺骗性。多年来，许多工程师都已经知道，单元测试相当容易出错。当单元测试出现问题时，可能导致代码非常难以维护，程序缺陷也未引起人们的注意。因此，思考造就好的单元测试的因素非常重要。为此，我们将定义好的单元测试应该拥有的 5 个关键特征。

- **准确检测破坏**——如果代码遭到破坏，测试应该失败。而且，测试应该只在代码确实被破坏的时候失败（我们不希望有假警报）。
- **与实现细节无关**——理想情况下，实现细节的变化不会造成测试的变化。
- **充分解释失败**——如果代码被破坏，测试失败应该提供对问题的清晰解释。
- **易于理解的测试代码**——其他工程师必须能够理解测试的具体内容和实施方式。
- **便捷的运行**——在日常工作中工程师通常需要频繁运行单元测试。缓慢和难以运行的单元测试将浪费他们很多时间。

10.2.1 ~ 10.2.5 节将详细探讨这些目标。

10.2.1　准确检测破坏

单元测试主要且最为明显的目的是确保代码不被破坏：它完成计划中的工作且不包含缺陷。如果待测试代码出现任何破坏，它应该不能编译或者不能通过测试。这有两个非常重要的作用。

- **使我们对代码有初步的信心**。不管我们在编程时多么小心，也几乎不可避免地会犯一些错误。通过为任何新代码或代码更改搭配全面的测试，我们就有可能在代码提交到代码库之前发现和修复这类错误。
- **防止未来的破坏**。第 3 章提到过，代码库往往是一个繁忙的场所，多位工程师不断地做出更改。很有可能在某个时间，其他工程师会在更改中偶然地破坏我们的代码。我们对此唯一的防御手段就是确保发生此类情况时代码不能编译或者测试失败。将所有代码都设计成出现破坏时停止编译是不可能的，因此确保用测试锁定所有正确行为是绝对必要的。代码更改（或其他事件）破坏某一功能被称作**回归（退化）**。以检测此类回归（退化）为目标的测试称作**回归（退化）测试**。

考虑准确性的另一方面也很重要：测试应该在待测试代码确实被破坏时才失败。按照我们刚才讨论的情况，这似乎是自然而然的，但在实践中往往不是这样。任何对逻辑谬误有经验的人都能理解，"如果代码被破坏，测试肯定会失败"并不意味着"测试只在代码被破坏时才失败"。

尽管待测试代码没有问题，某项测试却有时能通过、有时会失败，这样的测试被称为"诡异"（flakey）测试。这通常是因为测试中有一个不确定的行为，例如随机性、基于时间的竞争条件或者对外部系统的依赖。诡异测试最明显的缺点就是浪费工程师的时间，因为他们最终不得不调查本不存在的故障。而且，诡异测试实际上远比表面上更危险。熟悉"狼来了"故事的人都很容易理解其中的原因：如果一项测试总是发出代码被破坏的假警报，工程师将会忽略这些警报。如果测试真的令人气恼，他们甚至可能将其关闭。如果没有人再留意测试中的故障，那么情况和完全没有测试一样了。对于未来的破坏没有多少保护措施，引入程序缺陷的可能性也变得很大。确保测试在出现某种破坏时失败，且仅在破坏时失败，是至关重要的。

10.2.2　与实现细节无关

宽泛地讲，工程师可能对代码库进行两类更改。

- **功能更改**——修改外部可见的代码行为。这方面的例子有增加新功能、修复程序缺陷或以不同方式处理错误场景。
- **重构**——对代码的结构性更改，例如将一个大函数分解为几个小函数，或者将某些工具代码从一个文件转移到另一个文件，以方便重用。理论上，正确进行的重构不应该修改任何外部可见的代码行为（或功能特性）。

第一种更改（功能更改）对代码使用者有很大影响，因此在做出这类更改之前，我们应该小心考虑所有调用者。因为功能更改改变了代码的行为，我们希望和预计测试也需要修改。否则只能说明我们的原始测试不充分。

第二种更改（重构）不应该影响代码使用者。我们将更改实现细节，但不更改其他人关心的行为。不过，修改代码总是存在风险，重构也不例外。我们的意图是只修改代码的结果，但如何能肯定不会在这一过程中无意地修改代码的行为呢？

为了回答这个问题，我们来考虑两种编写原始单元测试时（早在我们决定进行这次重构之前）可能采用的方法：

- **方法 A**——测试不仅锁定代码的所有行为，还锁定了多项实现细节。我们通过让多个私有函数对测试可见来测试它们；直接操纵私有成员变量和依赖项来模拟状态；还在待测试代码运行后验证各成员变量的状态。
- **方法 B**——我们的测试锁定所有行为，但不锁定任何实现细节。我们强调使用代码的公共 API 来设置状态，尽可能地验证所有行为，从不使用私有变量或函数做任何验证。

现在，我们来考虑几个月之后对代码重构时会发生什么情况。如果我们正确地实施重构，那么更改的只是实现细节，外部可见的行为不应该受到任何影响。如果外部可见的行为受到影响，则说明我们犯了错误。考虑一下使用不同测试方法时发生的情况。

- **方法 A**——不管我们是否正确地实施重构，测试都将开始失败，我们必须对其进行许多修改，才能再次通过测试。现在，我们不得不测试不同的私有函数，在不同的私有成员变量和依赖项中设置状态，并在待测试代码运行后验证一组不同的成员变量。
- **方法 B**——如果我们正确地实施重构，测试应该仍然能通过（不需要修改）。如果测试失败，那么我们显然出了错，因为这意味着我们无意中改变了外部可见的行为。

使用方法 A，很难确定我们在重构代码时是否犯了错误。无论情况如何，测试都会失败并需要修改，而领会哪些测试应该修改、哪些不应该修改可能并不容易。如果使用方法 B，则很容易确信我们的重构：如果测试仍然通过，那么一切正常；如果失败，那么说明我们犯了错误。

不要同时进行功能更改和重构

对代码库进行修改时，最好的做法通常是单独进行功能更改或者重构，而不要同时进行这两项工作。重构不应该改变任何行为，而功能更改会改变行为。如果我们同时进行这两项工作，就难以推导行为中的哪些变化是功能更改所预期的，哪些是因为重构中的错误引起的。较好的做法通常是先进行重构，然后再单独进行功能更改。这样隔离潜在问题的根源就要容易得多。

代码经常被重构。在成熟的代码库中，重构的数量往往超过了新写代码的数量，因此确保代码在重构时不会遭到破坏是至关重要的。通过使测试与实现细节无关，我们就可以确保拥有一种可靠、清晰的信号，任何重构者都可以用它们测试自己是否出了错。

10.2.3　充分解释失败

正如我们在 10.2.1 节和 10.2.2 节中所看到的，测试的主要目的之一是避免未来的破坏。常见的场景之一是，一位工程师在修改时无意中破坏了其他人的代码。随后，测试开始失败，这提醒工程师他造成了某些破坏。那位工程师接着观察测试失败，试图找出问题所在。他可能对无意中破坏的代码很不熟悉，因此，如果测试失败时不指出破坏的地方，那么他们很可能需要浪费许多时间去寻找。

为了确保测试清晰、准确地解释破坏所在，有必要考虑测试产生的错误信息种类，以及它们对其他工程师是否有用。图 10-2 展示了两种测试失败时可能看到的错误信息。第一种信息说明获取事件方面出现了**某种问题**，但对于**具体的错误**没有提供任何信息。相反，第二种信息给出了错误的清晰描述。我们可以看到，问题在于事件没有按照时间顺序返回。

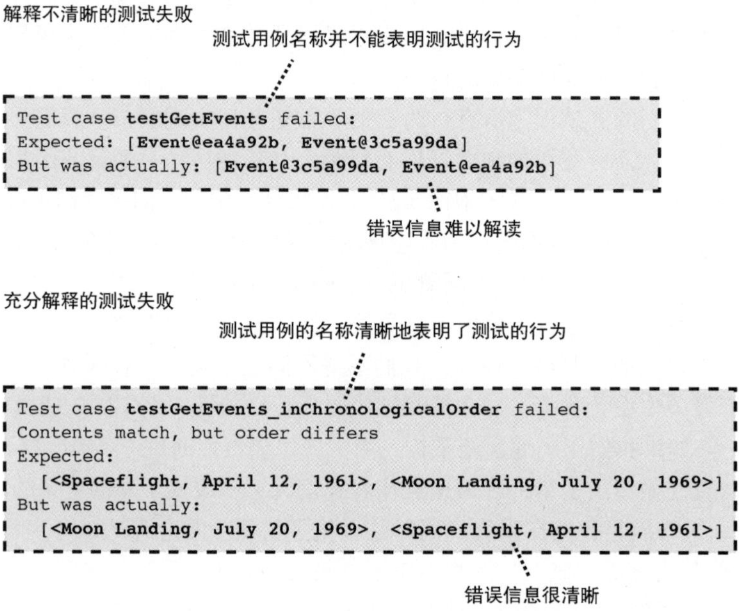

解释不清晰的测试失败

测试用例名称并不能表明测试的行为

```
Test case testGetEvents failed:
Expected: [Event@ea4a92b, Event@3c5a99da]
But was actually: [Event@3c5a99da, Event@ea4a92b]
```

错误信息难以解读

充分解释的测试失败

测试用例的名称清晰地表明了测试的行为

```
Test case testGetEvents_inChronologicalOrder failed:
Contents match, but order differs
Expected:
  [<Spaceflight, April 12, 1961>, <Moon Landing, July 20, 1969>]
But was actually:
  [<Moon Landing, July 20, 1969>, <Spaceflight, April 12, 1961>]
```

错误信息很清晰

图 10-2　如果测试失败时能清晰地说明错误所在，那么将比仅仅表示出现错误有用得多

确保测试失败得到充分解释的最佳方法是一次仅测试一种行为,并为每个测试用例使用描述性名称。这往往会产生许多小的测试用例,每个测试用例锁定一种特定行为,而不是试图一次性测试所有行为的大型测试用例。当测试开始失败时,通过检查失败的测试用例名称,很容易准确地发现遭到破坏的行为。

10.2.4　易于理解的测试代码

到目前为止,我们一直假设测试失败表示代码受到破坏。但这并不完全是真实的,更准确地说,测试失败表示代码现在的表现形式不同。表现形式的不同是否真的代表代码被破坏取决于具体情况。例如,一位工程师可能有意地修改了代码的功能以满足某项新需求。在这种情况下,行为的变化是故意的。

做出这一更改的工程师显然必须小心行事,一旦他们尽心尽责地确保更改安全,他们就必须更新测试,以反映这项新功能。如前所见,修改代码是有风险的,这也适用于测试代码本身。假设测试锁定了某段代码中的 3 种行为。如果一位工程师有意更改的只是其中一项行为,那么理想的情况下只需要修改测试该行为的测试用例,测试其他两项行为的用例应该保持不变。

对于确信更改只影响预期行为的工程师,他们必须知道影响了测试的哪些部分,这些部分是否必须更新。为此,他们必须理解测试,包括不同测试用例的测试内容和测试方法。

在第 11 章中我们将会看到,最常见的两种错误是一次测试过多行为和使用过多的共享测试设置。这两种情况都可能导致测试极难理解和推导,使未来待测试代码的修改安全性大大下降,因为工程师难以理解他们所做的特定更改是否安全。

坚持使测试代码易于理解的另一个原因是,有些工程师喜欢将测试当成代码的一种使用说明。如果他们对特定代码段或其所提供功能的使用有些疑惑,那么通读单元测试代码可能是一种很好的方法。如果测试难以理解,就无法成为很有用的使用说明。

10.2.5　便捷运行

大部分单元测试的运行相当频繁。单元测试重要的功能之一是避免将遭到破坏的代码提交到代码库。因此,许多代码库使用预提交检查,以确保在提交更改前通过所有相关的测试。如果单元测试需要花费 1h,那么每位工程师的工作都会减慢速度。这是因为不管一项代码更改多么微不足道,提交都至少要花费 1h。除在提交代码更改之前运行单元测试之外,工程师往往会在开发代码时多次运行单元测试,这是缓慢的单元测试减慢工程师工作进度的另一种方式。

确保测试运行便捷的另一个原因是最大限度地增加工程师真正测试代码的机会。如果测试很缓慢,这项工作就变得很痛苦,工程师自然也就倾向于减少测试次数。许多自尊心强的工程师可能不太愿意承认,但从经验上看,这似乎是事实。尽可能地使测试简便、快捷,不仅能提高工程师的效率,还能产生更广泛、全面的测试。

10.3 专注于公共 API，但不要忽略重要的行为

我们刚刚讨论过单元测试与实现细节无关的重要性。第 2 章说过，代码的不同特征可分为两个截然不同的部分——公共 API 和实现细节。如果我们的目标是避免测试实现细节，这意味着我们应该努力地仅用代码的公共 API 进行测试。

实际上，"仅使用公共 API 测试"是关于单元测试的很常见的忠告。如果你对这一主题已经有所认识，那么可能在之前已经听到过这句话。专注于公共 API，迫使我们将全部注意力放在代码用户最终关心的行为上，而不是作为实现手段的细节。这有助于我们测试真正重要的东西，在此过程中也容易保证测试与实现细节无关。

为了说明测试时专注于公共 API 的好处，考虑如下代码片段中计算动能（单位为焦耳）的函数。这个函数的所有调用者关心的是根据指定的质量（单位为 kg）和速度（单位为 m/s）返回正确的动能值。而该函数调用 Math.pow() 函数属于实现细节。我们可以用 speedMs * speedMs 代替 Math.pow(speedMs, 2.0)，对任何调用者来说，该函数的表现将完全相同：

```
Double calculateKineticEnergyJ(Double massKg, Double speedMs) {
  return 0.5 * massKg * Math.pow(speedMs, 2.0);
}
```

如果专注于公共 API，我们就必须编写锁定调用者所关心行为的测试。因此，我们可以编写一系列测试用例，检查指定输入是否返回预期值。下面的代码片段展示了这样一个测试用例。（**注意，因为返回值是双精度值，我们检查该值是否在某一范围内，而不是精确相等。**）

```
void testCalculateKineticEnergy_correctValueReturned() {
  assertThat(calculateKineticEnergyJ(3.0, 7.0))          断言该值在 73.5 的 0.000 000 000 1
    .isWithin(1.0e-10)                                    范围内
    .of(73.5);
}
```

如果我们觉得编写测试来检查 calculateKineticEnergyJ() 是否调用 Math.pow() 有吸引力，那么"仅使用公共 API 测试"原则将指引我们远离这一诱惑，防止我们将测试与实现细节耦合，确保我们全神贯注地测试调用者真正关心的东西。对于如此简单的例子，这似乎十分明了。但当我们要测试的代码更加复杂时，一切会变得愈发费解。

我们刚刚看到的 calculateKineticEnergyJ() 函数相当独立。它仅通过参数取得输入，唯一的效果就是返回答案。在现实中，代码很少这么独立，往往取决于许多其他代码，如果这些依赖项中的一些向代码提供了外部输入，或者代码对它们产生了副作用，测试也就变得更微妙了。

在这些情况下，"公共 API"的具体含义可能很主观，我曾经遇到过一些情况，工程师以"仅使用公共 API 测试"为由，没有测试一些重要的行为。他们的根据是，如果某一行为不能用他们认为的公共 API 触发或检查，就不应该测试它。这时运用常识、务实思考就变得很重要了。

就单元测试而言，第 2 章给出的**实现细节**的定义过于简单。实际上，某一事实是不是实现细节与上下文相关。第 2 章从代码相互依赖的抽象层次角度讨论了这个概念。在那种场景下，一段代码必须了解另一段代码的所有情况都在公共 API 中，因此其他的都是实现细节。但在测试的时候，测试代码可能需要知道其他一些不被视为公共 API 的事实。为了更好地解释这一点，我们来看一个类比。

想象我们为一家运营咖啡售卖机网络的公司工作。图 10-3 展示了本公司制造和使用的机器模型。我们的任务是测试这台机器，检查它是否正常工作。这台机器公共 API 的组成可以有一些不同的解释，但一位工程师可能将其定义为"购买一杯咖啡的顾客与这台机器的互动方式"。如果我们接受这一定义，那么公共 API相当简单：顾客在读卡器上刷信用卡，选择喜欢的饮品，机器送出一杯顾客选择的饮品。公共 API 可能还要向顾客报告一些错误的情况，例如信用卡被拒付或者机器故障。

乍一看，我们似乎可以用定义为公共 API的事实测试售卖机的主要行为：支付、选择饮品并检查机器是否返回正确的选择。但这并不完全正确，从机器测试者的角度看，我们所要

图 10-3　一台咖啡售卖机有公共 API，
但我们仅用公共 API 无法全面测试该机器

考虑的不仅仅是公共 API。我们必须设置售卖机的一些依赖项。在接通电源、装满水箱并在磨豆机中放入一些咖啡豆之前，我们不可能测试这台机器。对客户而言，这些都是实现细节，但对于我们测试人员而言，不首先做这些设置，测试就不可行。

我们可能还需要测试一些不是公共 API 组成部分而且顾客视为实现细节的行为。这台售卖机恰好是台"智能"售卖机，它与互联网连接，每当水或咖啡豆快用完时会自动通知技术人员。（这是售卖机可能有意产生的副作用的一个例子。）顾客可能没有意识到这一功能，即便知道也会将其视为实现细节。然而，这是售卖机的一个重要行为，因此是我们需要测试的。

另外，有许多事实对顾客和我们测试人员来说都绝对是实现细节。这方面的例子之一是机器烧水以制作咖啡的方式：它是使用加热块还是锅炉。这不是我们应该测试的，因为它是机器的内部细节，与我们没有直接关系。咖啡鉴赏家或许会说这很重要，因为锅炉烧出来的水冲的咖啡口味更好。但如果我们分析他们的论据，仍然表明水的加热方法是实现细节。鉴赏家最终关心的是咖啡的口味，加热水的方法只不过是实现手段，因此如果我们担心鉴赏家们抱怨，应该确保咖啡的口味（而不是加热水的方法）是我们要测试的内容。图 10-4 说明了这台售卖机的不同依赖项，以及测试与它们的相互关系。

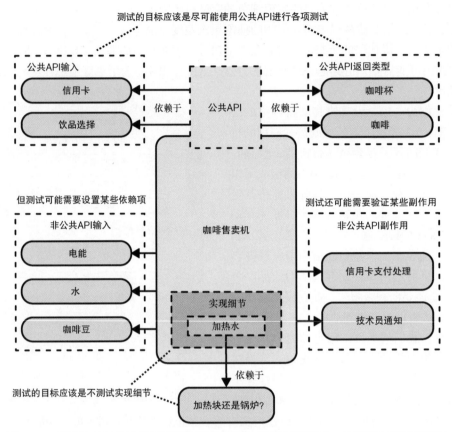

图 10-4　测试的目标应该是尽可能使用公共 API 进行各项测试。但测试往往有必要与
公共 API 之外的依赖项互动，以执行设置、验证预期的副作用

售卖机的测试与代码的单元测试类似。程序清单 10-1 用例子说明了这一点。AddressBook 类允许调用者查找一位用户的电子邮件地址，实现的方法是从一台服务器上读取电子邮件地址。该类还缓存此前读取的地址，防止重复请求引起服务器超载。就该类使用者而言，他们以用户 ID 为参数调用 lookupEmailAddress() 函数，得到一个电子邮件地址（如果没有找到，则返回空值），因此说 lookupEmailAddress() 函数是该类的公共 API 是合理的。这意味着，它依赖于 ServerEndPoint 类和缓存电子邮件地址对类的用户来说都是实现细节。

程序清单 10-1　AddressBook 类

```
class AddressBook {
  private final ServerEndPoint server;
  private final Map<Int, String> emailAddressCache;    对类的用户来说是实现细节
  ...
```

```
String? lookupEmailAddress(Int userId) {                    ←———  公共 API
  String? cachedEmail = emailAddressCache.get(userId);
  if (cachedEmail != null) {
    return cachedEmail;
  }
  return fetchAndCacheEmailAddress(userId);
}

private String? fetchAndCacheEmailAddress(Int userId) {
  String? fetchedEmail = server.fetchEmailAddress(userId);
  if (fetchedEmail != null) {
    emailAddressCache.put(userId, fetchedEmail);                更多实现细节
  }
  return fetchedEmail;
}
}
```

公共 API 反映了该类最重要的行为：根据用户 ID 查找电子邮件地址。但除非我们设置（或模拟）一个 ServerEndPoint 对象，否则无法测试这一行为。此外，另一个重要行为是，用同一个用户 ID 调用 lookupEmailAddress() 不会重复调用服务器。这不是公共 API（按照我们的定义）的一部分，但仍然是重要的行为，因为我们不希望服务器超载，所以应该测试。注意，我们实际上关心的（也是应该测试的）是不向服务器发出重复请求。类使用缓存实现这一功能的事实只是手段，因此，即便对测试来说也属于实现细节。图 10-5 说明了 AddressBook 类的依赖项，以及测试与它们的相互关系。

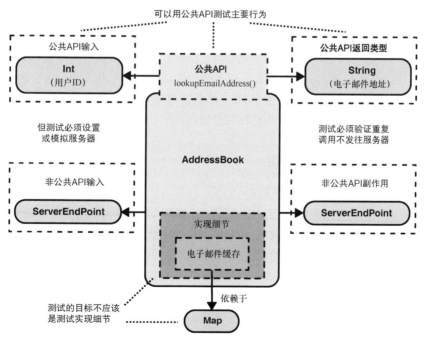

图 10-5　不能用定义为公共 API 的事实完整地测试 AddressBook 类的所有重要行为

只要有可能,我们应该使用公共 API 测试代码行为。这很可能适用于任何纯粹通过公共函数参数、返回值或错误报告发生的任何行为。但根据我们选择的代码公共 API 定义,在有些情况下,可能无法仅用公共 API 测试所有行为。如果有必要设置各种依赖项,或者验证某些副作用是否发生,就会发生这种情况。下面是一些例子。

- **与服务器交互的代码**。为了测试代码,我们有必要设置或模拟服务器,使其能提供必要的输入。我们还可能要验证代码对服务器产生的副作用,如调用服务器的频率,以及请求格式是否有效。
- **在数据库上保存或读取值的代码**。我们可能需要以数据库中的多个不同值测试代码,以便演练所有行为。我们还可能需要检查代码保存到数据库的值(副作用)。

"仅使用公共 API 测试"和"不要测试实现细节"都是很好的建议,但我们必须理解,它们是指导原则,而"公共 API"和"实现细节"的定义可能很主观且与上下文有关。归根到底,重要的是我们正确地测试了代码的所有重要行为,有些时候,我们可能无法仅用我们所认为的公共API 做到这一点。但我们仍然应该保持警惕,尽可能地保持测试与实现细节无关,因此应该只在别无选择的时候偏离公共 API。

10.4   测试替身

本章开始时提到,单元测试的目标是以"相对孤立的方式"测试一个代码单元。但正如我们刚刚所见,代码常常依赖于其他条件,为了全面测试所有代码行为,我们往往需要设置输入并验证副作用。但我们马上就会看到,在测试中使用真实的依赖项并不总是可行或者可取。

使用真实依赖项的替代方法是使用**测试替身**(test double)。测试替身是模拟依赖项的对象,但其方式使其更适合用于测试。我们将首先探索使用测试替身的一些理由,然后观察 3 种具体的测试替身类型:模拟对象(mock)、桩(stub)和伪造对象(fake)。在此过程中,我们将了解模拟对象和桩是如何产生问题的,以及为何在有伪造对象可用的情况下,这种对象更可取。

10.4.1   使用测试替身的理由

我们想要使用测试替身的 3 种常见理由如下。

- **简化测试**——有些依赖项在测试中使用时很棘手,令人痛苦。依赖项可能需要许多配置,或者要求我们配置大量子依赖项。如果出现这样的情况,我们的测试就可能变得很复杂,且与实现细节紧密耦合。使用测试替身代替真正的依赖项,可以简化各项工作。
- **保护外部世界免受测试影响**——某些依赖项对真实世界有副作用。如果其中一个代码依赖项向真实服务器发送请求或者向真实数据库写入值,则可能对用户或关键业务过程产生后果。在这种情况下,我们可以使用测试替身保护外部世界的各种系统免受测试行为的影响。

- **保护测试免受外部世界影响**——外部世界可能充满不确定性。如果代码的一个依赖项从真实数据库中读取其他系统正在写入的值，返回值可能随时变化。这可能导致我们的测试变得诡异，相反，测试替身可以配置为始终有相同的确定性表现。

本小节下面的内容详细探讨这些理由，并说明如何在这些场合下使用测试替身。

简化测试

有些依赖项可能需要花很多精力去设置。依赖项本身需要我们指定许多参数，也可能有许多需要配置的子依赖项。除设置它们之外，我们的测试还有可能必须验证子依赖项中预期的副作用。在这种情况下，一切都可能失去控制。我们可能最终在测试中编写堆积如山的设置代码，它们最终也会与许多实现细节紧密耦合（见图 10-6）。

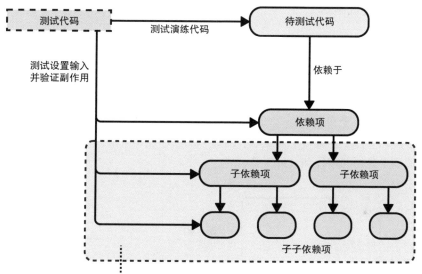

图 10-6　在测试中使用真实依赖项有时不切实际。这可能是因为依赖项有许多也需要交互的子依赖项

相比之下，如果我们使用测试替身，就可以避开设置真实依赖项或者验证子依赖项行为的需求。测试代码只需要与测试替身交互，以设置参数和验证副作用（两者应该都相对简单）。从图 10-7 中可以看出测试变得相当简单。

简化测试的另一个动机可能使测试运行得更快。如果其中一个依赖项调用某个计算代价很大的算法或者需要许多速度缓慢的设置工作，那么这一点可能适用。

正如我们在后面要探讨的，在有些场合下使用测试替身可能使测试与实现细节的耦合度更高。有些时候，设置测试替身也可能比使用真正的依赖项更复杂，所以每个案例都必须考虑使用测试替身简化测试的正反两方面论据。

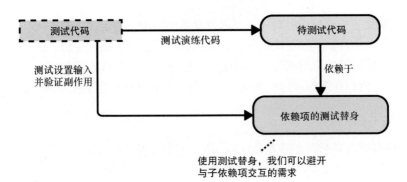

图 10-7　测试替身可以消除对子依赖项的担心，简化测试

保护外部世界免受测试影响

除希望以相对孤立的方式测试代码之外，可能有一些难以避免的原因促使我们不得不孤立测试。想象我们在开发一个处理付款的系统，将要对从客户银行账户扣款的代码进行单元测试。当代码在现实世界中运行时，其中一项副作用就是从客户的真实账户中取走真实资金。这段代码依靠 BankAccount 类实现扣款功能，该类则与真正的银行系统交互。如果我们在测试中使用 BankAccount 类的一个实例，那么每当测试运行时，都要从一个真实的账户中取走真实资金（见图 10-8）。这几乎肯定不是一个好主意，因为可能会产生不好的后果，例如影响了真实客户的资金，或者破坏了公司的审计和会计工作。

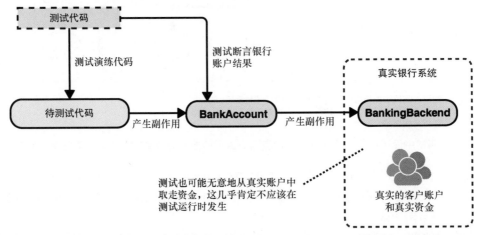

图 10-8　如果依赖项引起了真实世界的副作用，我们可能应该使用测试替身代替真实依赖项

这是我们必须保护外部世界免受测试影响的一个例子。我们可以使用测试替身代替 BankAccount 的真正实例。这能将测试与真实的银行系统隔离，也意味着测试运行时不影响真实的银行账户或资金（见图 10-9）。

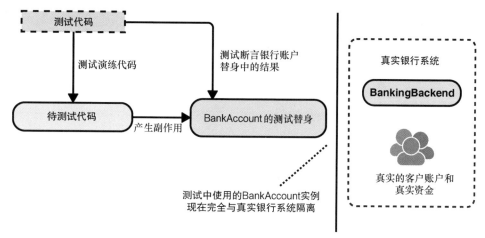

图 10-9　测试替身可以保护外部世界中的真实系统免受副作用影响

测试有从真实银行账户中取出真实资金的副作用，或许是一个极端的例子，但它阐述的要点是普遍适用的。更有可能出现的场景是，测试的副作用是向真实服务器发送请求，或者在真实数据库中写入值。这些副作用可能算不上严重，但可能引起如下问题。

- **用户看到奇怪的、令人困惑的数值**——想象我们运行一项电子商务，我们的测试将记录写入真实数据库。这些“测试”记录随后可能对用户可见。访问首页的用户可能发现，显示的产品中有一半称作“虚构的测试商品”，如果他们试图将这些商品加入用户购物篮，就会出错。大部分用户可能不会觉得这是一个好的体验。
- **可能影响我们的监控和日志**——测试可能有意向服务器发出无效请求，以测试产生的错误响应是否正确处理。如果这个请求送到了真实服务器，那么该服务器的错误率将会提高。这可能导致工程师误以为出现了问题。或者，如果人们学会了从测试中预计错误的基准数量，那么他们可能不会注意到系统出现真正问题时增加的错误率。

在面向客户或关键业务系统中，测试不产生副作用是很重要的。这些系统需要受到保护，免受测试的影响，测试替身是保持测试孤立进行、实现这一目标的有效手段。

保护测试免受外部世界影响

除保护外部世界免受测试影响之外，使用测试替身的另一个原因可能与此相反——保护测试免受外部世界影响。真实的依赖项可能有不确定的行为。这方面的例子包括，真实依赖项从数据库读取经常变化的值，或者用随机数生成器生成 ID 之类的数值。在测试中使用这样的依赖项可能造成测试表现诡异，正如此前所看到的，这可能是我们应该避免的情况。

为了阐述这种情况，以及测试替身的作用，我们来看另一段与银行账户有关的代码：读取账户余额。真实账户的余额可能经常变化，因为账户持有人会存取资金。即便我们建立一个只用于测试的特殊账户，余额仍可能随着支付利息或者扣除账户费用而变化，因此如果一项测试利用真实银行账户，待测试代码读取余额，测试可能就会出现诡异的结果（见图 10-10）。

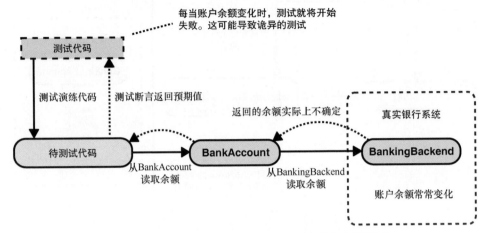

图 10-10 如果依赖项的表现不确定，可能导致诡异的测试

解决方案是隔离测试与真实银行系统，这也是可以使用测试替身完成的工作。如果我们使用 BankAccount 的测试替身，那么测试代码可以用预先确定的账户余额配置它（见图 10-11）。这意味着，每次测试运行时，账户余额都是同一个确定值。

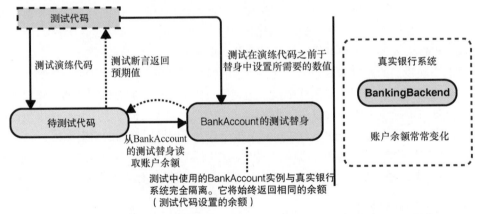

图 10-11 测试替身可以保护测试免受真实依赖项的任何不确定行为的影响

我们已经看到，有几种原因可能促使我们决定，使用真实依赖项是不合理的、不可行的。一旦我们确定了要使用测试替身，就必须决定使用何种替身。10.4.2 节～10.4.5 节将讨论 3 种最常见的选择：模拟对象、桩和伪造对象。

10.4.2 模拟对象

模拟对象模拟一个类或接口，它不提供任何功能，仅仅记录对成员函数的调用。在这样做的同时，它还记录了调用函数时提供的参数值。模拟对象可在测试中用于验证待测试代码是否确实调用依赖项提供的函数。因此，模拟对象最适合用于模拟待测试代码会导致副作用的依赖项。为了说明模拟对象的用法，我们考虑前面看到的银行账户示例，但这一次有一些相应的代码。

程序清单 10-2 展示了 `PaymentManager` 类的代码。这个类包含 `settleInvoice()` 函数，顾名思义，该函数允许调用者通过从客户银行账户扣款来结算发票。如果我们为该类编写单元测试，明显需要测试的行为之一就是确实从客户账户中扣除相应金额。`customerBankAccount` 参数是 `BankAccount` 的一个实例，因此为了扣款，我们的测试必须与这个依赖项交互，以验证是否产生预期的副作用。

程序清单 10-2　依赖于 BankAccount 的代码

```
class PaymentManager {
  ...

  PaymentResult settleInvoice(          ← 以 BankAccount
     BankAccount customerBankAccount,      实例为参数
     Invoice invoice) {
    customerBankAccount.debit(invoice.getBalance());  ←
    return PaymentResult.paid(invoice.getId());          从账户中扣款是我们
  }                                                      需要测试的行为之一
}
```

`BankAccount` 是一个接口，实现它的类称为 `BankAccountImpl`。程序清单 10-3 展示了 `BankAccount` 接口和 `BankAccountImpl` 类。我们可以看到，`BankAccountImpl` 类依赖于 `BankingBackend` 类，后者连接到真正的银行系统。如前所述，这意味着我们不能在测试中使用 `BankAccountImpl` 的实例，因为这将导致在真实账户中划账（我们必须保护外部世界免受测试影响）。

程序清单 10-3　BankAccount 接口与实现

```
interface BankAccount {
  void debit(MonetaryAmount amount);
  void credit(MonetaryAmount amount);
  MonetaryAmount getBalance();
}
                                          依赖于 BankingBackend，后者会
class BankAccountImpl implements BankAccount {   影响真实账户中的真实资金
  private final BankingBackend backend;   ←
  ...

  override void debit(MonetaryAmount amount) { ... }
  override void credit(MonetaryAmount amount) { ... }
  override MonetaryAmount getBalance() { ... }
}
```

使用 `BankAccountImpl` 的替代方法之一是使用 `BankAccount` 接口的一个模拟对象，然

后检查是否以正确的参数调用 debit() 函数。程序清单 10-4 展示了检查账户扣除正确款项的测试用例。关于这段代码，需要注意的事项如下：

- 银行账户接口的模拟对象通过调用 createMock(BankAccount) 创建；
- mockAccount 传递给 settleInvoice() 函数（待测试代码）；
- 测试验证是否以预期的金额（这里是发票总额）调用 mockAccount.debit() 函数一次。

程序清单 10-4　使用模拟对象的测试用例

```
void testSettleInvoice_accountDebited() {
    BankAccount mockAccount = createMock(BankAccount);          ◁——  创建 BankAccount 的
    MonetaryAmount invoiceBalance =                                   模拟对象
        new MonetaryAmount(5.0, Currency.USD);
    Invoice invoice = new Invoice(invoiceBalance, "test-id");
    PaymentManager paymentManager = new PaymentManager();

    paymentManager.settleInvoice(mockAccount, invoice);        ◁——  待测试代码用 mockAccount
                                                                     调用
    verifyThat(mockAccount.debit)
        .wasCalledOnce()                      测试断言以预期参数调用
        .withArguments(invoiceBalance);       mockAccount.debit()函数
}
```

使用模拟对象，我们就可以在不使用 BankAccountImpl 类的情况下测试 PaymentManager.settleInvoice() 函数。这成功地保护了外部世界免受测试影响，但正如我们将在 10.4.4 节中看到的，真正的风险是测试现在可能不够逼真，不能捕捉重要的程序缺陷。

10.4.3　桩

桩模拟函数，在函数每次被调用时返回预定义值。这使得测试可以通过桩模拟某些成员函数来模拟依赖项，待测试代码将调用这些成员函数并使用其返回值。因此，桩可用于模拟代码取得输入的依赖项。

虽然模拟对象和桩之间有明显的区别，但在非正式的交谈中，许多工程师用**模拟对象**这个词来指代两个概念。在许多提供桩功能的测试工具中，都有必要创建该工具所称的模拟对象，即便我们只打算用它建立某些成员函数的桩。本节中的代码示例就说明了这一点。

想象一下，我们现在需要更改 PaymentManager.settleInvoice() 函数，在从银行账户中扣款之前检查余额是否足够。这将有助于减少拒绝交易的次数，而拒绝交易会影响客户在银行的信用等级。程序清单 10-5 展示了更改后的代码。

程序清单 10-5　调用 getBalance() 的代码

```
class PaymentManager {
    ...

    PaymentResult settleInvoice(
```

```
    BankAccount customerBankAccount,
    Invoice invoice) {
  if (customerBankAccount.getBalance()
      .isLessThan(invoice.getBalance())) {
    return PaymentResult.insufficientFunds(invoice.getId());
  }
  customerBankAccount.debit(invoice.getBalance());
  return PaymentResult.paid(invoice.getId());
  }
}
```

这段代码依赖于 customerBankAccount.getBalance() 函数返回的值

我们为 `PaymentManager.settleInvoice()` 函数增加的新功能意味着，现在需要为更多的行为添加测试用例，如：

- 如果余额不足，`PaymentResult` 将返回相应的提示信息；
- 如果余额不足，就不会尝试扣款；
- 余额充足则从账户中扣款。

很明显，我们必须编写一些依赖于银行账户余额的单元测试用例。如果我们在测试中使用 `BankAccountImpl`，那么待测试代码将读取真实银行账户的余额，前面已经确定，这一数值时刻变化，因此使用 `BankAccountImpl` 将在测试中引入不确定性，可能使其表现得很诡异。

这是我们必须保护测试免受外部世界影响的场景。我们可以为 `BankAccount.getBalance()` 函数使用一个桩。我们可以配置这个桩在每次调用时返回预先确定的值。这时我们可以测试代码的表现是否正常，同时确保测试具有确定性，不会出现诡异现象。

程序清单 10-6 展示了刚才提到的第一种行为（如果余额不足，`PaymentResult` 返回相应信息）的测试用例。

程序清单 10-6　使用桩的测试用例

```
void testSettleInvoice_insufficientFundsCorrectResultReturned() {
  MonetaryAmount invoiceBalance =
      new MonetaryAmount(10.0, Currency.USD);
  Invoice invoice = new Invoice(invoiceBalance, "test-id");
  BankAccount mockAccount = createMock(BankAccount);
  when(mockAccount.getBalance())
      .thenReturn(new MonetaryAmount(9.99, Currency.USD));
  PaymentManager paymentManager = new PaymentManager();

  PaymentResult result =
      paymentManager.settleInvoice(mockAccount, invoice);

  assertThat(result.getStatus()).isEqualTo(INSUFFICIENT_FUNDS);
}
```

即使我们只使用桩，也要"模拟" BankAccount 接口

为 mockAccount.getBalance() 函数创建桩，并配置其始终返回 9.99 美元

测试断言返回"余额不足"的结果

关于这段代码，需要注意如下事项：

- 如前所述，在许多测试工具中，即使我们只想使用它们创建桩，也有必要创建称为"模拟对象"的工具，因此我们创建一个 `mockAccount`，然后为 `getBalance()` 函数创建桩，而不使用任何模拟功能；
- `mockAccount.getBalance()` 桩配置为返回预先确定的值（9.99 美元）。

通过使用桩，我们可以保护测试免受外部世界影响，也防止产生诡异的现象。这（和 10.4.2 节）说明，模拟对象和桩可以模拟可能出问题的依赖项，帮助我们隔离测试。有时候这是必要的，但使用模拟对象和桩也有一些缺点。10.4.4 节解释两个主要的缺点。

10.4.4　模拟对象和桩可能有问题

关于模拟对象和桩的使用方法有不同的学派，我们将在 10.4.6 节中研究。在讨论不同学派之前（以及了解伪造对象之前），讨论模拟对象和桩可能造成的一些问题也是很重要的。使用这两种测试工具有如下两个主要的缺点：

- 如果模拟对象或桩配置后的表现与真实依赖项不同，则可能导致测试不真实；
- 它们可能导致测试与实现细节紧密耦合，我们之前已经看到，这会给重构带来困难。

本小节下面的内容将更详细地探讨上述问题。

模拟对象和桩可能导致不真实的测试

每当我们用模拟对象或者桩替代一个类或函数时，就必须（以编写测试的工程师身份）决定模拟对象或桩的表现形式。我们可能使它们表现得与现实生活中的类或函数不同，这是一个真正的风险。如果我们这么做了，测试可能会通过，我们以为一切正常，可是代码实际运行时却不正确或者有缺陷。

此前，当我们使用模拟对象测试 `PaymentManager.settleInvoice()` 函数时，我们测试了发票有正余额 5 美元的情况，也就是说，客户欠公司 5 美元。但发票余额也可能为负数，例如客户得到一笔退款或者某种补偿金，因此我们也应该测试这种情况。表面上，这好像很容易，我们只要复制前一个测试用例，用−5 作为发票余额。程序清单 10-7 展示了我们的测试用例的最终代码。测试通过，所以我们的结论是 `PaymentManager.settleInvoice()` 函数能够正确处理负余额。遗憾的是，我们很快会看到，情况并非如此。

程序清单 10-7　测试负发票余额

```
void testSettleInvoice_negativeInvoiceBalance() {
  BankAccount mockAccount = createMock(BankAccount);
  MonetaryAmount invoiceBalance =                          ← 发票余额为负数
      new MonetaryAmount(-5.0, Currency.USD);
  Invoice invoice = new Invoice(invoiceBalance, "test-id");
  PaymentManager paymentManager = new PaymentManager();

  paymentManager.settleInvoice(mockAccount, invoice);

  verifyThat(mockAccount.debit)          测试断言以预期的负数调用
      .wasCalledOnce()                   mockAccount.debit()函数
      .withArguments(invoiceBalance);
}
```

我们的测试用例断言，代码以正确的发票余额（此时为负）调用了 `mockAccount.debit()`

函数。但这并不意味着在现实生活中，以负值调用 AccountImpl.debit() 函数真正符合我们的预期。编写 PaymentManager 类时，我们做出了一个隐含的假设，从银行账户扣除一笔金额为负数的款项，结果是增加账户余额。通过模拟对象的使用，我们在测试中重复了这一假设。这意味着，假设的有效性从未真正得到测试，不管代码在现实生活中的表现如何，这种测试都会通过，它本质上只是一个同义反复。

遗憾的是，我们的假设在现实中并不成立。仔细观察 BankAccount 接口，就会看到如下的文档，这表明如果以负值调用 debit() 或者 credit() 函数，就会抛出 ArgumentException 异常：

```
interface BankAccount {
  /**
   * @throws ArgumentException if called with a negative amount
   */
  void debit(MonetaryAmount amount);

  /**
   * @throws ArgumentException if called with a negative amount
   */
  void credit(MonetaryAmount amount);

  ...
}
```

显然，PaymentManager.settleInvoice() 函数中有一个缺陷，但因为我们在测试中使用了模拟对象，所以不会显露这个缺陷。这是使用模拟对象的主要缺点之一。编写测试的工程师必须确定模拟对象的行为，如果他在理解真实依赖项工作方式的时候犯了错误，就可能在配置模拟对象的时候犯同样的错误。

同样的问题也适用于桩的使用。使用桩可以测试我们的代码在依赖项返回某个值时的表现是否符合要求。但是，它对于依赖项是否真的返回某个实际值不做任何测试。在 10.4.3 节中我们使用一个桩来模拟 BankAccount.getBalance() 函数，但可能未能充分考虑这个函数的代码契约。想象一下，我们仔细观察 BankAccount 接口并发现以下的文档，这是我们在配置桩的时候忽略的情况：

```
interface BankAccount {
  ...
  /**
   * @return the bank account balance rounded down to the
   *     nearest multiple of 10. E.g. if the real balance is
   *     $19, then this function will return $10. This is for
   *     security reasons, because exact account balances are
   *     sometimes used by the bank as a security question.
   */
  MonetaryAmount getBalance();
}
```

注意：余额舍入

getBalance() 函数的例子返回一个舍入值，以说明用桩替换函数时非常容易忽视某些细节。在现实生活中，对账户余额进行舍入运算不是特别可靠的安全特性。攻击者仍然有办法估计出准确的余额，例如反复对账户进行 0.01 美元的扣款，直到 getBalance() 函数返回的值出现变化。

模拟对象和桩导致测试与实现细节之间的紧密耦合

在本小节前面我们看到，如果发票余额为负，customerBankAccount.debit() 函数调用不能正常工作，使用模拟对象意味着测试中不会注意到这个程序缺陷。如果某位工程师最终注意到这个缺陷，他们可能会在 settleInvoice() 函数中加入一条 if 语句来解决问题（参见如下的代码片段）。如果余额为正数，则调用 customerBankAccount.debit() 函数，余额为负数则调用 customerBankAccount.credit() 函数。

```
PaymentResult settleInvoice(...) {
  ...
  MonetaryAmount balance = invoice.getBalance();
  if (balance.isPositive()) {
    customerBankAccount.debit(balance);
  } else {
    customerBankAccount.credit(balance.absoluteAmount());
  }
  ...
}
```

如果工程师使用模拟对象测试这段代码，他们最终将得到各种不同的测试用例，以验证 customerBankAccount.debit() 函数被调用，其他一些用例则验证 customerBankAccount.credit() 函数被调用。

```
void testSettleInvoice_positiveInvoiceBalance() {
  ...
  verifyThat(mockAccount.debit)
     .wasCalledOnce()
     .withArguments(invoiceBalance);
}

...

void testSettleInvoice_negativeInvoiceBalance() {
  ...
  verifyThat(mockAccount.credit)
     .wasCalledOnce()
     .withArguments(invoiceBalance.absoluteAmount());
}
```

这可以测试代码是否调用预期的函数，但并没有直接测试类的使用者真正关心的行为。他们关心的行为是 settleInvoice() 函数从账户上转出或转入正确的金额。具体的机制只是实现目标的手段，所以调用的到底是 credit() 还是 debit() 函数，属于实现细节。

为了强调这一点，我们来考虑一下工程师可能决定进行的重构。他们注意到代码库的不同部分有多段代码包含在 debit() 和 credit() 函数调用之间切换的 if-else 语句，显得十分笨拙。他们决定改善这些代码，将这项功能转移到 BankAccountImpl 类中以便重用。这意味着，BankAccount 接口添加了一个名为 transfer() 新的函数。

```
interface BankAccount {
  ...
  /**
```

```
 * Transfers the specified amount to the account. If the
 * amount is negative, then this has the effect of transferring
 * money from the account.
 */
void transfer(MonetaryAmount amount);
}
```

接着，`settleInvoice()`函数得以重构，调用新的`transfer()`函数。

```
PaymentResult settleInvoice(...) {
  ...
  MonetaryAmount balance = invoice.getBalance();
  customerBankAccount.transfer(balance.negate());
  ...
}
```

这一重构没有改变任何行为，只改变了实现细节。但许多测试现在都失败了，因为它们使用的模拟对象预期对 `debit()`或 `credit()`函数的调用，现在这种调用已不再发生。这与我们在 10.2.2 节中提到的目标——测试应该与实现细节无关——背道而驰。执行重构的工程师必须修改许多测试用例，使它们再次通过，因此对他们来说，很难确信重构不会在无意中修改任何行为。

如前所述，关于模拟对象和桩的使用有不同学派，但在我看来，最好尽可能少使用它们。如果没有可行的替代，则在测试中使用模拟对象或桩比完全不测试好。但如果可以使用真实依赖项或伪造对象（我们将在 10.4.5 节中讨论），那么我认为这通常是更优的选择。

10.4.5　伪造对象

伪造对象是可安全地用于测试的类（或接口）的替代实现。伪造对象应该精确模拟真实依赖项的公共 API，但实现通常做了简化。这通常通过在伪造对象内的成员变量中存储状态（而不是与外部系统通信）来实现。

伪造对象的全部意义在于，它的代码契约与真实依赖项完全相同，所以如果真实的类（或接口）不接受某个输入，那么伪造对象也应该如此。这通常意味着，伪造对象由维护真实依赖项代码的团队维护，因为如果真实依赖项的代码契约变化，那么伪造对象的代码契约也必须更新。

我们来考虑一下前面看到的 `BankAccount` 接口和 `BankAccountImpl` 类。如果维护它们的团队实现了一个"伪造"的银行账户类，它可能类似于程序清单 10-8。这些代码中需要注意的一些事项如下。

- `FakeBankAccount` 实现 `BankAccount` 接口，因此，在测试期间，它可用于需要 `BankAccount` 实现的任何代码。
- 伪造对象不与银行后端系统通信，而是用一个成员变量跟踪账户余额。
- 如果以负值调用 `debit()`或 `credit()`函数，那么伪造对象抛出 `ArgumentException` 异常。这强制实施了代码契约，也意味着伪造对象的表现与 `BankAccount` 的真正实现相同。这样的细节正是伪造对象的用处所在。如果一位工程师编写了误以负值调用这两个函数的代码，那么使用模拟对象或桩的测试可能不会捕捉到它，而使用这个伪造对象的测试将捕捉到这样的程序缺陷。

■ getBalance()函数返回最接近于 10 的余额舍入值，因为这是代码契约的规定，也是 BankAccount 真正实现的行为。同样，这也最大限度地提高了测试期间捕捉到这种略有些令人惊讶的行为所导致程序缺陷的概率。

■ 除实现 BankAccount 接口中的所有函数之外，伪造对象还提供了一个 getActualBalance()函数，测试可用它验证伪造账户中的真正余额。这很重要，因为 getBalance()函数对余额进行舍入运算，这意味着测试不能用它准确验证账户状态。

程序清单 10-8　BankAccount 的伪造对象

```
class FakeBankAccount implements BankAccount {        ← 实现 BankAccount 接口
  private MonetaryAmount balance;

  FakeBankAccount(MonetaryAmount startingBalance) {    ← 用成员变量跟踪状态
    this.balance = startingBalance;
  }

  override void debit(MonetaryAmount amount) {
    if (amount.isNegative()) {
      throw new ArgumentException("Amount can't be negative");   如果金额为负数，抛出
    }                                                            ArgumentException 异常
    balance = balance.subtract(amount);
  }
  override void credit(MonetaryAmount amount) {
    if (amount.isNegative()) {
      throw new ArgumentException("Amount can't be negative");   如果金额为负数，抛出
    }                                                            ArgumentException 异常
    balance = balance.add(amount);
  }

  override void transfer(MonetaryAmount amount) {
    balance.add(amount);
  }
                                                      返回最接近 10 的
  override MonetaryAmount getBalance() {              余额舍入值
    return roundDownToNearest10(balance);    ←
  }

  MonetaryAmount getActualBalance() {      允许测试检查真实（未舍入）
    return balance;                        余额的附加函数
  }
}
```

我们现在可以看到，使用伪造对象代替模拟对象或者桩可以避免在 10.4.4 节所确定的问题。

伪造对象能得到更真实的测试

在 10.4.4 节中，我们看到了一个测试用例，其目标是验证 PaymentManager.settleInvoice()

函数正确地处理了余额为负数的发票。在那个例子中，测试用例使用模拟对象验证 `BankAccount.debit()` 函数调用使用了正确的负值。这造成测试即便在代码被破坏时仍然通过（因为事实上，`debit()` 函数并不接受负余额）。如果我们在测试中用伪造对象代替模拟对象，就可以揭示这个程序缺陷。

如果我们用 `FakeBankAccount` 重写发票余额测试用例，则如程序清单 10-9 所示。调用 `paymentManager.settleInvoice()` 函数时，后续以负数调用 `FakeBankAccount.debit()` 函数将抛出异常，导致测试失败。这将使我们立刻意识到代码中有缺陷，提醒我们在提交到代码库前进行修复。

程序清单 10-9　使用伪造对象的负发票余额测试

```
void testSettleInvoice_negativeInvoiceBalance() {
  FakeBankAccount fakeAccount = new FakeBankAccount(          伪造账户，创建时初始
      new MonetaryAmount(100.0, Currency.USD));               余额为 100 美元
  MonetaryAmount invoiceBalance =
      new MonetaryAmount(-5.0, Currency.USD);            ◁─── 发票余额为-5 美元
  Invoice invoice = new Invoice(invoiceBalance, "test-id");
  PaymentManager paymentManager = new PaymentManager();

  paymentManager.settleInvoice(fakeAccount, invoice);   ◁─── 用 fakeAccount 调用的
                                                             待测试代码
  assertThat(fakeAccount.getActualBalance())
      .isEqualTo(new MonetaryAmount(105.0, Currency.USD));    测试断言新余额为
}                                                             105 美元
```

测试的主要理由是，它们应该在代码中存在缺陷时失败。这个测试用例很实用，因为它做到了这一点。

伪造对象可以使测试与实现细节解耦

使用伪造对象代替模拟对象或桩的另一个好处是，更容易得到与实现细节松耦合的测试。此前我们已经看到，当工程师进行重构时，使用模拟对象会导致测试失败。这是因为使用模拟对象的测试验证对 `debit()` 或 `credit()` 函数（属于实现细节）的具体调用。相比之下，如果测试使用伪造对象，就不会验证这些实现细节，而是断言最终账户余额正确：

```
...
  assertThat(fakeAccount.getActualBalance())
      .isEqualTo(new MonetaryAmount(105.0, Currency.USD));
...
```

待测试代码可以用任何函数调用转入或转出账户资金，但只要最终结果是一样的，测试就能通过。这使得测试与实现细节更无关。不更改任何行为的重构将不会导致测试失败。

并不是所有依赖项都有等价的伪造对象。这取决于维护真实依赖项的团队是否创建这种对象、是否愿意维护它。但我们可以采取主动。如果我们的团队拥有某个类或接口，且知道不适合于在测试中使用真实对象，就值得为之实现一个伪造对象。这可能使我们自己的测试变得更好，

也对许多依赖于我们代码的其他工程师有利。

如果在测试中使用真实依赖项不可行，那么可能有必要使用测试替身。如果此时存在一个伪造对象，那么依我之见，使用伪造对象代替模拟对象或桩是首选的办法。我说"依我之见"是因为关于模拟对象和桩有不同的学派，我们将在 10.4.6 节中做简要的讨论。

10.4.6　关于模拟对象的不同学派

宽泛地说，围绕单元测试中模拟对象（和桩）的使用，有两种不同的学派。

- **模拟对象派**——有时候被称为"伦敦学派"。这一派的支持者认为，工程师应该避免在测试中使用真实依赖项，而应该用模拟对象代替。避免使用真实依赖项和使用许多依赖对象，往往也意味着必须对依赖项提供输入的任何部分使用桩，因此这种方法往往同时涉及桩和模拟对象。

- **经典派**——有时候被称为"底特律学派"。这一派的支持者认为，应该将模拟对象和桩的使用限制到最低限度，工程师应该尽可能在测试中使用真实依赖项。当使用真实依赖项不可行时，则伪造对象是次优选择。模拟对象和桩应该只作为真实依赖项或伪造对象都不可行时的最后手段。

用这两种方法编写测试，主要的实际差别之一是模拟对象派测试倾向于测试交互，而经典派测试倾向于测试代码及其依赖项的结果状态。从这个意义上说，模拟对象派方法倾向于锁定待测试代码完成某项工作的**方式**，而经典派测试倾向于锁定运行代码的最终**结果**（不必关心实现方式）。

下面是支持模拟对象派的一些论据。

- **使单元测试更加孤立**。使用模拟对象意味着最终不会测试有关依赖项的情况。这意味着，特定代码的破坏将只导致对该代码的测试失败，而不会导致对其他依赖它的代码的测试失败。

- **使测试更容易编写**。使用真实依赖项需要了解测试需要哪些依赖项，以及如何正确配置和验证它们。相反，模拟对象或者桩的设置往往很简单，因为不需要真正构造一个依赖项，也不用担心子依赖项的配置。

下面是一些支持使用经典派方法、反对模拟对象派方法的论据（两者都已在 10.4.5 节中讨论过）。

- 模拟对象测试代码是否进行特定调用，但并不测试调用是否真的有效。使用很多模拟对象（或者桩）可能导致测试即使在代码完全破坏的情况下仍能通过。

- 经典派方法可能得到更独立于实现细节的测试。利用这种方法，测试重视的是最终结果：代码返回值或者结果状态。就测试而言，代码如何实现这种结果并不重要。这意味着，测试只在行为改变时才失败，而不会因为实现细节变化而失败。

实话说，在我担任软件工程师初期，对这两种正式的学派一无所知。不知不觉中，我似乎自然而然地更多采用模拟对象派的方法来编写用模拟对象或桩替换大部分依赖项的测试，必须承认，我当时对这并没有过多的思考，使用模拟对象派方法的主要原因只是看起来那能让我过得更轻松些。但我逐渐对这种做法感到后悔，因为它造成测试不能验证一切是否真的正常，也使代码重构变得非常困难。

尝试这两种方法之后，我现在坚定地支持经典派，本章的内容也反映了这一点。但必须强调的是，这只是一孔之见，并非每个工程师都会赞成。如果你对模拟对象派和经典派的更详细描述感兴趣，可以参考 Martin Fowler 对这一主题的讨论。

10.5　挑选测试思想

你可能已经发现，测试有多种思想和方法论。人们有时对其采取非黑即白的态度：要么全部同意某一种思想，要么全都不同意。现实生活并非如此，我们可以从不同的思想中挑选自己觉得合适的东西。

测试驱动开发（TDD）是测试思想的一个例子。这一思想中著名的部分是，工程师应该在编写任何实现代码之前编写测试。虽然许多人都承认这种方法理论上的好处，但我很少遇到真正实践它的工程师，这并不是他们选择的工作方式。但是，这并不意味着他们完全忽略 TDD 思想中的所有成分——他们没有全盘接受。许多人仍然以实现 TDD 指定的其他多个目标为主旨，例如保持测试孤立、聚焦和不测试实现细节。

下面是一些测试思想和方法学的例子。

- **测试驱动开发**[1]——TDD 倡导一种过程，在任何实际代码编写之前编写一个测试用例，随后编写使测试通过的最少量的真实代码，接着对代码进行重构，以改善结构或消除重复。该方法鼓励工程师以小规模的迭代重复上述步骤。刚刚已经提到，TDD 支持者通常也倡导其他各种最佳实践，如保持测试用例孤立、聚焦和不测试实现细节。

- **行为驱动开发**[2]（Behavior-Driven Development，BDD）——BDD 的含义对不同人来说略有不同，但其精髓是聚焦于识别软件应该展现的行为（或功能，往往从用户、客户或业务的角度出发）。这些预期行为以某种格式捕捉和记录，然后根据它开发软件。测试应该反映出这些预期行为，而不是软件本身的属性。这些行为如何捕捉和记录、过程中涉及哪些利益相关者以及如何将其形式化，不同组织的做法可能大不相同。

- **验收测试驱动开发**（Acceptance Test-Driven Development，ATDD）——同样，ATDD 对不同人的含义也略有不同，在不同的定义中，它与 BDD 的重叠（或者配合）程度也不同。ATDD 包括识别软件应该展现的行为（或功能，往往从客户的角度出发）和创建验证软

---

[1] 有些人认为，TDD 的起源可以追溯到 20 世纪 60 年代，但普遍认为，与这一术语相关的更为现代化、形式化的思想是 Kent Beck 在 20 世纪 90 年代提出的。（Beck 有一个著名的说法，他"重新发现"而不是发明了 TDD。）

[2] 人们普遍将行为测试开发思想归功于 Daniel Terhorst-North 在 21 世纪初的工作。具体细节可参考 Terhorst-North 宣传这种思路的文章。

件整体是否按照需要运作的自动化验收测试。与 TDD 类似，这些测试应该在实现真实代码之前创建。理论上，一旦验收测试全部通过，软件就完成了，做好了客户验收的准备。

测试思想和方法论往往记录了一些工程师发现有效的工作方法。归根结底，我们试图实现的终极目标比选择的工作方法更重要。关键是确保写出优秀、全面的测试和制作高质量软件。不同人的工作方法不同。如果你严格遵循某种思想或者方法论的时候工作效率最高，就很好，但如果你采用另一种方法更高效，也绝对没问题。

10.6　小结

- 提交到代码库的几乎所有"真实代码"都应该有搭配的单元测试。
- "真实代码"表现出的每个行为都应该有搭配的测试用例，以演练这种行为并检查其结果。除最简单的测试用例之外，每个测试用例都将代码分为 3 个截然不同的部分——布置、动作和断言。
- 好的单元测试有如下关键特征：
  - 准确检测破坏；
  - 与实现细节无关；
  - 充分解释失败；
  - 易于理解的测试代码；
  - 运行便捷。
- 当使用真实依赖项不可行或不切实际时，可以在单元测试中使用测试替身。下面是测试替身的一些例子：
  - 模拟对象；
  - 桩；
  - 伪造对象。
- 模拟对象和桩可能造成测试不真实且与实现细节紧密耦合。
- 模拟对象和桩的使用有不同的学派。我的观点是应该尽可能在测试中使用真实依赖项。除此之外，伪造对象是次优的选择，而模拟对象和桩只应该作为最后的手段。

第 11 章　单元测试实践

本章主要内容如下：

■ 有效、可靠地对代码的所有行为进行单元测试；

■ 确保测试易于理解，失败得到充分解释；

■ 使用依赖注入确保代码可测试。

第 10 章介绍了一些指导我们编写有效单元测试的原则。本章在这些原则的基础上介绍一些日常编程的实用技术。

第 10 章描述了好的单元测试具有的关键特征。本章描述的许多技术的动机直接遵循这些特征，所以我们要提醒大家注意如下关键特征。

■ **准确检测破坏**——如果代码遭到破坏，测试应该失败。而且，测试应该只在代码确实被破坏的时候失败（我们不希望有假警报）。

■ **与实现细节无关**——理想情况下，实现细节的变化不会造成测试的变化。

■ **充分解释失败**——如果代码被破坏，测试失败应该提供对问题的清晰解释。

■ **易于理解的测试代码**——其他工程师必须能够理解测试的具体内容和实施方式。

■ **便捷的运行**——工程师通常需要在日常工作中频繁运行单元测试。缓慢或难以运行的单元测试将浪费他们很多时间。

我们编写的测试并不能保证展示了以上这些特征，因此也很容易得到低效、无法维护的测试。幸运的是，我们可以应用一些实用技术来最大限度地提高测试展示这些特征的概率。11.1 节 ~ 11.6 节将介绍一些主要的技术。

11.1　测试行为，而不仅仅是函数

测试一段代码有点像处理待办事项列表。待测试代码要完成一些工作（如果我们在编写代码之前编写测试，就是"将要完成"），我们必须编写测试用例测试每项工作。但与待办事项列表一样，成功的结果取决于正确的列表内容。

工程师有时会犯一个错误，就是观察代码，然后只将函数名称加到测试待办事项列表中，所以，如果一个类有两个函数，工程师只编写两个测试用例（每个函数一个）。第 10 章提到，我们应该测试一段代码的所有重要行为。专注于测试每个函数的问题在于，函数往往有不止一个行为，而一个行为有时候会跨越多个函数。如果我们只为每个函数编写一个测试用例，可能会错失一些重要行为。更好的做法是将我们关心的所有行为（而不仅仅是看到的函数名称）加到待办事项列表中。

11.1.1　每个函数一个测试用例往往是不够的

想象我们为一家银行工作，维护一个自动评估抵押贷款申请的系统。程序清单 11-1 中的代码展示了决定客户能否得到贷款以及贷款数额的类。代码中的内容颇为丰富，具体如下。

- `assess()`函数调用一个私有助手函数，确定客户是否有资格获得抵押贷款。客户的资格条件如下：
  - 信用等级很高；
  - 没有现存的抵押贷款；
  - 没有遭到公司的禁止。
- 如果客户有贷款资格，则调用另一个私有助手函数，以确定客户的最高贷款额度。具体计算方法是将其年度收入减去年度支出，再乘以 10。

程序清单 11-1　抵押贷款评估代码

```
class MortgageAssessor {
  private const Double MORTGAGE_MULTIPLIER = 10.0;

  MortgageDecision assess(Customer customer) {
    if (!isEligibleForMortgage(customer)) {          如果客户没有资格，则拒绝申请
      return MortgageDecision.rejected();
    }
    return MortgageDecision.approve(getMaxLoanAmount(customer));
  }

  private static Boolean isEligibleForMortgage(Customer customer) {
    return customer.hasGoodCreditRating() &&          确定客户是否有资格的
        !customer.hasExistingMortgage() &&            私有助手函数
        !customer.isBanned();
  }

  private static MonetaryAmount getMaxLoanAmount(Customer customer) {
    return customer.getIncome()
        .minus(customer.getOutgoings())              确定最大贷款额度的
        .multiplyBy(MORTGAGE_MULTIPLIER);            私有助手函数
  }
}
```

现在，想象我们要考虑这段代码的测试，而且只看到测试 `assess()` 函数的一个测试用例。程序清单 11-2 展示了这个测试用例。这测试了 `assess()` 函数完成的一些工作，例如：

- 有良好信用等级、无现存抵押贷款且未遭禁止的客户，其抵押贷款将得到批准；

■ 最大贷款额度是客户收入减去支出，再乘以 10。

但是，这一测试也明显留下了许多未测试的事项，例如抵押贷款遭拒的所有原因。这显然是测试的不足之处：我们可以修改 `MortgageAssessor.assess()` 函数，批准遭禁客户的抵押贷款，测试仍然会通过!

程序清单 11-2　抵押贷款评估测试

```
testAssess() {
  Customer customer = new Customer(
      income: new MonetaryAmount(50000, Currency.USD),
      outgoings: new MonetaryAmount(20000, Currency.USD),
      hasGoodCreditRating: true,
      hasExistingMortgage: false,
      isBanned: false);
  MortgageAssessor mortgageAssessor = new MortgageAssessor();

  MortgageDecision decision = mortgageAssessor.assess(customer);

  assertThat(decision.isApproved()).isTrue();
  assertThat(decision.getMaxLoanAmount()).isEqualTo(
      new MonetaryAmount(300000, Currency.USD));
}
```

问题是，编写测试的工程师专注于测试函数而不是行为。`assess()` 函数是 `MortgageAssessor` 类公共 API 中唯一的函数，因此他们只编写了一个测试用例。遗憾的是，这个测试用例不足以完全确保 `MortgageAssessor.assess()` 函数表现正确。

11.1.2　解决方案：专注于测试每个行为

正如前面的示例所展示的那样，函数和行为之间往往没有一对一的映射。如果我们只专注于测试函数，那么最终很可能得到一组不能验证真正关心的所有重要行为的测试用例。在 `MortgageAssessor` 类的示例中，我们关心多种行为，具体如下。

■ 对于至少适用如下一个条件的任何客户，抵押贷款申请将遭到拒绝：

　　● 没有好的信用等级；

　　● 已经有现存的抵押贷款；

　　● 遭到公司的禁止。

■ 如果抵押贷款申请被接受，则最大贷款额度是客户收入减去支出，再乘以 10。

这些行为都应该进行测试，要求编写的测试用例远不止一个。为了提高我们对代码的信赖度，测试不同值和边界条件也是有意义的，因此我们可能还应该包括如下这些测试用例：

■ 几个不同的收入和支出值，以确保代码中的运算正确；

■ 一些极端值，比如零收入或零支出，以及非常大的收入或支出额。

为了全面测试 `MortgageAssessor` 类，我们最终得到 10 个或更多不同测试用例也并非不可能。这是完全正常的，也在预料之内：对 100 行真实代码，使用 300 行测试代码的情况也并不鲜见。实际上，当测试代码的数量没有超过真实代码的数量时，有时是一种预警信号，这可能说明没有正确地测试所有行为。

思考需要测试的行为也是发现代码潜在问题的极佳手段。例如，当我们考虑需要测试的行为时，可能会好奇客户支出超过收入时将发生什么情况。目前，MortgageAssessor.assess()函数将批准这样的申请，只是最大贷款额度为负数。这是一种古怪的功能，因此此类实现可能提醒我们回顾代码逻辑，以更优雅的方式处理这种情况。

复核所有行为都已测试

要估计一段代码是否已得到正确的测试，思考从理论上如何破坏代码同时仍让测试通过是一种很好的方法。在检查代码的同时询问的一些较好的问题如下。如果任何问题的答案为"是"，就说明并没有测试所有的行为。

- 删除任何代码后，整段代码是否仍能编译且通过测试？
- 任何 if 语句（或等价语句）的极性逆转后是否仍能通过测试？（例如，将 if(something) {换成 if(!something) {。)
- 任何逻辑或算术运算符在替换成其他运算符后是否仍能通过测试？例如，将&&换成||或者将+换成-。
- 任何常量值或硬编程值更改后是否仍能通过测试？

重点在于，待测试代码中的每行代码、if 语句、逻辑表达式或值的存在都应该有某种理由。如果它真的是多余代码，就应该删除。如果不是多余的，就意味着必然有某个重要行为在一定程度上依赖于它。如果代码表现出了某个重要行为，就应该有测试用例测试该行为，因此代码功能的任何改变都应该导致至少一个测试用例失败，否则，就不能说所有行为都得到了测试。

这个原则唯一真正的例外是对编程错误进行防御性检查的代码。例如，我们可能在代码中加入检查或断言，确保特定假设有效。在测试中可能没有办法实施此类检查，因为测试防御性逻辑的唯一方法是通过破坏代码来破坏假设。

有时候，使用**突变测试**可以在某种程度上自动实施对功能变化是否造成测试失败的检查。突变测试工具将对代码进行小改动，创建不同的版本。如果代码改变之后测试仍然通过，就是所有行为没有全部得到正确测试的迹象。

不要忘记错误的情况

另一组容易被忽视的重要行为是代码在出现错误时的表现。这些行为看起来有点像边缘情况，因为我们不一定预计到错误会经常发生。但代码如何处理和报告不同的错误情况，仍然是我们（以及代码调用者）关心的重要行为，因此应该对其进行测试。

为了说明这一点，请考虑程序清单 11-3。BankAccount.debit()函数在以负数金额调用时抛出 ArgumentException 异常。以负数金额调用该函数是一个错误场景，发生这种情况时抛出 ArgumentException 异常是重要行为，因此应该测试。

程序清单 11-3   处理错误的代码

```
class BankAccount {
  ...
  void debit(MonetaryAmount amount) {
    if (amount.isNegative()) {
      throw new ArgumentException("Amount can't be negative");
    }
    ...
  }
}
```

如果金额为负，抛出 ArgumentException 异常

程序清单 11-4 说明我们如何测试这一错误场景下该函数的行为。测试用例断言以金额-0.01 美元调用 debit() 函数时将抛出 ArgumentException 异常，还断言抛出的异常包含预期的错误信息。

程序清单 11-4   测试错误处理

```
void testDebit_negativeAmount_throwsArgumentException {
  MonetaryAmount negativeAmount =
      new MonetaryAmount(-0.01, Currency.USD);
  BankAccount bankAccount = new BankAccount();

  ArgumentException exception = assertThrows(
      ArgumentException,
      () -> bankAccount.debit(negativeAmount));
  assertThat(exception.getMessage())
      .isEqualTo("Amount can't be negative");
}
```

断言以负数金额调用 debit() 函数时抛出 ArgumentException 异常

断言抛出的异常包含预期的错误信息

一段代码可能表现出许多行为，即使是一个函数，也可能因为以不同的值调用或者不同的系统状态而表现出不同的行为。只为每个函数编写一个测试用例，一般不可能是充足的测试。通常来说，识别所有最终重要的行为并确保每个行为有一个测试用例，要比专注于函数更有效。

11.2 避免仅为了测试而使所有细节可见

类（或代码单元）通常有一些外部代码可见的函数，我们常称其为**公共**函数。这组公共函数通常组成了代码的公共 API。除公共函数之外，代码中还有一些**私有**函数的情况也很常见。这些函数仅在类（或代码单元）内部可见。下面的代码片段说明了这种区别。

```
class MyClass {

  String publicFunction() { ... }
  private String privateFunction1 { ... }
  private String privateFunction2 { ... }
}
```

在类外部可见

仅在类内部
可见

私有函数是实现细节，类外部的代码不应该了解它们，或者直接使用它们。有时候，让这些私有函数在测试代码中可见以便直接测试，是很有诱惑力的。但这往往不是好主意，因为这可能造成测试与实现细节紧密耦合，不能测试我们最终关心的东西。

11.2.1　测试私有函数往往是个坏主意

在 11.1 节中，我们确定测试 MortgageAssessor 类（在程序清单 11-5 中重复列出）的所有行为很重要。该类的公共 API 是 assess() 函数。除这个公开可见的函数之外，该类还有两个私有助手函数——isEligibleForMortgage() 和 getMaxLoanAmount()。它们在类之外的任何代码中不可见，因而属于实现细节。

程序清单 11-5　具有私有助手函数的类

```
class MortgageAssessor {
  ...
  MortgageDecision assess(Customer customer) { ... }    ←——  公共 API

  private static Boolean isEligibleForMortgage(
      Customer customer) { ... }
                                                             私有助手函数
  private static MonetaryAmount getMaxLoanAmount(
      Customer customer) { ... }
}
```

让我们将目光专注于需要测试的 MortgageAssessor 类行为之一：如果客户信用等级不佳，则拒绝其抵押贷款申请。工程师测试错误情况的常见方法之一是将预期的最终结果与中间的实现细节合并。如果我们仔细观察 MortgageAssessor 类，就会发现如果客户的信用等级不佳，私有助手函数 isEligibleForMortgage() 将返回假值。这可能使得让 isEligibleForMortgage() 函数对测试代码可见以方便测试成为一种诱惑。如果这个函数变成公开可见，它就对所有其他代码（不仅是测试代码）可见。工程师添加了"只对测试可见"的注释，警告其他工程师不要从测试代码之外调用它（见程序清单 11-6）。但正如我们在本书自始至终看到的，这样的附属细则很容易被忽略。

程序清单 11-6　变为可见的私有函数

```
class MortgageAssessor {
  private const Double MORTGAGE_MULTIPLIER = 10.0;
                                                      ←——  公共 API
  MortgageDecision assess(Customer customer) {
    if (!isEligibleForMortgage(customer)) {        ←——  调用哪一个助手函数
      return MortgageDecision.rejected();                 属于实现细节
    }
    return MortgageDecision.approve(getMaxLoanAmount(customer));
  }

  /** Visible only for testing */                         使其公开可见，只为了
  static Boolean isEligibleForMortgage(Customer customer) {  直接测试它
    return customer.hasGoodCreditRating() &&
        !customer.hasExistingMortgage() &&
        !customer.isBanned();
  }

  ...
}
```

使 isEligibleForMortgage() 函数可见之后，工程师可能编写一组测试用例，调用该函数以测试它在正确的情况下返回真值或假值。程序清单 11-7 展示了这种测试用例。它测试 isEligibleForMortgage() 函数在客户信用等级不佳时返回假值。正如我们很快就会看到的，这样测试私有函数可能是坏主意，原因多种多样。

程序清单 11-7 测试私有函数

```
testIsEligibleForMortgage_badCreditRating_ineligible() {
  Customer customer = new Customer(
      income: new MonetaryAmount(50000, Currency.USD),
      outgoings: new MonetaryAmount(25000, Currency.USD),
      hasGoodCreditRating: false,
      hasExistingMortgage: false,
      isBanned: false);

  assertThat(MortgageAssessor.isEligibleForMortgage(customer))
      .isFalse();
}
```

直接测试"私有"的 isEligibleForMortgage() 函数

这样使私有函数可见并进行测试有如下三重问题。

- 这种测试实际上并不测试我们关心的行为。我们刚刚说过，我们所关心的结果是如果客户信用等级不佳，则抵押贷款申请将被拒绝。程序清单 11-7 中测试用例真正测试的是，有一个称为 isEligibleForMortgage() 的函数，在以信用等级不佳的客户调用时返回假值。这并不能保证，在这种情况下抵押贷款申请最终会被拒绝。某位工程师可能无意中修改了 assess() 函数，以不正确的方式调用 isEligibleForMortgage() 函数（或者完全不调用）。尽管 MortgageAssessor 类遭到严重破坏，但程序清单 11-7 中的测试用例仍将通过。

- 这样的做法使测试不能独立于实现细节。事实上，存在 isEligibleForMortgage() 函数是实现细节。工程师们可能打算重构代码，例如修改该函数的名称，或者将其移到单独的助手类中。理想状况下，那样的重构不应该导致任何测试失败。但因为我们直接测试 isEligibleForMortgage() 函数，所以那种重构将导致测试失败。

- 我们实际上改变了 MortgageAssessor 类的公共 API。"只对测试可见"这样的注释很容易被忽视（它是代码契约的附属细则），所以我们可能发现其他工程师开始调用 isEligibleForMortgage() 函数并依赖于它。在我们知道这件事之前，绝对无法修改或重构这个函数，因为其他许多代码都依赖于它。

好的单元测试应该测试关系重大的行为。这能最大限度地提高测试准确检测破坏的可能性，也更可能保持测试与实现细节无关。这是第 10 章确定的好的单元测试的两个关键特征。测试私有函数往往与这两个目标背道而驰。正如我们在 11.2.2 节和 11.2.3 节中所看到的，我们往往可以通过公共 API 测试或者确保代码分为合适的抽象层次，来避免测试私有函数。

11.2.2 解决方案：首选通过公共 API 测试

在第 10 章中我们讨论了"仅用公共 API 测试"的指导原则。这个原则旨在指引我们测试真正重要的行为，而不是实现细节。每当我们发现自己反其道而行之，使私有函数可见以进行测试，通常是我们破坏这一指导原则的危险信号。

以 MortgageAssessor 类为例，真正重要的行为是对信用等级不佳的客户拒绝其抵押贷款申请。我们可以调用 MortgageAssessor.assess() 函数，仅用公共 API 测试这一行为。程序清单 11-8 展示了这样的测试用例。现在，测试用例测试的是真正重要的行为，而不是实现细节，我们也不再需要让任何 MortgageAssessor 类中的私有函数可见。

程序清单 11-8 通过公共 API 测试

```
testAssess_badCreditRating_mortgageRejected() {
    Customer customer = new Customer(
        income: new MonetaryAmount(50000, Currency.USD),
        outgoings: new MonetaryAmount(25000, Currency.USD),
        hasGoodCreditRating: false,
        hasExistingMortgage: false,
        isBanned: false);
    MortgageAssessor mortgageAssessor = new MortgageAssessor();

    MortgageDecision decision = mortgageAssessor.assess(customer);   ◄─── 通过公共 API 测试行为

    assertThat(decision.isApproved()).isFalse();
}
```

切合实际

为了测试而使私有函数可见，几乎总是测试实现细节的危险信号，对此通常都有更好的替代方法。但当对其他方面（如依赖项）应用"只使用公共 API 测试"的原则时，记住 10.3 节中的建议很重要。"公共 API"的定义可能有一些不同的诠释，有些重要行为（如副作用）可能不在工程师认为的公共 API 之列。但是，如果某个行为很重要，也是我们最终关注的，就应该进行测试。

对于相对简单的类（或者代码单元），仅用公共 API 测试所有行为往往很容易。这样做可以得到更好的测试，更准确地检测破坏，且不会与实现细节绑定。但当一个类（或者代码单元）较为复杂或者包含许多逻辑时，通过公共 API 测试一切可能变得棘手。这往往是抽象层次太厚的迹象，将代码分解为更小的单元或许更有利。

11.2.3 解决方案：将代码分解为较小的单元

在 11.2.1 节和 11.2.2 节中，确定客户信用等级高低的逻辑相对简单：只包括调用 customer.hasGoodCreditRating() 函数，因此仅用公共 API 全面测试 MortgageAssessor 类并不算太困难。现实中，使私有函数可见以方便测试的诱惑往往出现在私有函数涉及更复杂的逻辑时。

为了说明这一点，想象一下确定客户信用等级高低的逻辑涉及调用外部服务和处理结果。程序清单 11-9 展示了这种情况下的 MortgageAssessor 类。检查客户信用等级的逻辑现在复杂多了，如下所述。

■ MortgageAssessor 类现在依赖于 CreditScoreService。

- 以客户 ID 查询 CreditScoreService 服务，以查找客户的信用评分。
- CreditScoreService.query() 函数调用可能失败，因此代码必须处理错误情况。
- 如果调用成功，返回的评分与某个阈值比较，确定客户信用等级是否较高。

程序清单 11-9　更复杂的信用等级检查

```
class MortgageAssessor {
  private const Double MORTGAGE_MULTIPLIER = 10.0;
  private const Double GOOD_CREDIT_SCORE_THRESHOLD = 880.0;

  private final CreditScoreService creditScoreService;    ◁──── MortgageAssessor 类依赖
  ...                                                            于 CreditScoreService 服务

  MortgageDecision assess(Customer customer) {
    ...
  }

  private Result<Boolean, Error> isEligibleForMortgage(
      Customer customer) {
    if (customer.hasExistingMortgage() || customer.isBanned()) {
      return Result.ofValue(false);
    }
    return isCreditRatingGood(customer.getId());
  }                                              isCreditRatingGood()函数
                                                 仅测试时可见
  /** Visible only for testing */        ◁────
  Result<Boolean, Error> isCreditRatingGood(Int customerId) {
    CreditScoreResponse response = creditScoreService    查询 CreditScoreService 服务
        .query(customerId);
    if (response.errorOccurred()) {              通过结果类型报告调用
      return Result.ofError(response.getError());        服务失败的错误情况
    }
    return Result.ofValue(
        response.getCreditScore() >= GOOD_CREDIT_SCORE_THRESHOLD);
  }                                                      评分与阈值对比
  ...
}
```

　　现在，通过公共 API 测试所有复杂性和所有边界情况（例如错误场景）看起来相当令人畏缩，而且一点也不容易。这是工程师们为了使测试更容易，最常使私有函数可见的时候。在程序清单 11-9 中，由于这个原因，isCreditRatingGood() 函数被设置为"测试时可见"。这仍然导致了我们前面看到的问题，但由于逻辑很复杂，通过公共 API 测试的解决方案似乎不那么切合实际了。但是，正如我们很快会看到的，这里有一个更为根本性的问题：MortgageAssessor 类做了太多的事情。

　　图 11-1 说明了测试代码（MortgageAssessorTest）与待测试代码（MortgageAssessor）之间的关系。

　　我们在第 2 章讨论抽象层次时看到，最好不要将许多不同的概念放在单一类中。MortgageAssessor 类包含许多不同的概念，因此按照第 2 章说法，它所提供的抽象层次"太厚"了。这是它看起来很难使用公共 API 进行全面测试的真实原因。

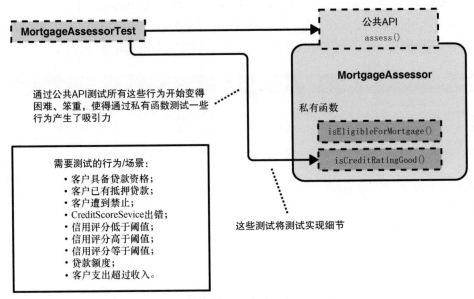

图 11-1　当类的功能过多时，很难仅用公共 API 测试一切

对此的解决方案是将代码拆分为较薄的层次。我们实现这一目标的手段之一是，将确定客户是否有良好信用等级的逻辑移入单独的类中。程序清单 11-10 展示了这个类的内容。CreditRatingChecker 类解决了确定客户是否有良好信用等级的子问题。MortgageAssessor 类依赖于 CreditRatingChecker，这意味着它已大大简化，因为它不再包含解决各个子问题的具体逻辑。

程序清单 11-10　代码分解成两个类

```
class CreditRatingChecker {                              ◁  包含检查信用等级
  private const Double GOOD_CREDIT_SCORE_THRESHOLD = 880.0;    优劣的独立类

  private final CreditScoreService creditScoreService;

  ...

  Result<Boolean, Error> isCreditRatingGood(Int customerId) {
    CreditScoreService response = creditScoreService
        .query(customerId);
    if (response.errorOccurred()) {
      return Result.ofError(response.getError());
    }
    return Result.ofValue(
        response.getCreditScore() >= GOOD_CREDIT_SCORE_THRESHOLD);
  }
}

  class MortgageAssessor {
  private const Double MORTGAGE_MULTIPLIER = 10.0;
```

```
private final CreditRatingChecker creditRatingChecker;
...

MortgageDecision assess(Customer customer) {
   ...
}

private Result<Boolean, Error> isEligibleForMortgage(
    Customer customer) {
  if (customer.hasExistingMortgage() || customer.isBanned()) {
    return Result.ofValue(false);
  }
  return creditRatingChecker
      .isCreditRatingGood(customer.getId());
}
...
}
```

MortgageAssessor 类
依赖于 CreditRating-
Checker 类

MortgageAssessor 类和 CreditRatingChecker 类处理的概念数量都远比以前可控。这意味着两者都很容易用各自的公共 API 测试，如图 11-2 所示。

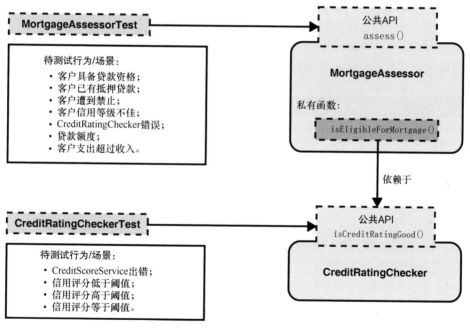

图 11-2 将大类分解为较小的类可以使代码更易于测试

当我们发现自己使私有函数可见以便能测试这些代码时，这通常是我们没有测试真正关心的行为的危险信号。用已有的公共函数测试代码几乎总是更好的做法。如果这样做不可行，往往是类（或代码单元）太大的迹象，我们应该考虑将其拆分为更小的类（或单元），每个类（或单元）解决单一子问题。

11.3　一次测试一个行为

我们已经看到，对于给定的一段代码，常常有多个行为需要测试。在许多情况下，每个行为都需要设置稍微不同的场景进行测试，这意味着最自然的做法是用单独的测试用例测试每种场景（以及相关的行为）。然而，有些时候，可能有一种方法能捏合单一场景，一次性地测试多种行为。但能做到这一点，并不意味着它就是好主意。

11.3.1　一次测试多个行为可能导致降低测试质量

程序清单 11-11 展示了一个函数的代码，它过滤一个优惠券列表，只留下有效的优惠券。该函数取得一个候选优惠券列表，并返回另一个列表，该列表只包含满足一组有效性条件的优惠券。这个函数展现了一些重要的行为：

- 只返回有效的优惠券；
- 如果优惠券已兑换，则视为无效；
- 如果优惠券已经到期，则视为无效；
- 如果向不同于函数调用中指定的客户发放优惠券，则该优惠券被视为无效；
- 返回的优惠券列表按价值降序排列。

程序清单 11-11　获取有效优惠券的代码

```
List<Coupon> getValidCoupons(
    List<Coupon> coupons, Customer customer) {
  return coupons
      .filter(coupon -> !coupon.alreadyRedeemed())
      .filter(coupon -> !coupon.hasExpired())
      .filter(coupon -> coupon.issuedTo() == customer)
      .sortBy(coupon -> coupon.getValue(), SortOrder.DESCENDING);
}
```

我们已经讨论过，测试代码的每一种行为是很重要的，getValidCoupons()函数也不例外。对我们可能有诱惑力的方法之一是编写一个很大的测试用例，一次性测试所有函数行为。程序清单 11-12 展示了这样的用例。首先要注意的是，这个测试用例具体做什么很难理解。TestGet-ValidCoupons_allBehaviors 这一名称不能很明确地说明测试了什么，测试用例中的代码很多，也相当难跟踪。在第 10 章中，我们确认易于理解的测试代码是好的单元测试的关键特征之一。我们立刻可以看到，像这样一次性测试所有行为破坏了上述准则。

程序清单 11-12　一次性测试所有行为

```
void testGetValidCoupons_allBehaviors() {
  Customer customer1 = new Customer("test customer 1");
  Customer customer2 = new Customer("test customer 2");
  Coupon redeemed = new Coupon(
```

```
        alreadyRedeemed: true, hasExpired: false,
        issuedTo: customer1, value: 100);
Coupon expired = new Coupon(
        alreadyRedeemed: false, hasExpired: true,
        issuedTo: customer1, value: 100);
Coupon issuedToSomeoneElse = new Coupon(
        alreadyRedeemed: false, hasExpired: false,
        issuedTo: customer2, value: 100);
Coupon valid1 = new Coupon(
        alreadyRedeemed: false, hasExpired: false,
        issuedTo: customer1, value: 100);
Coupon valid2 = new Coupon(
        alreadyRedeemed: false, hasExpired: false,
        issuedTo: customer1, value: 150);

List<Coupon> validCoupons = getValidCoupons(
        [redeemed, expired, issuedToSomeoneElse, valid1, valid2],
        customer1);

assertThat(validCoupons)
        .containsExactly(valid2, valid1)
        .inOrder();
}
```

一次性测试所有行为还违反了我们在第 10 章中确认的另一条准则：充分解释失败。为了理解其中的原因，我们来考虑一下，如果某位工程师不小心删除了检查优惠券是否已被兑换的逻辑，破坏了 getValidCoupons() 函数的一个行为，会发生什么情况。testGetValidCoupons_allBehaviors() 测试用例将失败，这是很好的（因为代码受到了破坏），但错误信息并不特别有助于解释哪个行为受到破坏（见图 11-3）。

因为这个测试用例测试所有行为，所以我们无法从
测试用例的名称中看出哪个行为受到破坏

```
Test case testGetValidCoupons_allBehaviors failed:
Expected:
  [
    Coupon(redeemed: false, expired: false,
           issuedTo: test customer 1, value: 150),
    Coupon(redeemed: false, expired: false,
           issuedTo: test customer 1, value: 100)
  ]
But was actually:
  [
    Coupon(redeemed: false, expired: false,
           issuedTo: test customer 1, value: 150),
    Coupon(redeemed: true, expired: false,
           issuedTo: test customer 1, value: 100),
    Coupon(redeemed: false, expired: false,
           issuedTo: test customer 1, value: 100)
  ]
```

很难从错误信息中领会出哪个行为受到破坏

图 11-3　一次性测试多种行为可能造成测试失败的解释不够充分

使用难以理解的测试代码和没有充分解释的失败，不仅浪费了其他工程师的时间，还增大了出现程序缺陷的可能性。正如第 10 章讨论的，如果任何一位工程师有意地更改代码中的某种行为，我们希望确保其他看似不相关的行为不会在无意中受到影响。一次性测试所有行为的测试用例只能告诉我们发生了某种更改，但不能确切地说明改动了什么地方，因此难以确知有意的更改影响和不影响哪些行为。

11.3.2　解决方案：以单独的测试用例测试每个行为

用恰当命名的专门测试用例单独测试每个行为，是比一次性测试好得多的方法。程序清单 11-13 展示了这样的测试代码。我们可以看到，每个测试用例中的代码简单了许多，也更容易理解。我们可以从每个测试用例的名称中识别出所测试的行为，跟踪代码以了解测试原理也相对简单。从单元测试应该有易于理解的测试代码这一准则判断，这些测试得到了很大的改善。

程序清单 11-13　一次测试一个行为

```
void testGetValidCoupons_validCoupon_included() {        ←  每个行为都有专门的
  Customer customer = new Customer("test customer");          测试用例测试
  Coupon valid = new Coupon(
      alreadyRedeemed: false, hasExpired: false,
      issuedTo: customer, value: 100);

  List<Coupon> validCoupons = getValidCoupons([valid], customer);
  assertThat(validCoupons).containsExactly(valid);
}

void testGetValidCoupons_alreadyRedeemed_excluded() {
  Customer customer = new Customer("test customer");
  Coupon redeemed = new Coupon(
      alreadyRedeemed: true, hasExpired: false,               每个行为都有专门的
      issuedTo: customer, value: 100);                         测试用例测试

  List<Coupon> validCoupons =
      getValidCoupons([redeemed], customer);

  assertThat(validCoupons).isEmpty();
}

void testGetValidCoupons_expired_excluded() { ... }

void testGetValidCoupons_issuedToDifferentCustomer_excluded() { ... }

void testGetValidCoupons_returnedInDescendingValueOrder() { ... }
```

通过单独测试每个行为，并为每个测试用例取合适的名称，我们现在对测试失败也有了充分的解释。我们再次考虑工程师无意中删除检查优惠券是否已被兑换的逻辑，意外地破坏 getValidCoupons() 函数的情况。这将导致 testGetValidCoupons_alreadyRedeemed_ excluded() 测试用例失败。这一测试用例的名称明确地说明哪个行为受到破坏，而错误信息

（见图 11-4）也比我们前面看到的更容易理解。

测试用例的名称直接说明了受到破坏的行为

```
Test case testGetValidCoupons_alreadyRedeemed_excluded failed:
Expected:
  []
But was actually:
  [
     Coupon(redeemed: true, expired: false,
            issuedTo: test customer, value: 100)
  ]
```

错误信息比以前更容易理解

图 11-4　一次测试一个行为往往可以充分地解释测试失败的情况

尽管一次测试一个行为有种种好处，但为每个行为编写单独的测试用例有时候可能导致许多重复的代码。如果用于每个测试用例的值和设置除一些细小差别之外几乎完全相同，这种做法看起来就特别笨拙。减少代码重复的方法之一是使用**参数化测试**。11.3.3 节将探讨这种方法。

11.3.3　参数化测试

有些测试框架提供编写**参数化测试**的功能。这使我们可以编写一次测试用例函数，然后以多组不同的值多次运行用例，以便测试不同的场景。程序清单 11-14 说明我们如何使用参数化测试来测试 getValidCoupons() 函数的两种行为。测试用例函数以多个 TestCase 属性标记。每个属性定义两个布尔值和一个测试名称。testGetValidCoupons_excludes-InvalidCoupons()函数有两个布尔类型的函数参数，对应于 TestCase 属性中定义的两个布尔值。当测试运行时，该测试用例将为 TextCase 属性中定义的每组参数值运行一次。

程序清单 11-14　参数化测试

```
[TestCase(true, false, TestName = "alreadyRedeemed")]       该测试用例将对每组
[TestCase(false, true, TestName = "expired")]               参数值运行一次
void testGetValidCoupons_excludesInvalidCoupons(
    Boolean alreadyRedeemed, Boolean hasExpired) {          测试用例通过函数
  Customer customer = new Customer("test customer");        参数接受不同值
  Coupon coupon = new Coupon(
      alreadyRedeemed: alreadyRedeemed,
      hasExpired: hasExpired,
      issuedTo: customer, value: 100);                      参数值在测试
                                                            设置中使用
  List<Coupon> validCoupons =
      getValidCoupons([coupon], customer);

  assertThat(validCoupons).isEmpty();
}
```

确保失败得到充分的解释

在程序清单 11-14 中，每组参数都有相关的 TestName（测试名称）。这确保了任何测试失败都得到充分的解释，因为它将生成 "Test case testGetValidCoupons_excludesInvalidCoupons. alreadyRedeemed failed." 之类的信息。（注意，测试用例名称的前缀是造成 alreadyRedeemed 错误的参数组名称。）

编写参数化测试时，为每组参数添加名称通常是可选的。但忽略它们可能造成测试失败的解释不充分，因此最好在决定是否需要名称时考虑测试失败的表达方式。

参数化测试是确保一次测试一种行为，而不重复大量代码的绝好工具。在不同的测试框架中，参数化测试的语法和设置方法可能有很大不同。在某些框架和场景中，参数化测试的配置也可能相当烦琐和不便，因此研究所使用语言的选项并考虑其优劣之处是很有价值的。下面是一些选择。

- NUnit 测试框架为 C# 提供 TestCase 属性（与程序清单 11-14 类似）。
- JUnit 框架为 Java 提供参数化测试支持。
- 至于 JavaScript，使用 Jasmine 测试框架可以相对简便地编写定制的参数化测试。

11.4　恰当地使用共享测试配置

测试用例往往需要一些配置——构建依赖项、在测试数据存储中填入数值或者初始化其他类型的状态。这种设置有时候可能相当费力或者在计算上的代价很大，因此许多测试框架提供在测试用例之间共享的功能，以方便这些工作。共享配置代码通常可以配置为在两个不同的时间运行，由如下术语区分。

- BeforeAll——在 BeforeAll 块内的设置代码将在所有测试用例运行之前运行一次。有些测试框架称其为 OneTimeSetUp。
- BeforeEach——BeforeEach 块内的设置代码将在每个测试用例运行之前运行一次。有些测试框架称其为 SetUp。

除了提供运行设置代码的手段外，测试框架往往还提供运行拆卸代码（teardown code）的手段。这些手段常用于撤销设置代码或测试用例可能创建的任何状态。同样，拆卸代码通常也可以配置为在两个不同的时间运行，由如下术语区分。

- AfterAll——AfterAll 块中的拆卸代码将在所有测试用例运行后运行一次。有些测试框架称其为 OneTimeTearDown。
- AfterEach——AfterEach 块中的拆卸代码将在每个测试用例运行后运行一次。有些测试框架称其为 TearDown。

图 11-5 说明了在一段测试代码中的各种设置代码和拆卸代码，以及它们运行的顺序。

使用这样的设置代码块，可以在不同测试用例间共享配置。这种共享以两种重要且截然不同的方式发生。

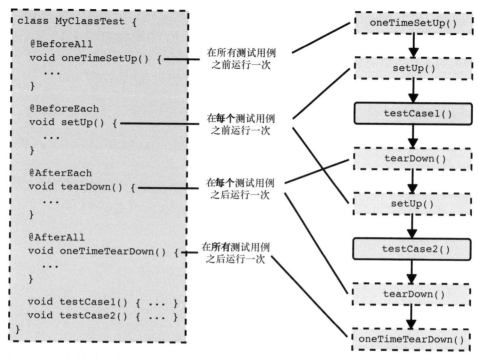

图 11-5 测试框架往往提供在相对于测试用例的不同时间运行设置代码和拆卸代码的手段

- **状态共享**——如果设置代码添加到 `BeforeAll` 块中，它将在所有测试用例之前运行一次。这意味着，它所设置的状态将在所有测试用例中共享。当设置很慢或者代价较高时（例如启动一个测试服务器或者创建数据库的测试实例），这类设置很实用。但如果设置的状态是可变的，测试用例就有相互之间产生不利影响的真正风险（我们很快将详细讨论）。
- **配置共享**——如果在 `BeforeEach` 块中添加设置代码，它将在每个测试用例之前运行，也就是说，测试用例将共享代码所设置的任何配置。如果设置代码包含某个值或者以某种方式配置一个依赖项，则每个测试用例将使用给定的那个值，或者以那种方式配置的依赖项。因为设置在每个测试用例之前运行，所以测试用例之间不共享任何状态。但正如我们很快会看到的（见 11.4.3 节），配置共享也可能存在问题。

如果某些特定状态或依赖项的配置代价很高，使用共享配置可能是必要的。即便情况不是如此，共享配置也是简化测试的实用手段。如果每个测试用例需要特定的依赖项，那么以共享方式配置它也可能优于在每个测试用例中重复许多代码。但共享测试设置是一把双刃剑，以错误的方式使用它可能导致脆弱、无效的测试。

11.4.1 共享状态可能带来问题

总体原则是，测试用例应该相互隔离，因此一个测试用例执行的任何操作不应该影响其他测试用例的结果。在不同测试用例之间共享可变状态，很容易在无意间破坏上述原则。

为了说明这一点，程序清单 11-15 展示了一个类和处理订单的函数的一部分。我们将要关注的两个行为如下：

■ 如果订单包含缺货商品，那么数据库中的订单 ID 将被标记为延迟；

■ 如果订单付款尚未完成，那么数据库中的订单 ID 将被标记为延迟。

程序清单 11-15 写入数据库的代码

```
class OrderManager {
  private final Database database;
  ...

  void processOrder(Order order) {
    if (order.containsOutOfStockItem() ||
        !order.isPaymentComplete()) {
      database.setOrderStatus(
          order.getId(), OrderStatus.DELAYED);
    }
    ...
  }
}
```

单元测试应该包含用于每个行为的测试用例（这些用例在程序清单 11-16 中列出）。Order-Manager 类依赖 Database 类，所以我们的测试必须设置一个数据库，遗憾的是，创建一个 Database 实例在计算上代价很高，速度也很缓慢，所以我们在 BeforeAll 块中创建。这意味着，所有测试实例共享同一个数据库实例（意味着测试用例共享状态）。遗憾的是，这使各个测试变得低效。为了理解其中的原因，请考虑测试运行时事件发生的顺序。

■ BeforeAll 块将设置数据库。

■ testProcessOrder_outOfStockItem_orderDelayed()函数测试用例运行。这造成数据库中的订单 ID 被标记为延迟。

■ 接着，testProcessOrder_paymentNotComplete_orderDelayed()函数测试用例运行。前一个测试用例中写入数据库的任何内容仍然存在（因为状态共享），因此可能发生以下两种情况中的一种。

● 待测试代码被调用，一切工作正常，将订单 ID 标记为延迟，测试用例通过。

● 待测试代码被调用，但它受到破坏，数据库没有保存任何将订单 ID 标记为延迟的内容。因为代码受到破坏，我们希望测试用例失败。但 database.getOrderStatus(orderId)函数仍然返回 DELAYED，测试还是通过，发生这种情况的原因是前一个测试用例在数据库中保存了值。

程序清单 11-16 在测试用例间共享状态

```
class OrderManagerTest {
```

```
private Database database;

@BeforeAll
void oneTimeSetUp() {                        在所有测试用例之间
  database = Database.createInstance();      共享同一个数据库
  database.waitForReady();                   实例
}

void testProcessOrder_outOfStockItem_orderDelayed() {
  Int orderId = 12345;
  Order order = new Order(
      orderId: orderId,                                   以共享数据库构造
      containsOutOfStockItem: true,                       OrderManager 类
      isPaymentComplete: true);
  OrderManager orderManager = new OrderManager(database);  ◁

  orderManager.processOrder(order);          ◁───  结果是订单ID在数据库中
                                                   标记为延迟
  assertThat(database.getOrderStatus(orderId))
      .isEqualTo(OrderStatus.DELAYED);
}

void testProcessOrder_paymentNotComplete_orderDelayed() {
  Int orderId = 12345;
  Order order = new Order(
      orderId: orderId,                                   以共享数据库构造
      containsOutOfStockItem: false,                      OrderManager 类
      isPaymentComplete: false);
  OrderManager orderManager = new OrderManager(database);  ◁

  orderManager.processOrder(order);

  assertThat(database.getOrderStatus(orderId))
      .isEqualTo(OrderStatus.DELAYED);       即使代码受到破坏，因为前一个测试
}                                            用例在数据库中保存了这个值，仍可
...                                          能通过测试
}
```

在不同测试用例之间共享可变状态很容易带来问题。如果可能，最好避免这样的共享状态。但如果有必要，我们必须非常小心地确保一个测试用例对状态造成的变化不会影响其他测试用例。

11.4.2　解决方案：避免共享状态或者重置状态

对于共享可变状态的问题，最明显的解决方案是从一开始就不共享。以 OrderManagerTest 为例，不在测试用例间共享 Database 的同一个实例更为理想，所以，如果设置 Database 不像我们想象得那么慢，可以考虑为每个测试用例创建一个新的实例（在测试用例内或使用 BeforeEach 块）。

避免共享可变状态的另一种潜在方法是使用测试替身（在第 10 章中讨论过）。如果维护 Database 的团队已经编写了一个用于测试的 FakeDatabase 类，那么我们可以利用它。创建

FakeDatabase 的实例可能足够快，这样我们就可以为每个测试用例创建一个新实例，这意味着不用共享任何状态。

如果创建 Database 实例真的极其缓慢且代价高昂（我们还不能使用伪造对象），那么将无法避免在测试用例之间共享它的实例。在这种情况下，我们应该非常小心地确保每个测试用例重置状态。这往往可以通过测试代码内的 AfterEach 块实现。如前所述，这个代码块将在每个测试用例后运行，因此我们可以用它确保状态总在下一个测试用例运行之前重置。程序清单 11-17 展示了使用 AfterEach 块在测试用例间重置数据库的 OrderManagerTest 测试。

程序清单 11-17　在测试用例之间重置状态

```
class OrderManagerTest {

  private Database database;

  @BeforeAll
  void oneTimeSetUp() {
    database = Database.createInstance();
    database.waitForReady();
  }

  @AfterEach
  void tearDown() {                    数据库在每个测试
    database.reset();                  用例后重置
  }

  void testProcessOrder_outOfStockItem_orderDelayed() { ... }

  void testProcessOrder_paymentNotComplete_orderDelayed() { ... }
  ...
}
```
                                        测试用例绝不会被其他测试
                                        用例保存的值所影响

注意：全局状态

值得注意的是，测试代码不是在测试用例之间共享状态的唯一手段。如果待测试代码维持任何一种全局状态，那么我们也必须确保测试代码在测试用例之间重置这些状态。在第 9 章中讨论过全局状态，结论是最好避免使用全局状态，对代码可测试性的影响是不使用它的另一个充分的理由。

在测试用例之间共享可变状态是不太理想的做法，最好避免使用。如果无法避免，我们应该确保在每个测试用例之间重置该状态。这确保了测试用例不会相互有不利影响。

11.4.3　共享配置可能带来问题

在测试用例之间共享配置看起来似乎不像共享状态那么危险，但仍然可能造成无效的测试。想象一下，我们的订单处理基础架构的另一部分是生成包裹邮政标签的系统。程序清单 11-18 包含了一个生成数据对象以表示某订单邮政标签的函数。我们必须测试几个重要行为，但最关注的是包裹是否被标记为"大型"。这一行为的逻辑相当简单：如果订单包含的商品超过 2 件，就视为大型包裹。

程序清单 11-18　邮政标签代码

```
class OrderPostageManager {
  ...

  PostageLabel getPostageLabel(Order order) {
    return new PostageLabel(
      address: order.getCustomer().getAddress(),
      isLargePackage: order.getItems().size() > 2,    ◁──  如果订单包含超过2件商品，
    );                                                     将包裹标记为"大型"
  }
}
```

如果我们只专注于 `isLargePackage` 行为，就需要至少 2 种不同情况的测试用例。

■ **包含 2 件商品的订单**。这应该导致不标记包裹为"大型"。

■ **包含 3 件商品的订单**。这应该导致标记包裹为"大型"。

如果有人无意中更改了确定多少商品成为大型包裹的逻辑，那么这两个测试用例中应该有一个失败。

现在，让我们想象一下，构建 Order 类的有效实例比 11.4.1 节和 11.4.2 节中的更费力：我们必须提供多个 Item 类的实例和一个 Customer 类的实例，这也意味着要创建 Address 类的一个实例。为了避免在每个测试用例中重复配置代码，我们决定在 BeforeEach 块（在每个测试用例之前运行一次）中构造一个 Order 实例。程序清单 11-19 展示了这样的测试代码。测试订单中有 3 件商品这种情况的测试用例使用以共享配置创建的 Order 实例。因此，testGetPostageLabel_threeItems_largePackage() 函数测试用例依赖于共享配置创建包含 3 件商品的订单这一事实。

程序清单 11-19　共享测试配置

```
class OrderPostageManagerTest {
  private Order testOrder;

  @BeforeEach
  void setUp() {
    testOrder = new Order(
      customer: new Customer(
        address: new Address("Test address"),
      ),                                                共享配置
      items: [
        new Item(name: "Test item 1"),
        new Item(name: "Test item 2"),
        new Item(name: "Test item 3"),
      ]);
  }
  ...

  void testGetPostageLabel_threeItems_largePackage() {
    PostageManager postageManager = new PostageManager();

    PostageLabel label =
        postageManager.getPostageLabel(testOrder);
                                                      测试用例依赖于共享配置在订单中
    assertThat(label.isLargePackage()).isTrue();      正好添加3件商品这一事实
```

```
    }
    ...
}
```

上述代码测试我们关心的一种行为，避免了在每个测试用例中重复大量笨重的代码以创建 Order 实例。但遗憾的是，如果其他工程师需要修改测试，就可能出现各种错误。想象一下，其他工程师现在需要为 getPostageLabel() 函数添加一项新功能：如果订单中的任何商品属于危险品，邮政标签就必须指明包裹的危险性。工程师修改的 getPostageLabel() 函数如程序清单 11-20 所示。

程序清单 11-20 新功能

```
class PostageManager {
  ...

  PostageLabel getPostageLabel(Order order) {
    return new PostageLabel(
        address: order.getCustomer().getAddress(),
        isLargePackage: order.getItems().size() > 2,
        isHazardous: containsHazardousItem(order.getItems())); ←── 标记包裹是否
  }                                                                  危险的新功能

  private static Boolean containsHazardousItem(List<Item> items) {  ←──
    return items.anyMatch(item -> item.isHazardous());
  }
}
```

工程师已为代码添加了一个新行为，因此他们显然必须添加新测试用例以对其进行测试。他们发现，BeforeEach 块中构造了一个 Order 实例，于是想到"太棒了。我只需要在订单中添加一个危险商品，将其用于其中一个测试用例就行了"。程序清单 11-21 展示了他们这么做之后的测试代码。这段代码确实帮助工程师测试了新行为，但无意中毁了 testGetPostageLabel_threeItems_largePackage() 函数测试用例。后者的全部意义在于测试订单中正好有 3 件商品时发生的情况，而现在测试的却是有 4 件商品的情况，因此这一测试不再能全面保护代码免受破坏。

程序清单 11-21 错误地更改共享配置

```
class OrderPostageManagerTest {
  private Order testOrder;

  @BeforeEach
  void setUp() {
    testOrder = new Order(
      customer: new Customer(
        address: new Address("Test address"),
      ),
      items: [
        new Item(name: "Test item 1"),
        new Item(name: "Test item 2"),          ←── 在共享配置中添加了
        new Item(name: "Test item 3"),               第四件商品
        new Item(name: "Hazardous item", isHazardous: true), ←──
```

```
      ]);
  }
...

  void testGetPostageLabel_threeItems_largePackage() { ... }

  void testGetPostageLabel_hazardousItem_isHazardous() {
    PostageManager postageManager = new PostageManager();

    PostageLabel label =
        postageManager.getPostageLabel(testOrder);

    assertThat(label.isHazardous()).isTrue();
  }
...
}
```

现在测试的是 4 件商品的情况，
而不是预想中的 3 件商品

测试危险品标签
的新测试用例

共享测试常量

　　BeforeEach 或 BeforeAll 块不是创建共享测试配置的唯一手段。使用共享测试常量往往能实现同样的目标，也会遇到我们刚刚讨论的同一组潜在问题。如果 OrderPostageManagerTest 配置测试订单时用共享常量代替 BeforeEach 块，如以下代码片段所示：

```
class OrderPostageManagerTest {
  private const Order TEST_ORDER = new Order(        共享测试常量
      customer: new Customer(
        address: new Address("Test address"),
      ),
      items: [
        new Item(name: "Test item 1"),
        new Item(name: "Test item 2"),
        new Item(name: "Test item 3"),
        new Item(name: "Hazardous item", isHazardous: true),
      ]);
  ...
}
```

　　从技术上说，这也在测试用例之间共享状态，但只用不可变数据类型创建常量是好的做法，也就是说不共享任何可变状态。在这个例子中，Order 类是不可变的。如果它不是不可变类型，则以共享常量共享 Order 实例可能是更糟糕的想法（原因在 11.4.1 节中讨论过）。

　　共享配置可以避免代码重复，但最好不要用它来设置任何对测试用例特别重要的值或状态。很难跟踪哪个测试用例确实依赖于共享配置中的哪个特定项，并且当未来更改时，这可能造成测试用例不再测试我们预想的内容。

11.4.4　解决方案：在测试用例中定义重要配置

　　在每个测试用例中重复配置看起来很费力，但当测试用例依赖于特定值或正在建立的状态时，这种做法往往更安全。我们通常可以使用助手函数来简化这项工作，这样就不必重复大量代码。

以 getPostageLabel() 函数的测试为例，创建 Order 类的实例看起来相当笨拙，但在共享配置中创建它又会造成在 11.4.3 节中看到的问题。我们可以定义一个创建 Order 实例的助手函数来避免这两方面的问题。然后，各个测试用例可以用它们关心的特定测试值调用该函数。这就避免了大量重复代码，也不必使用共享配置而遭遇相关问题。程序清单 11-22 展示了使用这种方法的测试代码。

程序清单 11-22   测试用例内部的重要配置

```
class OrderPostageManagerTest {
  ...

  void testGetPostageLabel_threeItems_largePackage() {
    Order order = createOrderWithItems([
      new Item(name: "Test item 1"),
      new Item(name: "Test item 2"),
      new Item(name: "Test item 3"),
    ]);
    PostageManager postageManager = new PostageManager();

    PostageLabel label = postageManager.getPostageLabel(order);

    assertThat(label.isLargePackage()).isTrue();
  }

  void testGetPostageLabel_hazardousItem_isHazardous() {
    Order order = createOrderWithItems([
      new Item(name: "Hazardous item", isHazardous: true),
    ]);
    PostageManager postageManager = new PostageManager();

    PostageLabel label = postageManager.getPostageLabel(order);

    assertThat(label.isHazardous()).isTrue();
  }
  ...

  private static Order createOrderWithItems(List<Item> items) {
    return new Order(
      customer: new Customer(
        address: new Address("Test address"),
      ),
      items: items);
  }
}
```

> 测试用例执行各自的重要设置

> 用特定商品创建 Order 实例的助手函数

当某个配置直接关系到测试用例的结果时，最好保持它在该测试用例内部是自包含的。这能防止未来的更改无意中毁了测试，还能澄清每个测试用例内部的根源和影响（因为对测试用例发生有意义影响的一切事物都在测试用例内部）。不过，并非每种配置都适合于这种描述，11.4.5 节将讨论共享配置在什么时候是好的想法。

11.4.5　何时适用共享配置

11.4.4 节阐述了谨慎使用共享测试配置的原因，但这并不意味着使用它永远都不是好主意。有些配置是必要的，但不会直接影响测试用例的结果。在这种情况下，使用共享配置可以通过避免不必要的代码重复来保持测试专注且易于理解。

为了阐述这一点，想象构建一个 Order 类也需要提供某些关于订单的元数据。PostageManager 忽略了这些元数据，因此完全与 OrderPostageManagerTest 中测试用例的结果无关。但这仍是测试用例需要配置的内容，因为没有元数据就无法构造 Order 类的实例。在这种情况下，将订单元数据定义为共享配置很有意义。程序清单 11-23 说明了这一点。Order-Metadata 的一个实例被放在共享常量 ORDER_METADATA 中。然后，测试用例可以利用这个常量，而无须重复构造这个必要的、但又与其他情况无关的数据。

程序清单 11-23　恰当地使用共享配置

```
class OrderPostageManagerTest {
  private const OrderMetadata ORDER_METADATA =
    new OrderMetadata(                          在一个共享常量中创建
      timestamp: Instant.ofEpochSecond(0),      OrderMetadata 实例
      serverIp: new IpAddress(0, 0, 0, 0));

  void testGetPostageLabel_threeItems_largePackage() { ... }
  void testGetPostageLabel_hazardousItem_isHazardous() { ... }
  ...

  void testGetPostageLabel_containsCustomerAddress() {
    Address address = new Address("Test customer address");
    Order order = new Order(
      metadata: ORDER_METADATA,              ◄─┐
      customer: new Customer(                   │
        address: address,                       │
      ), items: []);                            │
                                                │  在测试用例中使用的共享
    PostageLabel label = postageManager.getPostageLabel(order);  OrderMetadata 实例
                                                │
    assertThat(label.getAddress()).isEqualTo(address);
  }                                             │
  ...                                           │
                                                │
  private static Order createOrderWithItems(List<Item> items) {
    return new Order(                           │
      metadata: ORDER_METADATA,              ◄─┘
      customer: new Customer(
        address: new Address("Test address"),
      ),
      items: items);
  }
}
```

> **理想情况下，函数应该只取得必需的信息**
>
> 　　第 9 章谈到，函数参数在理想状况下应该突出重点，即只取得必需的信息。如果对一段代码的测试需要配置许多必要的值，而这些值在其他情况下与代码行为无关，就是该函数（或构造函数）参数不够突出重点的一种迹象。例如，我们可能认为，PostageManager.getPostageLabel() 函数应该只取得 Address 的一个实例和一个商品列表，而不是 Order 类的一个完整实例。如果是这种情况，测试就没有必要创建无关的对象，如 OrderMetadata 的实例。

　　共享测试设置可能是一把双刃剑。它对于避免代码重复或重复执行代价很高的设置很有用，但也有使测试无效且难以推导的风险。确保以恰当的方式使用它，是值得认真考虑的。

11.5　使用合适的断言匹配器

　　断言匹配器通常是测试用例中最终决定测试是否通过的环节。下面的断言中包含两个断言匹配器的例子（isEqualTo() 和 contains() 函数）：

```
assertThat(someValue).isEqualTo("expected value");
assertThat(someList).contains("expected value");
```

　　如果测试用例失败，那么断言匹配器还要生成解释失败原因的信息。不同的断言匹配器生成不同的错误信息（取决于它们断言的内容）。在第 10 章中，我们确定充分解释的失败是好的单元测试的关键特征之一，因此确保选择最合适的断言匹配器是很重要的。

11.5.1　不合适的匹配器可能导致无法充分解释失败

　　为了说明使用不合适的匹配器可能导致测试失败的解释不充分，我们将专注于程序清单 11-24 中代码的测试。TextWidget 是用于在 Web 应用界面中显示文本的组件。为了控制组件的样式，可以为其添加各种不同的类名称。其中一些类名是硬编程的，其他自定义类可通过构造函数提供。getClassNames() 函数返回所有类名的合并列表。需要注意的一个重要细节是，getClassNames() 函数的文档说明不保证返回的类名顺序。

程序清单 11-24　TextWidget 代码

```
class TextWidget {
  private const ImmutableList<String> STANDARD_CLASS_NAMES =      ← 硬编程的类名
      ["text-widget", "selectable"];
  private final ImmutableList<String> customClassNames;

  TextWidget(List<String> customClassNames) {
    this.customClassNames = ImmutableList.copyOf(customClassNames);   ← 自定义类名通过
  }                                                                      构造函数提供

  /**
```

```
 * The class names for the component. The order of the class
 * names within the returned list is not guaranteed.
 */
ImmutableList<String> getClassNames() {                          ←
  return STANDARD_CLASS_NAMES.concat(customClassNames);    获得所有类名（硬编程和
}                                                          自定义）的列表

...
}
```

正如我们前面所看到的，理想情况下，我们的目标应该是一次测试一种行为。我们需要测试的行为之一是，getClassNames() 函数返回的列表包含 customClassNames。对比返回的列表与预期值列表或许是吸引我们的一种方法，程序清单 11-25 展示了这种方法，但它有如下两个问题。

- 测试用例的测试超出了其预期。测试用例的名称表明，它只测试结果中是否包含自定义类名。但它实际上还测试结果中是否包含标准类名。
- 如果类名返回的顺序总在变化，那么这一测试将会失败。getClassNames() 函数的文档明确指出不保证顺序，因此我们不应该创建一个在顺序变化时会失败的测试。这可能导致假警报或者诡异的测试。

程序清单 11-25　过于受限的测试断言

```
void testGetClassNames_containsCustomClassNames() {
  TextWidget textWidget = new TextWidget(
      ["custom_class_1", "custom_class_2"]);

  assertThat(textWidget.getClassNames()).isEqualTo([
    "text-widget",
    "selectable",
    "custom_class_1",
    "custom_class_2",
  ]);
}
```

我们来考虑另一种可能尝试的思路。不对比返回结果和预期列表，而是单独检查返回列表是否包含我们所关心的两个值：custom_class_1 和 custom_class_2。程序清单 11-26 展示了实现这一目标的一种方法：断言 result.contains(...) 返回真值。这解决了我们刚刚看到的两个问题：测试现在只完成它预期中的任务，顺序的变化不会导致测试失败。但是我们引入了另一个问题：没有充分地解释测试失败（见图 11-6）。

程序清单 11-26　可解释性很差的测试断言

```
void testGetClassNames_containsCustomClassNames() {
  TextWidget textWidget = new TextWidget(
      ["custom_class_1", "custom_class_2"]);

  ImmutableList<String> result = textWidget.getClassNames();
```

```
assertThat(result.contains("custom_class_1")).isTrue();
assertThat(result.contains("custom_class_2")).isTrue();
}
```

图 11-6 展示了测试用例因为缺少其中一个自定义类而失败时的错误信息。从这个错误信息中不能明显看出实际结果与预期结果之间的不同。

Test case **testGetClassNames_containsCustomClassNames** failed:
The subject was false, but was expected to be true

错误信息不能解释产生的问题

图 11-6　不合适的断言匹配器可能造成测试失败的解释不充分

确保测试在代码破坏时失败是非常重要的，但正如我们在第 10 章中所看到的，这不是唯一的考虑因素。我们还希望确保测试只在某些东西真正被破坏时失败，并且测试失败也能得到充分的解释。为了实现上述所有目标，我们必须选择合适的断言匹配器。

11.5.2　解决方案：使用合适的匹配器

大部分现代化测试断言工具都包含大量不同于测试中使用的匹配器，可在测试中使用。其中可能有一个匹配器能帮助我们断言列表中至少包含未指定顺序的某组项目。下面是这种匹配器的两个例子。

- Java——来自 Truth 库的 containsAtLeast() 匹配器。
- JavaScript——来自 Jasmine 框架的 jasmine.arrayContaining() 匹配器。

程序清单 11-27 展示了使用 containsAtLeast() 匹配器的测试用例。如果 getClassNames() 不返回任何自定义类名，那么该测试用例将失败。但它不会因为其他行为的变化（如硬编程的类名更新或顺序变化）而失败。

程序清单 11-27　合适的断言匹配器

```
testGetClassNames_containsCustomClassNames() {
  TextWidget textWidget = new TextWidget(
      ["custom_class_1", "custom_class_2"]);

  assertThat(textWidget.getClassNames())
      .containsAtLeast ("custom_class_1", "custom_class_2");
}
```

如果测试用例失败，则错误信息将充分解释失败的原因，如图 11-7 所示。

除失败的解释更为充分之外，使用合适的匹配器往往使测试代码更容易理解。在下面的代码片段中，第一行代码读起来比第二行更像真实语言中的句子：

```
assertThat(someList).contains("expected value");
assertThat(someList.contains("expected value")).isTrue();
```

```
Test case testGetClassNames_containsCustomClassNames failed:
Not true that
    [text-widget,selectable,custom_class_2]
contains at least
    [custom_class_1,custom_class_2]
-------
missing entry: custom_class_1
```

错误信息清晰地解释了实际行为与预期行为的差别

图 11-7　合适的断言匹配器将对测试失败做充分的解释

　　除确保测试在代码被破坏时失败之外，考虑测试如何失败也很重要。使用合适的断言匹配器通常可以在解释充分的测试失败和解释不充分的测试失败（这将让其他工程师挠头）之间进行区别。

11.6　使用依赖注入来提高可测试性

　　第 2 章、第 8 章和第 9 章提供了使用依赖注入改善代码的例子。除那些例子之外，使用依赖注入还有另一个很好的理由：它可以使得代码更加易于测试。

　　在第 10 章中，我们看到测试常常需要与待测代码的一些依赖项交互。每当测试需要设置依赖项中的某些初始值，或者验证发生在某个依赖项中的副作用时，就会发生这种交互。除此之外，10.4 节解释了为什么有些时候有必要使用测试替身来代替真实依赖项。由此可以明显看出，在有些情况下，测试必须向待测试代码提供特定的依赖项实例。如果测试代码无法做到这一点，就很有可能不能测试某些行为。

11.6.1　硬编程的依赖项可能导致代码无法测试

　　为了阐述这一点，程序清单 11-28 展示了一个向客户发送发票提醒的类。`InvoiceReminder` 类不使用依赖注入，而是在构造函数中创建自己的依赖项。该类使用 `AdderssBook` 依赖项查找客户电子邮件地址，`EmailSender` 依赖项则用于发送电子邮件。

程序清单 11-28　不使用依赖注入的类

```
class InvoiceReminder {
  private final AddressBook addressBook;
  private final EmailSender emailSender;

  InvoiceReminder() {
    this.addressBook = DataStore.getAddressBook();    依赖项在构造函数中创建
    this.emailSender = new EmailSenderImpl();
  }

  @CheckReturnValue
  Boolean sendReminder(Invoice invoice) {
```

```
EmailAddress? address =
    addressBook.lookupEmailAddress(invoice.getCustomerId());
if (address == null) {
  return false;
}
return emailSender.send(
    address,
    InvoiceReminderTemplate.generate(invoice));
}
}
```

用 addressBook 查找
电子邮件地址

用 emailSender 发送电子邮件

这个类展现了如下所示的行为，理想情况下我们应该测试每个行为：

- 当客户的地址在地址簿中时，`sendReminder()` 函数向其发送一封电子邮件；
- 当电子邮件提醒发出时，`sendReminder()` 函数返回真值；
- 当客户的电子邮件地址没有找到时，`sendReminder()` 函数不发送邮件；
- 当电子邮件提醒没有发出时，`sendReminder()` 函数返回假值。

遗憾的是，以该类的当前形式测试所有行为相当困难（甚至不可能），原因如下。

- 该类通过调用 `DataStore.getAddressBook()` 函数构造自己的 `AddressBook` 对象。当代码实际运行时，将创建一个连接到客户数据库以查找联系信息的 `AddressBook` 对象。但这个对象不适合在测试中使用，因为真实客户数据可能随时变化，从而导致诡异的测试表现。另一个更为根本的问题是，测试运行的环境可能不允许访问真实数据库，因此在测试期间，返回的 `AddressBook` 甚至可能无法工作。
- 该类构造自己的 `EmailSenderImpl` 实现。这意味着测试将给真实世界带来后果——发送真实的电子邮件。这不是测试应该产生的副作用，而是我们需要保护外部世界免受测试影响的一个例子（在第 10 章中讨论过）。

正常情况下，对这两个问题的简便解决方法之一是使用 `AddressBook` 和 `EmailSender` 的测试替身。但在这个例子中，我们不能这么做，因为没有办法用测试替身代替真实依赖项构造 `InvoiceReminder` 类的实例。`InvoiceReminder` 类的可测试性很差，其后果很可能是无法正确地测试所有行为，这也明显增大了代码中存在缺陷的可能性。

11.6.2　解决方案：使用依赖注入

我们可以使 `InvoiceReminder` 类更具可测试性，并通过使用依赖注入解决这个问题。程序清单 11-29 展示了经过修改以便通过构造函数注入依赖项的该类。该类还包含一个静态工厂函数，因此该类的真正用户仍然很容易构造它，而无须担心依赖项。

程序清单 11-29　使用依赖注入的类

```
class InvoiceReminder {
  private final AddressBook addressBook;
  private final EmailSender emailSender;
```

```
InvoiceReminder(
    AddressBook addressBook,              通过构造函数
    EmailSender emailSender) {            注入依赖项
  this.addressBook = addressBook;
  this.emailSender = emailSender;
}

static InvoiceReminder create() {
  return new InvoiceReminder(            静态工厂函数
    DataStore.getAddressBook(),
    new EmailSenderImpl());
}
@CheckReturnValue
Boolean sendReminder(Invoice invoice) {
  EmailAddress? address =
      addressBook.lookupEmailAddress(invoice.getCustomerId());
  if (address == null) {
    return false;
  }
  return emailSender.send(
      address,
      InvoiceReminderTemplate.generate(invoice));
}
}
```

现在，测试很容易使用测试替身（本例是 FakeAddressBook 和 FakeEmailSender）构造 InvoiceReminder 类：

```
...
FakeAddressBook addressBook = new FakeAddressBook();
fakeAddressBook.addEntry(
    customerId: 123456,
    emailAddress: "test@example.com");
FakeEmailSender emailSender = new FakeEmailSender();

InvoiceReminder invoiceReminder =
    new InvoiceReminder(addressBook, emailSender);
...
```

我们在第 1 章中提到过，可测试性与模块性密切相关。当不同代码段松散耦合且可重新配置时，通常很容易测试。依赖注入是提高代码模块化程度的有效技术，也是提高代码可测试性的有效技术。

11.7　关于测试的一些结论

软件测试是一个很广泛的主题，我们在本书最后两章所介绍的只是冰山一角。这两章关注的是单元测试，这是工程师在日常工作中频繁遇到的测试级别。正如第 1 章所述，你还可能遇到（并使用）如下两种测试级别。

- **集成测试**——系统通常由多个组件、模块或子系统组成。将这些组件和子系统链接在一起的过程称为**集成**。集成测试试图确保这些集成有效且持续有效。
- **端到端测试**——从头到尾测试软件的典型流程（或工作流）。如果待测软件是一个网上商

城，那么端到端测试的例子可能是自动驱动一个浏览器，确保用户能够完成一次购物的过程。

除不同测试级别之外，还有许多不同的测试类型。这些类型的定义有时相互重叠，工程师关于其确切含义的意见并不统一。下面列出了一些概念，但绝不是详尽的列表。

- **回归测试**——定期运行以确保软件行为或功能没有以不受欢迎的形式改变的测试。单元测试通常是回归测试的重要组成部分，但回归测试也包含其他测试级别，如集成测试。
- **黄金测试**——有时候称为**特性测试**，通常基于一个保存起来的快照（记录一组指定输入下的代码输出）。如果观察到代码输出改变，则测试失败。这种测试用于确保一切都没有变化，但当测试失败时，很难确定原因。黄金测试在某些情况下也可能很脆弱和诡异。
- **模糊测试**——这在第 3 章中讨论过。模糊测试以许多随机或"有趣"的输入调用代码，检查它们是否都不会导致代码崩溃。

工程师可以使用多种多样的技术来测试软件。高标准地编写和维护软件往往需要组合使用这些技术。尽管单元测试可能是你最常预见的测试类型，但不可能仅凭它满足所有测试需求，所以通过阅读了解不同的测试类型与级别、了解最新的工具和技术，是很有价值的。

11.8　小结

- 专注于测试每个函数很容易导致不充分的测试。识别所有重要行为，并为每种行为编写测试用例，通常更为有效。
- 测试最为重要的代码行为。测试私有函数几乎总是表明，我们没有测试最为重要的东西。
- 一次测试一项内容，可以得到更容易理解的测试，也能更好地解释测试失败。
- 共享测试设置可能是把双刃剑。它可以避免代码重复或者代价很高的设置，但使用不当也可能造成无效或诡异的测试。
- 使用依赖注入可以显著提高代码的可测试性。
- 单元测试是工程师经常处理的测试级别，但它绝不是唯一的。高标准地编写和维护软件往往需要使用多种测试技术。

你已经抵达了终点（甚至阅读了关于测试的章节）! 我希望你享受阅读本书的过程，并从中学到一些有用的知识。现在，我们已完成作为前奏的 11 章，来到本书最重要的部分：附录 A 中可读性很好的巧克力糕饼食谱。

附录 A 巧克力糕饼食谱

巧克力糕饼食谱

你需要如下原料：

100g 黄油

185g 70%黑巧克力

2 枚鸡蛋

半茶匙香草香精

185g 精白砂糖

50g 面粉

35g 可可粉

半茶匙盐

70g 巧克力屑

制作方法

（1）将烤箱预热到 160℃（320℉）。

（2）在 15cm×15cm 的小烤盘上涂上油并铺上烘焙纸。

（3）将黄油和黑巧克力放在碗里，在装有热水的平底锅上融化。一旦融化，从热源上移开以使其冷却。

（4）在一个碗里打入鸡蛋，放进砂糖和香草香精并搅匀。

（5）在蛋液中加入融化的黄油和黑巧克力并搅匀。

（6）在另一个碗里混合面粉、可可粉和盐，然后筛入鸡蛋、砂糖、黄油和巧克力，充分搅拌使其完全混合。

（7）加入巧克力屑并搅匀，使其混合。

（8）将上述混合物放入烤盘并烘焙 20min。

冷却数小时。

附录 B　空值安全与可选类型

B.1　使用空值安全

如果我们使用的语言支持空值安全（且我们已按要求启用这一特性），就会有一种注释机制，表示各种类型可取空值。这往往包括表示可为空值的?字符。代码一般像下面这样。

```
Element? getFifthElement(List<Element> elements) {        ◁──── Element?中的"?"表示返回类型
    if (elements.size() < 5) {                                   可以为空值
        return null;
    }
    return elements[4];
}
```

如果使用这段代码的工程师忘记处理 getFifthElement() 返回空值的情况，他们的代码将不能编译，如以下代码所示。

```
                                                这个函数的参数不可为空（因为
                                                类型是 Element 而非 Element?）
void displayElement(Element element) { ... }   ◁──

void displayFifthElement(List<Element> elements) {
    Element? fifthElement = getFifthElement(elements);    ◁──  fifthElement 变量可为空，
    displayElement(fifthElement);      ◁──                     因为它的类型是 Element?
}
                    这一行将出现编译器错误，因为函数期待一个
                    不可为空的参数，但这里却以可为空的值调用
```

为了编译这段代码，工程师必须检查 getFifthElement() 返回值是否为空，然后才能用它调用参数不可为空的函数。编译器能够推导出哪些代码路径只在该值非空时才能抵达，从而确定该值的使用是否安全。

```
void displayFifthElement(List<Element> elements) {
    Element? fifthElement = getFifthElement(elements);
    if (fifthElement == null) {
        displayMessage("Fifth element doesn't exist");
        return;    ◁──  这条 if 语句意味着该函数将在
    }                    fifthElement 为空时提前返回
```

```
    displayElement(fifthElement);   ◄─┐  编译器可推导出这一行只在
}                                     └── fifthElement 不为空时可达
```

注意：编译器警告与编译器错误的对比

在 C#中，以不安全的方式使用可为空的值只会造成编译器警告，而不是编译器错误。如果你使用 C#并启用空值安全，那么配置你的项目，将这些警告升级为错误以确保它们不会被忽视，可能是明智的做法。

可以看到，有了空值安全机制，我们可以使用空值，并且编译器将跟踪一个值何时在逻辑上可为空、何时不可为空，并确保不会以不安全的方式使用空值。这样，我们就能从空值的实用性上得益，又不会遭遇空指针异常（以及类似问题）的危险。

具有空值安全机制的语言往往提供简洁的语法，以检查某个值是否为空，并只在值不为空时访问其上的成员函数或属性。这可以消除许多重复代码，但本书的伪代码惯例将坚持更详尽的空值检查形式，使其与更广泛的不提供这类语法的语言类似。

尽管如此，为了说明这种语法，我们想象有一个查找地址的函数，如果找不到地址就返回空值：

```
Address? lookupAddress() {
  ...
  return null;
  ...
}
```

调用这个函数的一些代码可能需要检查 lookupAddress()函数的返回值是否为空，只在不为空时调用 getCity()函数。本书中的代码示例以详尽的 if 语句检查空值。

```
City? getCity() {
  Address? address = lookupAddress();
  if (address == null) {
    return null;
  }
  return address.getCity();
}
```

但是要注意，大部分支持空值安全的语言也为此类操作提供了更紧凑的语法。例如，我们可以用**空值条件运算符**以更简洁的方式编写刚才看到的代码。

```
City? getCity() {
  return lookupAddress()?.getCity();
}
```

我们可以看到，运用空值安全有多种好处。不仅我们的代码更不容易出现错误，而且可以利用其他编程语言特性编写更简洁、可读性更好的代码。

B.2　使用可选类型

如果我们使用的语言不提供空值安全机制，或者基于某种原因不能使用这种机制，那么从函数返回空值可能给调用者造成意外。为了避免这种现象，我们可以用 Optional 等类型代替，强制调用者意识到返回值可能不存在。

使用 Optional 类型，B.1 节中的代码看起来是这样的。

```
Optional<Element> getFifthElement(List<Element> elements) {
  if (elements.size() < 5) {
    return Optional.empty();
  }
  return Optional.of(elements[4]);
}
```

使用上述代码的工程师可以编写下面的代码。

```
void displayFifthElement(List<Element> elements) {
  Optional<Element> fifthElement = getFifthElement(elements);
  if (fifthElement.isPresent()) {                        ← 在使用前检查可选值是否存在
    displayElement(fifthElement.get())   ←── 可选类型中的值通过调用其 get()函数访问
    return;
  }
  displayMessage("Fifth element doesn't exist");
}
```

应该承认，这样的代码有些笨拙，但 Optional 类型通常提供多种成员函数，在某些情况下用起来更简洁。ifPresentOrElse() 函数（见 Java 9）就是一个例子。用 Optional.ifPresentOrElse() 函数重写的 displayFifthElement() 函数如下。

```
void displayFifthElement(List<Element> elements) {       如果元素存在，则
  getFifthElement(elements).ifPresentOrElse(             调用 displayElement()
      displayElement,
      () -> displayMessage("Fifth element doesn't exist"));  ←
}                       如果元素不存在，则调用 displayMessage()函数
```

根据不同情况，使用可选类型可能有些烦琐、笨拙，但未处理的空值问题很快就会变得很普遍，为了改善代码鲁棒性、减少缺陷，这些额外的代价都是值得的。

C++中的可选类型

本书编写时，C++标准库的 Optional 版本不支持引用，意味着难以将其用于返回类等对象。值得注意的替代方案是 Boost 库版本的 Optional 类型，该类型支持引用。两种方法各有优劣（在此不做详述），但如果你考虑在 C++代码中使用这一类型，可以阅读标准库和 Boost 库方面的资料。

附录 C 额外的代码示例

第 7 章包含了一个建造者模式的简化实现。现实中，工程师往往在实现建造者模式时使用一些技术和语言特征。程序清单 C-1[①]展示了 Java 中建造者模式的更完整实现，其中需要注意的有如下几点。

- TextOptions 类构造函数是私有的，以强制其他工程师使用建造者模式。
- TextOptions 类构造函数以 Builder 实例为参数。这样可以避免很长的参数列表，从而使得代码更容易理解和维护。
- TextOptions 类提供 toBuilder() 函数，该方法可用于根据 TextOptions 类的一个实例创建预先填写的 Builder 类实例。
- Builder 类是 TextOptions 类的内部类，有两个作用：
  - 使命名空间更清晰，因为 Builder 现在可用 TextOptions.Builder 引用；
  - 在 Java 中，这使得 TextOptions 和 Builder 类有权访问对方的私有成员变量和方法。

程序清单 C-1　建造者模式实现

```
public final class TextOptions {
  private final Font font;
  private final OptionalDouble fontSize;
  private final Optional<Color> color;

  private TextOptions(Builder builder) {        ← 构造函数为私有函数，
    font = builder.font;                           接受 Builder 为参数
    fontSize = builder.fontSize;
    color = builder.color;
  }
```

[①] 受到 Joshua Bloch 所著的 *Effective Java* 第 3 版（Addison-Wesley, 2017）中的建造者模式形式以及 Google Guava 库中不同代码库的启发。

```
public Font getFont() {
  return font;
}

public OptionalDouble getFontSize() {
  return fontSize;
}

public Optional<Color> getColor() {
  return color;
}

public Builder toBuilder() {          ◁──┐ toBuilder()函数允许创建预填的
  return new Builder(this);              │ 建造者
}
                                      ┌── Builder 类是 TextOptions 的
public static final class Builder {   ◁   │ 内部类
  private Font font;
  private OptionalDouble fontSize = OptionalDouble.empty();
  private Optional<Color> color = Optional.empty();

  public Builder(Font font) {
    this.font = font;
  }

  private Builder(TextOptions options) {   ◁──┐ 用于复制一些文本选项的
    font = options.font;                      │ 私有 Builder 构造函数
    fontSize = options.fontSize;
    color = options.color;
  }

  public Builder setFont(Font font) {
    this.font = font;
    return this;
  }

  public Builder setFontSize(double fontSize) {
    this.fontSize = OptionalDouble.of(fontSize);
    return this;
  }

  public Builder clearFontSize() {
    fontSize = OptionalDouble.empty();
    return this;
  }

  public Builder setColor(Color color) {
    this.color = Optional.of(color);
    return this;
  }

  public Builder clearColor() {
```

```
      color = Optional.empty();
      return this;
    }

    public TextOptions build() {
      return new TextOptions(this);
    }
  }
}
```

下面是使用上述代码的一些例子。

```
TextOptions options1 = new TextOptions.Builder(Font.ARIAL)
    .setFontSize(12.0)
    .build();

TextOptions options2 = options1.toBuilder()
    .setColor(Color.BLUE)
    .clearFontSize()
    .build();

TextOptions options3 = options2.toBuilder()
    .setFont(Font.VERDANA)
    .setColor(Color.RED)
    .build();
```